现代密码学理论

Modern Cryptographic Theory

李发根 廖永建 编著

国防工业出版社

·北京·

内 容 简 介

本书详细地介绍了密码学的基本知识，包括古典密码、密码体制的信息论测度、流密码、分组密码、Hash 函数、公钥密码、数字签名、密码协议、可证明安全性理论、基于身份的密码体制、无证书密码体制等，力争使用简单的语言来描述复杂的密码学算法。书中提供了很多例子、插图、习题、模拟试卷，以便读者能够更容易地掌握密码学原理。

本书既可以作为网络空间安全、计算机科学与技术、信息安全等专业的本科生和研究生教材，又可以作为密码学和信息安全领域的教师、科研人员与工程技术人员的参考书。

图书在版编目(CIP)数据

现代密码学理论 / 李发根，廖永建编著. —北京：
国防工业出版社，2022.11
ISBN 978-7-118-12620-4

Ⅰ.①现… Ⅱ.①李… ②廖… Ⅲ.①密码学 Ⅳ.
TN918.1

中国版本图书馆 CIP 数据核字(2022)第 161286 号

※

国防工业出版社出版发行
(北京市海淀区紫竹院南路 23 号　邮政编码 100048)
三河市众誉天成印务有限公司印刷
新华书店经售

*

开本 710×1000　1/16　印张 15¾　字数 278 千字
2022 年 11 月第 1 版第 1 次印刷　印数 1—3000 册　定价 65.00 元

(本书如有印装错误，我社负责调换)

国防书店：(010)88540777　　书店传真：(010)88540776
发行业务：(010)88540717　　发行传真：(010)88540762

前　言

　　密码学是信息安全的核心技术,是高等院校网络空间安全、计算机科学与技术、信息安全等专业的必修课程,但密码学涉及的数学知识多,算法复杂,对初学者来说不易掌握。本书使用了大量的例子、插图、习题、模拟试卷,力争用简单的语言和形式来描述复杂的密码学算法,让读者能够更容易地掌握密码学原理。为了贴近教学实际,所有习题和模拟试卷都给出了参考答案。

　　本书全面详细地介绍了密码学的基本知识。全书共 12 章:第 1 章介绍密码学的基本概念。第 2 章介绍古典密码,给出了常见的古典加密方法。第 3 章介绍密码体制的信息论测度,讨论完善保密性和唯一解距离等密码体制测度方法。第 4 章介绍流密码,讨论流密码的原理与 A5/1、RC4 等算法。第 5 章介绍分组密码,重点讨论了 DES 和 AES 两种分组加密标准。第 6 章介绍 Hash 函数,讨论了 MD5、SHA-1 及其 Hash 函数的分析方法。第 7 章介绍公钥密码,重点介绍了公钥密码的原理、RSA、ElGamal、Rabin、椭圆曲线公钥密码等。第 8 章介绍数字签名,讨论了 RSA、ElGamal、数字签名标准、Schnorr、盲签名、群签名、代理签名等。第 9 章介绍密码协议,讨论了密钥分配、密钥协商、秘密共享、身份识别、零知识证明、签密等。第 10 章介绍可证明安全性理论,给出了公钥加密和数字签名的安全性、随机预言模型、ElGamal 和 RSA-OAEP 的具体证明过程等。第 11 章介绍基于身份的密码体制,讨论了基于身份的加密、基于身份的签名、基于身份的密钥协商、基于身份的签密等。第 12 章介绍无证书密码体制,讨论了无证书加密、无证书签名、无证书密钥协商、无证书签密等。附录 1 给出了每章习题的参考答案。附录 2 给出了两套模拟试卷及其参考答案。

　　多年来,我们一直在电子科技大学为信息安全、网络空间安全专业的学生讲授密码学课程。本书是在我们多年的教学经验基础上编写而成的,目的是为高等院校网络空间安全、计算机科学与技术、信息安全专业的本科生和研究生提供一本通俗易懂的密码学教材。该教材的出版得到了电子科技大学研究生教材建设基金资助。

本书适合网络空间安全、计算机科学与技术、信息安全等专业的本科生和研究生使用，也可供密码学和信息安全领域的教师、科研人员与工程技术人员参考。

感谢周雨阳、潘相宇、宋杰、王子卿同学通读全书并纠正了一些错误。感谢国防工业出版社编辑为本书的编写提出了许多宝贵建议。

由于作者水平有限，书中难免存在不妥之处，恳请读者批评指正。作者联系方式：fagenli@ uestc. edu. cn。

作者
2022 年 6 月于电子科技大学

目 录

第1章 引言 ... 1
- 1.1 基本概念 ... 1
- 1.2 保密通信系统模型 ... 3
- 1.3 安全性要求和密码分析 ... 4
- 习题一 ... 6

第2章 古典密码 ... 7
- 2.1 整除与同余 ... 7
- 2.2 代替密码 ... 10
  - 2.2.1 单表代替密码 ... 11
  - 2.2.2 多表代替密码 ... 14
- 2.3 置换密码 ... 17
- 习题二 ... 18

第3章 密码体制的信息论测度 ... 20
- 3.1 信息论 ... 20
- 3.2 完善保密性 ... 28
- 3.3 冗余度与唯一解距离 ... 29
- 习题三 ... 30

第4章 流密码 ... 32
- 4.1 流密码的基本原理 ... 32
- 4.2 有限域 ... 34
- 4.3 线性反馈移位寄存器 ... 37
- 4.4 线性反馈移位寄存器的非线性组合 ... 40
- 4.5 两个流密码算法 ... 42
  - 4.5.1 A5/1 ... 42
  - 4.5.2 RC4 ... 43
- 习题四 ... 46

第5章 分组密码 ... 47
5.1 分组密码的基本原理 ... 47
5.2 数据加密标准 ... 48
5.2.1 DES算法概述 ... 49
5.2.2 DES的内部结构 ... 50
5.2.3 DES的安全性 ... 58
5.2.4 多重DES ... 60
5.3 高级加密标准 ... 61
5.3.1 AES的基本运算单位 ... 61
5.3.2 AES的结构 ... 63
5.4 分组密码的工作模式 ... 72
习题五 ... 77

第6章 Hash函数 ... 78
6.1 Hash函数的概念 ... 78
6.2 Hash函数MD5 ... 80
6.3 Hash函数SHA ... 86
6.4 基于分组密码的Hash函数 ... 91
6.5 HMAC ... 92
6.6 Hash函数的分析方法 ... 93
6.7 Hash函数的应用 ... 96
习题六 ... 97

第7章 公钥密码 ... 98
7.1 一次同余式与中国剩余定理 ... 98
7.2 二次剩余 ... 99
7.3 指数与原根 ... 100
7.4 素性检测 ... 101
7.5 公钥密码的基本概念 ... 102
7.5.1 公钥密码体制的原理 ... 103
7.5.2 公钥密码体制的要求 ... 104
7.6 RSA公钥密码 ... 106
7.6.1 算法描述 ... 106
7.6.2 RSA的快速模指数运算 ... 108
7.6.3 RSA的安全性 ... 109

7.7 ElGamal 公钥密码 ··· 111
7.7.1 算法描述 ··· 111
7.7.2 ElGamal 的安全性 ··· 112
7.8 Rabin 公钥密码 ··· 113
7.8.1 算法描述 ··· 113
7.8.2 Rabin 的安全性 ··· 115
7.9 椭圆曲线公钥密码 ··· 115
7.9.1 实数域上的椭圆曲线 ··· 115
7.9.2 有限域上的椭圆曲线 ··· 116
7.9.3 椭圆曲线密码体制 ··· 119
习题七 ··· 122

第8章 数字签名 ··· 123
8.1 数字签名的基本概念 ··· 123
8.2 RSA 数字签名 ··· 124
8.3 ElGamal 数字签名 ··· 125
8.4 数字签名标准 ··· 127
8.5 其他数字签名 ··· 131
8.5.1 基于离散对数问题的数字签名 ··· 131
8.5.2 基于大整数分解问题的数字签名 ··· 134
8.5.3 具有特殊用途的数字签名 ··· 135
习题八 ··· 139

第9章 密码协议 ··· 141
9.1 密钥分配 ··· 141
9.1.1 Needham-Schroeder 协议 ··· 142
9.1.2 Kerberos ··· 143
9.2 密钥协商 ··· 144
9.2.1 Diffie-Hellman 密钥交换协议 ··· 144
9.2.2 端到端协议 ··· 146
9.3 秘密共享 ··· 147
9.3.1 Shamir 门限方案 ··· 147
9.3.2 可验证秘密共享 ··· 149
9.3.3 无可信中心的秘密共享 ··· 150

9.4 身份识别 ··· 151
9.4.1 身份识别的概念 ·· 151
9.4.2 Guillou-Quisquater 身份识别方案 ······························ 152
9.4.3 简化的 Fiat-Shamir 身份识别方案 ································· 153
9.5 零知识证明 ··· 154
9.6 签密 ··· 157
习题九 ·· 158

第 10 章 可证明安全性理论 ··· 159
10.1 可证明安全性理论的基本概念 ··· 159
10.1.1 公钥加密体制的安全性 ·· 159
10.1.2 数字签名体制的安全性 ·· 163
10.1.3 随机预言模型与标准模型 ·· 165
10.2 可证明安全的公钥加密体制 ··· 166
10.2.1 实际加密算法的安全性 ·· 166
10.2.2 RSA-OAEP ··· 169
10.2.3 将 CPA 体制变成 CCA2 体制 ···································· 173
10.3 可证明安全的数字签名体制 ··· 174
10.3.1 实际签名算法的安全性 ·· 174
10.3.2 RSA-PSS ··· 176
习题十 ·· 177

第 11 章 基于身份的密码体制 ··· 178
11.1 公钥认证方法 ·· 178
11.2 基于身份的加密体制 ··· 181
11.2.1 双线性配对 ··· 181
11.2.2 形式化模型 ··· 183
11.2.3 BF 方案 ··· 185
11.3 基于身份的签名体制 ··· 191
11.3.1 形式化模型 ··· 191
11.3.2 Hess 方案 ··· 192
11.3.3 CC 方案 ··· 194
11.4 基于身份的密钥协商协议 ··· 195
11.4.1 Smart 协议 ··· 195
11.4.2 Shim 协议 ·· 196

11.5 基于身份的签密体制 ……………………………………………………… 197
习题十一 …………………………………………………………………………… 198
第12章 无证书密码体制 ……………………………………………………… 199
  12.1 无证书加密体制 …………………………………………………………… 199
    12.1.1 形式化模型 ……………………………………………………… 199
    12.1.2 AP方案 ………………………………………………………… 203
  12.2 无证书签名体制 …………………………………………………………… 205
    12.2.1 形式化模型 ……………………………………………………… 205
    12.2.2 ZWXF方案 ……………………………………………………… 209
  12.3 无证书密钥协商协议 ……………………………………………………… 210
  12.4 无证书签密体制 …………………………………………………………… 211
  习题十二 …………………………………………………………………………… 213
附录1 习题参考答案 …………………………………………………………… 214
附录2 模拟试卷及参考答案 …………………………………………………… 225
参考文献 ………………………………………………………………………… 240

第 1 章 引 言

密码学(cryptology)是信息安全的核心技术之一,是一门既古老又年轻的科学。早在 2000 多年前的古罗马,凯撒密码(Caesar cipher)就被用于保密通信了。但在 1949 年以前,密码学被认为只是一种艺术,而不是一门科学,密码学家通常凭借感觉来进行密码体制的设计与分析,没有科学的理论基础和证明。1949年,香农(Shannon)发表了《保密系统的通信理论》(communication theory of secrecy systems),为对称密码学奠定了理论基础,使得密码学成为一门科学。1976 年,Diffie 和 Hellman 发表了《密码学的新方向》(new directions in cryptography),提出了公钥密码学的概念,使得发送者和接收者在不事先共享密钥的情况下也可以进行保密通信,开创了公钥密码学的新纪元。Diffie 和 Hellman 也因此获得了 2015 年的图灵奖。1977 年,美国国家标准局正式公布了数据加密标准(data encryption standard, DES),使得密码学进入了标准化时代。1978 年,Rivest,Shamir 和 Adleman 提出第一个实用的公钥密码体制,使得公钥密码学的研究进入了快速发展时期。他们也因此获得了 2002 年的图灵奖。1984 年,Goldwasser 和 Micali 提出了概率加密及其可证明安全性的思想,为公钥密码学奠定了数学基础。Goldwasser 和 Micali 也因此获得了 2012 年的图灵奖。

1.1 基本概念

密码学是研究在有敌手的情况下如何隐秘地传递信息的科学,常被认为是数学和计算机科学的分支。密码学与信息论也密切相关。密码学包括密码编码学(cryptography)与密码分析学(cryptanalysis)两个分支。密码编码学是指对消息进行变化和伪装,以保证消息在信道的传输过程中不被敌手窃取、篡改和利用,密码分析学是指破译和分析密码体制。

在密码学中,通常称要变换的消息为明文(plaintext),明文经过一组规则变换成看似没有意义的随机消息,称为密文(ciphertext)。这种变换过程称为加密(encryption);其逆过程,即由密文恢复出明文的过程称为解密(decryption)。加密和解密过程都需要一个密钥(key)才能完成,分别称为加密密钥和解密密钥。根据密钥的特点,密码体制(cryptosystem)可以分为对称密码体制(symmetric key cryptosystem)和非对称密码体制(asymmetric key cryptosystem)。在对称密码体制中,加密密钥和解密密钥相同或者从一个密钥很容易推导出另一个密钥,对称密码体制也称为单钥密码体制。在非对称密码体制中,加密密钥和解密密钥不同,且从加密密钥难以推导出解密密钥,非对称密码体制也称为双钥密码体制或公钥密码体制(public key cryptosystem)。在公钥密码体制中,加密密钥可以公开,称为公钥(public key);解密密钥需要保密,称为私钥(secret key)。根据加密方式,密码体制还可以分为流密码(stream cipher)和分组密码(block cipher)。流密码将明文按位(比特)加密,分组密码将明文分成定长的块进行加密。在本书中,流密码和分组密码通常指对称密码体制。实际上,大部分公钥密码体制也属于分组密码,个别公钥密码体制也可以看成是流密码。密码学的分类可以用图 1.1 来总结。

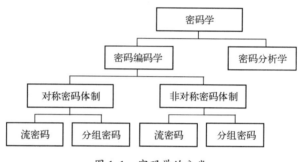

图 1.1　密码学的分类

一个密码体制通常包含下面五部分。

(1) 明文空间 $\mathcal{M}$:全体明文的集合。在具体的一次加密过程中,明文 m 来自该明文空间。

(2) 密文空间 $\mathcal{C}$:全体密文的集合。在具体的一次加密过程中,密文 c 属于该密文空间。

(3) 密钥空间 $\mathcal{K}$:全体密钥的集合。在具体的一次加密过程中,加密密钥 k_e 和解密密钥 k_d 都来自该密钥空间。在对称密码体制中,k_e 和 k_d 一般是相同的;在非对称密码体制中,k_e 和 k_d 是不同的。密钥空间中不同密钥的个数称为密码体制的密钥量,它是衡量密码体制安全强度的一个重要指标。通常来说,密钥量越大,密码体制的安全强度越高。

(4) 加密算法 $\mathcal{E}$:由加密密钥控制的加密变换的集合。在具体的一次加密过程中,加密算法 E 来自该加密算法集合。

(5) 解密算法 $\mathcal{D}$:由解密密钥控制的解密变换的集合。在具体的一次解密过程中,解密算法 D 来自该解密算法集合。

一个密码体制要求满足一致性。即
$$c = E_{k_e}(m)$$
则
$$m = D_{k_d}(c)$$
这说明了只要密文是通过加密算法和加密密钥正确生成的,那么这个密文就一定可以利用解密算法和解密密钥正确恢复出明文。

1.2 保密通信系统模型

密码学的最初目的是保密通信。图 1.2 给出了通信系统的基本模型。信源是消息的发生源,即消息的发送者。信宿是消息的目的地,即消息的接收者。信源编码是对信源发出的消息进行压缩,即压缩每个信源符号的平均比特数或信源的码率,从而提高通信的有效性。信道编码与信源编码相反,是增加信源的冗余度,从而提高通信的可靠性。信道译码和信源译码分别是信道编码和信源编码的逆过程,使得消息恢复到原始状态,然后到达信宿。信源编码和信道编码虽然对消息进行了变换,但这些变换的逆变换(信道译码和信源译码)不需要密钥。也就是说,这两种变换不能取得消息的保密性。如果要实现通信安全,则需要使用加密和解密操作。加密也是一种变换,将明文变换成为密文,但加密变换跟信源编码和信道编码变换不同,加密变换需要使用一个密钥。在不知道密钥的情况下,即使知道解密变换,也很难将密文恢复为明文。保密通信是信息安全最早的需求。如果不考虑信源编码和信道编码问题,并将信源编码后的信号序列看成加密的输入,则可以得到保密通信系统基本模型,如图 1.3 所示。

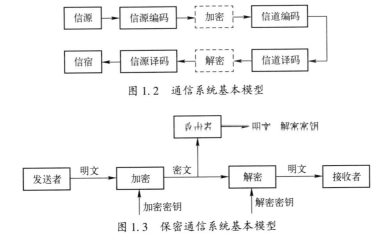

图 1.2 通信系统基本模型

图 1.3 保密通信系统基本模型

1.3 安全性要求和密码分析

在密码学中,常见的安全性要求有保密性(confidentiality)、完整性(integrity)、认证性(authentication)和不可否认性(non-repudiation)。保密性是指信息只为授权用户使用,不能泄露给未授权的用户。比如,只允许发送者和接收者知道消息的内容,如果另外一个人也知道了消息的内容,则破坏了保密性。完整性是指信息在传输或存储过程中,不能被偶然或蓄意地删除、修改、伪造、重放、插入等破坏和丢失的特性。比如,发送者发送给接收者的消息是"100",但接收者收到的消息是"1000",则说明消息的完整性已经被破坏。认证性是确保通信方的确是他(她)所声称的那位。确认一个实体的身份称为实体认证,确认一个信息的来源称为消息认证。比如,Alice 伪装成 Carol 发送一条消息给 Bob,如果 Alice 成功地欺骗了 Bob,则认证性受到了破坏。不可否认性是防止通信方对以前的许诺或者行为的否认。比如,如果 Alice 发送了一条消息给 Bob,则她就不能说自己没有发送过。

在信息的传输和处理过程中,除了合法的发送者和接收者,还有非授权的敌手。敌手通过各种方法(如搭线窃听、电磁窃听、声音窃听等)来截获密文,希望从中获取原来的明文,这个过程称为密码分析。如果敌手只是采取窃听的方法,则这种攻击称为被动攻击(passive attack)。被动攻击可以用于获取消息的内容或者是进行业务流量分析,主要是破坏消息的保密性。如果敌手采取删除、修改、插入、重放等方法向系统注入消息,则这种攻击称为主动攻击(active attack)。主动攻击可以破坏消息的完整性、认证性和不可否认性。

无论是被动攻击还是主动攻击,敌手都可以采取下面的三种方法对密码体制进行分析。

(1) 穷举攻击:敌手通过试遍密钥空间中的所有密钥来对密文进行解密,直至得到正确的明文。显然,可以通过增大密钥空间的密钥量来提高密码体制的安全强度。比如,DES 的密钥长度是 56 位,即密钥空间为 2^{56}。高级加密标准(advanced encryption standard,AES)的密钥长度是 128 位、192 位或 256 位,即密钥空间分别为 2^{128}、2^{192} 或 2^{256}。AES 的安全强度就远远大于 DES。

(2) 统计分析攻击:敌手通过分析明文和密文的统计规律来破译密码体制。比如,英文的 26 个字母并不是等概率出现的,字母 E 出现的概率最大。如果截获一段密文且发现密文中字母 P 出现的次数最多,则可以猜测密文 P 对应的明文就是 E。此外,英文中的某个字母出现后,后面的字母并非完全随机出现,而是满足一定关系的条件概率分布。比如,字母 T 后面出现 H 和 R 的可能性比较大,出现 J,K,M 和 N 的可能性比较小,而根本不会出现 Q,F 和 X。统计分析对于破译古典密码体制是非常有效的。

(3) 数学分析攻击:敌手针对加解密算法的数学基础和密码学性质,通过数学求解的方法来破译密码体制。比如,RSA 加密算法的数学基础是大整数分解问题,即已知两个大素数 p 和 q,求 $n=pq$ 是容易的,只需一次乘法运算,而由 n 求 p 和 q 则是困难的。敌手可能利用一些大整数分解算法来求出 p 和 q,从而破译 RSA 算法。

根据敌手可以利用的数据资源,可以将攻击分为以下六种。

(1) 唯密文攻击(ciphertext-only attack):敌手只知道一些密文。

(2) 已知明文攻击(known plaintext attack):敌手知道一些密文,且知道这些密文所对应的明文。敌手的任务是获得解密密钥或者是解密新的密文。

(3) 选择明文攻击(chosen plaintext attack):敌手可以选择一些明文,且知道这些明文所对应的密文。对于敌手来说,已知明文攻击是被动地接受一些明文密文对,而选择明文攻击允许敌手选取特定的明文。这些特定的明文可能会为敌手提供更大的帮助。

(4) 适应性选择明文攻击(adaptive chosen plaintext attack):敌手不仅可以选择明文,还可以根据这些明文的加密结果来修改自己的选择。比如,敌手第一次选择明文 m,得到密文 c。在第二次选择中,敌手根据密文 c 的情况,感觉选择明文 $2m$ 比较好。在适应性选择明文攻击中,选择的明文之间可能存在一定的关系。

(5) 选择密文攻击(chosen ciphertext attack):敌手可以选择一些密文,且知道这些密文所对应的明文。

(6) 适应性选择密文攻击(adaptive chosen ciphertext attack):敌手不仅可以选择密文,还可以根据这些密文的解密结果来修改自己的选择。比如,敌手第一次选择密文 c,得到明文 m。在第二次选择中,敌手根据明文 m 的情况,感觉选择密文 $2c$ 比较好。在适应性选择密文攻击中,选择的密文之间可能存在一定的关系。

在上面的六种攻击中,唯密文攻击最弱,敌手得到的资源最少。适应性选择密文攻击最强,敌手得到的资源最多。对于任何一种攻击来说,都假设敌手知道所使用的密码算法细节,这一点称为 Kerckhoff 原则。

对于一个密码体制来说,可以用下面三种评估模型对其进行评价。

(1) 无条件安全性(unconditional security):如果一个具有无限计算资源的敌手都不能破译一个密码体制,则称该密码体制是无条件安全的。一次一密方法在唯密文攻击下可以达到无条件安全性。一次一密是指每次加密一个消息的时候都会使用不同的密钥。高昂的密钥分配成本使得一次一密方法在现代通信系统中是不实用的。

(2) 计算安全性(computational security)：如果使用最好的算法来破译一个密码体制所需要的计算代价远远超出敌手的计算资源,则称这个密码体制是计算安全的。比如,敌手希望通过穷举攻击来破译密钥为 128 位的 AES 算法,就需要试遍整个大小为 2^{128} 的密钥空间,但目前敌手的计算能力根本无法完成试遍整个密钥空间,说明 AES 在穷举攻击的情况下是计算安全的。

(3) 可证明安全性(provable security)：如果一个密码体制的安全性可以规约到某一个数学问题,且这个数学问题是难解的,则称这个密码体制是可证明安全的。比如,如果一个敌手可以攻破 RSA 加密算法,则可以构造一个新算法,这个新算法能够求解大整数分解问题。然而,目前大整数分解还没有有效的求解方法,则敌手不可能攻破 RSA 加密算法。这种证明方法实际上是数学中的反证法。

无条件安全性是一个理论的概念,实际应用的密码体制都不能满足该安全性要求。现代密码学的目标是设计满足如下条件的密码体制：
(1) 一个密钥可以重复使用,即不是每次使用后就更换新的密钥。
(2) 一个短密钥可以加密长明文,即密钥的长度比明文短。
满足上述要求的密码体制不可能是无条件安全的,但需要满足计算安全性。

习题一

1. 什么是被动攻击？什么是主动攻击？
2. 对称密码体制和非对称密码体制的主要区别是什么？
3. 什么是无条件安全性？什么样的密码算法能够实现无条件安全性？

第 2 章 古典密码

虽然古典密码大都比较简单且容易破译,但其设计原理与思想对现代密码的设计产生了重要影响。古典密码体制通常利用代替(substitution)和置换(permutation)两种方法。为了更加清楚地理解古典密码体制,我们先来了解一下基本的数学知识。

2.1 整除与同余

定义 2.1 对于整数 $a,b(a\neq 0)$,如果存在整数 x 使得 $b=ax$,则称 a 整除 b,或 a 是 b 的因子,记作 $a|b$。

例 2.1 由于 $10=2\times 5$,所以 2 整除 10,记为 $2|10$。

整除有如下性质:

(1) $a|a$。
(2) 如果 $a|b,b|a$,则 $a=\pm b$。
(3) 如果 $a|b,b|c$,则 $a|c$。
(4) 如果 $a|b,a|c$,则对任意的整数 x,y,有 $a|(bx+cy)$。

定义 2.2 如果 a,b,c 都是整数,a 和 b 不全为 0 且 $c|a,c|b$,则称 c 是 a 和 b 的公因子。如果正整数 d 满足

(1) d 是 a 和 b 的公因子。
(2) a 和 b 的任一公因子,也是 d 的因子。

则称 d 是 a 和 b 的最大公因子(greatest common divisor),记为 $d=\gcd(a,b)$ 或 $d=(a,b)$。如果 $\gcd(a,b)=1$,则称 a 和 b 互素。

例 2.2 由于 $2|8$ 且 $2|16$,所以 2 是 8 和 16 的公因子,还可以找到 8 和 16 的另外三个公因子 1,4 和 8。在这四个公因子中,1,2,4 都是 8 的因子,所以最大公因子为 8,即 $8=\gcd(8,16)$。

例 2.3 由于 $1=\gcd(3,4)$,则称 3 和 4 互素。

定义 2.3 对于任一整数 $p(p>1)$,如果 p 的因子只有 ± 1 和 $\pm p$,则称 p 为素数;否则称为合数。

对于任一整数 $a(a>1)$,都可以唯一地分解为素数的乘积,即

$$a = p_1^{a_1} p_2^{a_2} \cdots p_t^{a_t}$$

其中,$p_1 < p_2 < \cdots < p_t$ 都是素数,$a_i > 0 (i=1,2,\cdots,t)$。

定义 2.4 设 n 是一正整数,小于 n 且与 n 互素的正整数的个数称为欧拉 (Euler) 函数,记为 $\phi(n)$。欧拉函数有如下性质:

(1) 如果 n 是素数,则 $\phi(n) = n-1$。

(2) 如果 m 和 n 互素,则 $\phi(mn) = \phi(m)\phi(n)$。

(3) 如果

$$n = p_1^{a_1} p_2^{a_2} \cdots p_t^{a_t}$$

其中,$p_1 < p_2 < \cdots < p_t$ 都是素数,$a_i > 0 (i=1,2,\cdots,t)$,则

$$\phi(n) = n\left(1-\frac{1}{p_1}\right)\left(1-\frac{1}{p_2}\right)\cdots\left(1-\frac{1}{p_t}\right)$$

例 2.4 $\phi(9) = 6$,因为 1,2,4,5,7,8 与 9 互素。

定义 2.5 设 n 是一正整数,a 是整数,如果用 n 除 a,得商为 q,余数为 r,即

$$a = qn + r, \quad 0 \leqslant r < n, \quad q = \left\lfloor \frac{a}{n} \right\rfloor$$

其中,$\lfloor x \rfloor$ 表示小于或等于 x 的最大整数。定义 r 为 $a \bmod n$,记为 $r \equiv a \bmod n$。如果两个整数 a 和 b 满足

$$a \bmod n = b \bmod n$$

则称 a 和 b 模 n 同余,记作 $a \equiv b \bmod n$。称与 a 模 n 同余的数的全体为 a 的同余类。

例 2.5 设 $a = 42, n = 8$。由于 $42 = 5 \times 8 + 2$,则 $2 \equiv 42 \bmod 8$。

同余有如下性质:

(1) 如果 $n | (a-b)$,则 $a \equiv b \bmod n$。

(2) 如果 $a \bmod n = b \bmod n$,则 $a \equiv b \bmod n$。

(3) $a \equiv a \bmod n$。

(4) 如果 $a \equiv b \bmod n$,则 $b \equiv a \bmod n$。

(5) 如果 $a \equiv b \bmod n, b \equiv c \bmod n$,则 $a \equiv c \bmod n$。

(6) 如果 $a \equiv b \bmod n, c \equiv d \bmod n$,则 $(a+c) \equiv (b+d) \bmod n, ac \equiv bd \bmod n$。

例 2.6 设 $a = 42, n = 8$。由于 $8 | 42-2$,则 $2 \equiv 42 \bmod 8$。此外,有 $42 \bmod 8 = 2 \bmod 8$。

一般的,定义 $\mathbb{Z}_n$ 为小于 n 的所有非负整数集合,即 $\mathbb{Z}_n = \{0,1,\cdots,n-1\}$。称 $\mathbb{Z}_n$ 为模 n 的同余类集合。进一步,$\mathbb{Z}_n^*$ 表示与 n 互素的非负整数集合。如果 n 为素数,则 $\mathbb{Z}_n^* = \{1,\cdots,n-1\}$。$\mathbb{Z}_n$ 中的加法 (+) 和乘法 (×) 都为模 n 运算,具有如下性质:

(1) 交换律:$(w+x) \bmod n = (x+w) \bmod n$ 和 $(w \times x) \bmod n = (x \times w) \bmod n$ 成立。

(2) 结合律:$[(w+x)+y] \bmod n = [w+(x+y)] \bmod n$ 和 $[(w \times x) \times y] \bmod n = [w \times (x \times y)] \bmod n$ 成立。

(3) 分配律:$[w \times (x+y)] \bmod n = [(w \times x)+(w \times y)] \bmod n$ 成立。

(4) 单位元:对于加法来说,存在一个元素 0,使得对于每个 $w \in \mathbb{Z}_n$,都有 $(0+w) \bmod n = w \bmod n$ 成立。元素 0 就称为加法单位元。同理,对于乘法来说,存在一个元素 1,使得对于每个 $w \in \mathbb{Z}_n$,都有 $(1 \times w) \bmod n = w \bmod n$ 成立。元素 1 就称为乘法单位元。

(5) 加法的逆元:对 $w \in \mathbb{Z}_n$,存在 $x \in \mathbb{Z}_n$,使得 $(w+x) \equiv 0 \bmod n$,称 x 为 w 的加法逆元,记为 $x=-w$,其中,0 是加法单位元。

(6) 乘法的逆元:设 $w \in \mathbb{Z}_n$,如果存在 $x \in \mathbb{Z}_n$,使得 $w \times x \equiv 1 \bmod n$,则 w 是可逆的,称 x 为 w 的乘法逆元,记为 $x=w^{-1}$,其中,1 是乘法单位元。

并不是每个元素都有乘法逆元,可以证明 $w \in \mathbb{Z}_n$ 当且仅当 $\gcd(w,n)=1$ 时才有逆元。如果 w 是可逆的,则可以定义除法:

$$\frac{x}{w} \equiv xw^{-1} \bmod n$$

例 2.7 设 $n=26$,即 $\mathbb{Z}_{26} = \{0, 1, \cdots, 25\}$。由于 $15+11 \equiv 0 \bmod 26$,所以 15 的加法逆元为 11,11 的加法逆元为 15。事实上,11 和 15 互为加法逆元。由于 $\gcd(15,26)=1$ 且 $15 \times 7 \equiv 1 \bmod 26$,所以 15 的乘法逆元为 7,7 的乘法逆元为 15。也就是说,7 和 15 互为乘法逆元。

求乘法逆元是密码学经常要碰到的问题。下面介绍求乘法逆元的通用方法——欧几里得除法(Euclidean division)。欧几里得除法是用于计算两个整数 a 和 b 的最大公因子 $d=\gcd(a,b)$ 的常用方法。

设 a,b 是两个正整数,记 $r_0=a, r_1=b$,于是有

$$r_0 = q_1 r_1 + r_2, \qquad 0 \leq r_2 < r_1$$
$$r_1 = q_2 r_2 + r_3, \qquad 0 \leq r_3 < r_2$$
$$\vdots$$
$$r_{l-2} = q_{l-1} r_{l-1} + r_l, \qquad 0 \leq r_l < r_{l-1}$$
$$r_{l-1} = q_l r_l$$
$$r_l = (a,b)$$

例 2.8 求 88 和 32 的最大公因子。

解:

$$88 = 2 \times 32 + 24$$
$$32 = 1 \times 24 + 8$$
$$24 = 3 \times 8$$

所以 $(88,32) = 8$。

定理 2.1 设 a,b 是两个不全为零的整数，则存在两个整数 u,v，使得
$$(a,b) = ua + vb$$

在欧几里得除法中，如果 a 和 n 的最大公因子为 1，通过反向迭代操作可以得到
$$ua + vn = (a,n) = 1$$

则
$$ua \equiv 1 \bmod n$$

这就得到了 a 模 n 的乘法逆元 u。

例 2.9 求 15 模 26 的乘法逆元。

解：
$$26 = 1 \times 15 + 11$$
$$15 = 1 \times 11 + 4$$
$$11 = 2 \times 4 + 3$$
$$4 = 1 \times 3 + 1$$
$$3 = 3 \times 1$$

所以 $(15,26) = 1$。

下面做反向迭代操作
$$\begin{aligned}
1 &= 4 - 1 \times 3 \\
&= 4 - 1 \times (11 - 2 \times 4) \\
&= 3 \times 4 - 1 \times 11 \\
&= 3 \times (15 - 1 \times 11) - 1 \times 11 \\
&= 3 \times 15 - 4 \times 11 \\
&= 3 \times 15 - 4 \times (26 - 1 \times 15) \\
&= 7 \times 15 - 4 \times 26
\end{aligned}$$

所以 15 模 26 的乘法逆元为 7。

2.2 代替密码

代替密码是将明文字母表中的每一个字符替换成密文字母表中的字符。接收者对密文进行逆向替换就可以得到原始的明文。代替密码可以分为单表代替

密码(mono-alphabetic substitution cipher)和多表代替密码(polyalphabetic substitution cipher)。单表代替密码使用一个替换表,而多表代替密码使用多个替换表。

2.2.1 单表代替密码

单表代替密码每次将明文字母表中的一个字符替换成密文字母表中的另外一个字符,主要分为加法密码(addition cipher)、乘法密码(multiplication cipher)和仿射密码(affine cipher)三类。

1. 加法密码

设消息空间 $\mathcal{M}$、密文空间 $\mathcal{C}$ 和密钥空间 $\mathcal{K}$ 都为 $\mathbb{Z}_n$。对任意消息 $m \in \mathcal{M}$ 和密钥 $k \in \mathcal{K}$,加法密码的加密算法可以表示为

$$c \equiv (m+k) \bmod n$$

解密算法可以表示为

$$m = (c-k) \bmod n$$

如果 $n=26$,则可以利用加法密码来加密英文的 26 个字母。当然,需要建立英文字母与 $\mathbb{Z}_{26}$ 之间的编码关系,可以采取表 2.1 的对应关系。

表 2.1 英文字母与 $\mathbb{Z}_{26}$ 之间的对应关系

字母	A	B	C	D	E	F	G	H	I	J	K	L	M
数字	0	1	2	3	4	5	6	7	8	9	10	11	12
字母	N	O	P	Q	R	S	T	U	V	W	X	Y	Z
数字	13	14	15	16	17	18	19	20	21	22	23	24	25

例 2.10 设 $k=3$,明文为 ALICE。首先对明文中的字母进行编码。根据表 2.1 的规则,将 A 编码为 0、L 编码为 11、I 编码为 8、C 编码为 2、E 编码为 4。其次对每一个整数执行加密运算 $c \equiv (m+3) \bmod 26$,得

$$0+3 \bmod 26 \equiv 3 \bmod 26$$
$$11+3 \bmod 26 \equiv 14 \bmod 26$$
$$8+3 \bmod 26 \equiv 11 \bmod 26$$
$$2+3 \bmod 26 \equiv 5 \bmod 26$$
$$4+3 \bmod 26 \equiv 7 \bmod 26$$

最后再将加密后的整数转换为相应的字母,得到密文 DOLFH。

如果要对密文进行解密,首先将密文中的字母编码到相应的整数,即 D 编码为 3、O 编码为 14、L 编码为 11、F 编码为 5、H 编码为 7。其次对每一个整数进行解密运算 $m \equiv (c-3) \bmod 26$,得

$$3-3 \mod 26 \equiv 0 \mod 26$$
$$14-3 \mod 26 \equiv 11 \mod 26$$
$$11-3 \mod 26 \equiv 8 \mod 26$$
$$5-3 \mod 26 \equiv 2 \mod 26$$
$$7-3 \mod 26 \equiv 4 \mod 26$$

最后再将解密后的整数转换为相应的字母,得到明文 ALICE。这就是著名的凯撒密码。实际上,就是用 D 代替 A、用 O 代替 L、用 L 代替 I、用 F 代替 C、用 H 代替 E。这种代替规则是不变的,可以将该规律总结到表 2.2 中,就形成了凯撒密码的替换表。利用该表,可以很快加密一个明文。比如,对于明文 BOB,根据表 2.2 的规则,B 的密文是 E,O 的密文是 R,很快可以得出 BOB 的密文就是 ERE。由于凯撒密码只有一个替换表,所以这种加密方法属于单表代替密码。

表 2.2 凯撒密码中明文和密文之间的对应关系

明文	A	B	C	D	E	F	G	H	I	J	K	L	M
密文	D	E	F	G	H	I	J	K	L	M	N	O	P
明文	N	O	P	Q	R	S	T	U	V	W	X	Y	Z
密文	Q	R	S	T	U	V	W	X	Y	Z	A	B	C

加法密码是不太安全的,可以利用密钥穷举攻击来破译,主要原因在于密钥空间太小,只有 n 种可能的情况。如果 $k=0$,明文和密文是一样的,则这种加密是无效的。加法密码的有效密钥只有 $n-1$ 种。从例 2.10 可以很清楚地看出,加法密码实际上就是用后 k 个字母代替明文中的字母,相当于向后移动了 k 个字母。所以,加法密码也称为移位密码(shift cipher)。

2. 乘法密码

设消息空间 $\mathcal{M}$ 和密文空间 $\mathcal{C}$ 都为 $\mathbb{Z}_n$,密钥空间 $\mathcal{K}$ 为 $\mathbb{Z}_n^*$。对任意消息 $m \in \mathcal{M}$ 和密钥 $k \in \mathcal{K}$,乘法密码的加密算法可以表示为

$$c \equiv mk \mod n$$

解密算法可以表示为

$$m \equiv ck^{-1} \mod n$$

这里需要注意的是,由于解密需要求 k 的乘法逆元,必须要求 $(k,n)=1$,否则解密将失败。乘法密码的密钥空间也很小,只有 $\phi(n)$ 种可能的密钥。当 $n=26$ 时,k 的取值为

$$\{1,3,5,7,9,11,15,17,19,21,23,25\}$$

不过当 $k=1$ 时,密文和明文一样,没有任何加密效果。

3. 仿射密码

乘法密码和加法密码相结合便构成了仿射密码。设消息空间 $\mathcal{M}$ 和密文空间 $\mathcal{C}$ 都为 $\mathbb{Z}_n$，密钥空间 $\mathcal{K}$ 为 $\mathbb{Z}_n \times \mathbb{Z}_n^*$。对任意消息 $m \in \mathcal{M}$ 和密钥 $(k_1, k_2) \in \mathcal{K}$，仿射密码的加密算法可以表示为

$$c \equiv (k_1 + mk_2) \bmod n$$

解密算法可以表示为

$$m \equiv (c - k_1) k_2^{-1} \bmod n$$

显然，加法密码和乘法密码都是仿射密码的特例。仿射密码的密钥空间也不大，只有 $n\phi(n)$ 种可能的情况。当 $n=26$ 时，密钥空间为 $26 \times 12 = 312$。

单表代替密码除了密钥空间较小外，还有一个弱点是没有将明文字母出现的频率隐藏起来，这给破译工作提供了极大的方便。因为无论是英文字母还是中文汉字，每个字母或者汉字的出现频率是不同的，当统计范围足够大时，每个字母或汉字的出现频率也是比较稳定的。表 2.3 给出了英文字母的出现频率。

表 2.3 英文字母的出现频率

字 母	频 率	字 母	频 率
A	0.082	N	0.067
B	0.015	O	0.075
C	0.028	P	0.019
D	0.043	Q	0.001
E	0.127	R	0.060
F	0.022	S	0.063
G	0.020	T	0.091
H	0.061	U	0.028
I	0.070	V	0.010
J	0.002	W	0.023
K	0.008	X	0.001
L	0.040	Y	0.020
M	0.024	Z	0.001

下面给出一个利用频率来分析仿射加密的例子。

例 2.11 已知利用仿射密码加密后的密文为

FMDLRHRSKFPRHHFXRKVIVIIZRSLEZYKDVSPRKAVO

这些密文的频率分析见表 2.4。

表 2.4 密文中出现字母的次数

字 母	次 数	字 母	次 数
A	1	N	0
B	0	O	1
C	0	P	2
D	2	Q	0
E	1	R	6
F	3	S	3
G	0	T	0
H	3	U	0
I	3	V	4
J	0	W	0
K	4	X	1
L	2	Y	1
M	1	Z	2

虽然只有 40 个字母,但足以分析仿射密码。从表 2.4 可以看出,R 出现了 6 次,K 和 V 出现了 4 次,F,H,I 和 S 出现了 3 次。根据表 2.3 知道,E 出现的频率最高,为 0.127,其次是字母 T,频率为 0.091。因此,可以首先猜测 R 是 E 的密文,K 是 T 的密文。根据仿射密码的加密算法得

$$17 \equiv (k_1 + 4k_2) \bmod 26$$
$$10 \equiv (k_1 + 19k_2) \bmod 26$$

这个同余式组有唯一解 $k_1 = 5, k_2 = 3$,从而得到了加密算法为

$$c \equiv (5 + m \times 3) \bmod 26$$

解密算法为

$$m \equiv (c-5)3^{-1} \equiv (c-5) \times 9 \bmod 26$$

利用所得解密算法解密上述密文得

ALICESENTAMESSAGETOBOBBYENCRYPTIONMETHOD

我们发现这句话是可以理解的语言,破译成功。当然,有时候可能不会这么幸运,需要猜测多次才能得到正确的明文。

2.2.2 多表代替密码

在给出多表代替密码的正式算法之前,让我们看一个多表代替密码的具体例子。表 2.5 和表 2.6 分别给出了一个明文和密文之间的对应关系。如果联合

这两个替换表格,就形成了一个多表代替密码。设加密规则为第奇数位明文使用表 2.5 进行替换,第偶数位明文使用表 2.6 进行替换,那么明文 HELLO 的密文就应该为 LJPQS。值得注意的是,明文中的两个 L 由于所处位置不同而被加密成不同的字母,这在单表代替密码中是无法实现的。

表 2.5 第一个明文和密文之间的对应关系

明文	A	B	C	D	E	F	G	H	I	J	K	L	M
密文	E	F	G	H	I	J	K	L	M	N	O	P	Q
明文	N	O	P	Q	R	S	T	U	V	W	X	Y	Z
密文	R	S	T	U	V	W	X	Y	Z	A	B	C	D

表 2.6 第二个明文和密文之间的对应关系

明文	A	B	C	D	E	F	G	H	I	J	K	L	M
密文	F	G	H	I	J	K	L	M	N	O	P	Q	R
明文	N	O	P	Q	R	S	T	U	V	W	X	Y	Z
密文	S	T	U	V	W	X	Y	Z	A	B	C	D	E

上述加密方法也可以用模运算来表示。设消息 $m=(m_1,m_2)$,密钥 $k=(4,5)$,该多表代替密码的加密算法为

$$c=(c_1,c_2) \equiv [(m_1+4) \bmod n, (m_2+5) \bmod n]$$

解密算法为

$$m=(m_1,m_2)=[(c_1-4) \bmod n, (c_2-5) \bmod n]$$

这里需要说明的是,由于该加密算法每次加密 2 个字母,所以需要首先将明文分成每 2 个字母一组,其次对每组进行逐一加密。这种加密算法实际上是加法密码的一个推广。

下面给出利用加法密码构造的多表代替密码的正式算法。设消息空间 $\mathcal{M}$、密文空间 $\mathcal{C}$ 和密钥空间 $\mathcal{K}$ 都为 $\mathbb{Z}_n^l$。对任意消息 $m=(m_1,m_2,\cdots,m_l) \in \mathcal{M}$ 和密钥 $k=(k_1,k_2,\cdots,k_l) \in \mathcal{K}$,多表加法密码的加密算法可以表示为

$$c=(c_1,c_2,\cdots,c_l)=[(m_1+k_1) \bmod n, (m_2+k_2) \bmod n, \cdots, (m_l+k_l) \bmod n]$$

解密算法可以表示为

$$m=(m_1,m_2,\cdots,m_l) \equiv [(c_1-k_1) \bmod n, (c_2-k_2) \bmod n, \cdots, (c_l-k_l) \bmod n]$$

多表加法密码的密钥量为 n^l。

此外,还可以给出利用乘法密码和仿射密码构造的多表代替密码算法。设消息空间 $\mathcal{M}$ 和密文空间 $\mathcal{C}$ 都为 $\mathbb{Z}_n^l$,密钥空间 $\mathcal{K}=\{(k_1,k_2,\cdots,k_l) | k_i \in \mathbb{Z}_n^*, 1 \leq$

$i\leq l\}$。对任意消息 $m=(m_1,m_2,\cdots,m_l)\in \mathcal{M}$ 和密钥 $k=(k_1,k_2,\cdots,k_l)\in \mathcal{K}$，多表乘法密码的加密算法可以表示为

$$c=(c_1,c_2,\cdots,c_l)\equiv(m_1k_1 \bmod n, m_2k_2 \bmod n,\cdots,m_lk_l \bmod n)$$

解密算法可以表示为

$$m=(m_1,m_2,\cdots,m_l)\equiv(c_1k_1^{-1} \bmod n, c_2k_2^{-1} \bmod n,\cdots,c_lk_l^{-1} \bmod n)$$

由于解密需要求 k_i 的乘法逆元，必须要求 $(k_i,n)=1$，否则解密将失败。乘法密码的密钥量为 $\phi(n)^l$。

设消息空间 $\mathcal{M}$ 和密文空间 $\mathcal{C}$ 都为 $\mathbb{Z}_n^l$，密钥空间为

$$\mathcal{K}=\{(\langle k_{11},k_{21}\rangle,\langle k_{12},k_{22}\rangle,\cdots,\langle k_{1l},k_{2l}\rangle) | k_{1i}\in \mathbb{Z}_n, \quad k_{2i}\in \mathbb{Z}_n^*, 1\leq i\leq l\}$$

对任意消息 $m=(m_1,m_2,\cdots,m_l)\in \mathcal{M}$ 和密钥 $k=(\langle k_{11},k_{21}\rangle,\langle k_{12},k_{22}\rangle,\cdots,\langle k_{1l},k_{2l}\rangle)\in \mathcal{K}$，多表仿射密码的加密算法可以表示为

$$c=(c_1,c_2,\cdots,c_l)\equiv[(k_{11}+m_1k_{21}) \bmod n, (k_{12}+m_2k_{22}) \bmod n,\cdots,(k_{1l}+m_lk_{2l}) \bmod n]$$

解密算法可以表示为

$$m=(m_1,m_2,\cdots,m_l)\equiv[(c_1-k_{11})k_{21}^{-1} \bmod n, (c_2-k_{12})k_{22}^{-1} \bmod n,\cdots,(c_l-k_{1l})k_{2l}^{-1} \bmod n]$$

显然，多表仿射密码的密钥量为 $n^l\phi(n)^l$。

多表代替密码也可以使用矩阵的形式来表示，如多表仿射密码的加密算法可以表示为

$$(c_1,c_2,\cdots,c_l)\equiv\left[(m_1,m_2,\cdots,m_l)\begin{pmatrix}k_{21}\\k_{22}\\\vdots\\k_{2l}\end{pmatrix}+(k_{11},k_{12},\cdots,k_{1l})\right] \bmod n$$

解密算法可以表示为

$$(m_1,m_2,\cdots,m_l)\equiv\left[(c_1,c_2,\cdots,c_l)-(k_{11},k_{12},\cdots,k_{1l})\right]\begin{pmatrix}k_{21}\\k_{22}\\\vdots\\k_{2l}\end{pmatrix}^{-1} \bmod n$$

例 2.12 设多表仿射密码的加密算法为

$$(c_1,c_2,c_3,c_4)\equiv\left[(m_1,m_2,m_3,m_l)\begin{pmatrix}3\\5\\7\\9\end{pmatrix}+(1,2,3,4)\right] \bmod 26$$

明文为 BOOK。首先对明文中的字母进行编码。根据表 2.1 的规则，将 B 编码为 1、O 编码为 14、K 编码为 10。其次对 (1,14,14,10) 执行加密运算

$$(4,20,23,16) \equiv \left[(1,14,14,10)\begin{pmatrix}3\\5\\7\\9\end{pmatrix}+(1,2,3,4)\right] \bmod 26$$

最后再将加密后的整数转换为相应的字母,得到密文 EUXQ。如果要对密文进行解密,首先将密文中的字母编码到相应的整数,即 E 编码为 4、U 编码为 20、X 编码为 23、Q 编码为 16。其次对(4,20,23,16)执行解密运算

$$\left[(4,20,23,16)-(1,2,3,4)\right]\begin{pmatrix}3\\5\\7\\9\end{pmatrix}^{-1} \bmod 26 = (1,14,14,10)$$

最后再将解密后的整数转换为相应的字母,得到明文 BOOK。从这个例子可以看出,明文中的两个 O 被加密成了不同的密文,这就是多表代替密码与单表代替密码的重要区别。

2.3 置换密码

置换密码是将明文字母互相换位,明文字母集保持不变,但顺序被打乱了,与洗一副扑克牌类似。置换密码首先将明文分成固定长度的块(如 d),置换函数 f 用于从 1 至 d 中选取一个整数,其次,每个块中的字母依据函数 f 进行重新排列。设 $d=5$,f 如表 2.7 所示。这意味着第 1 个字母移到位置 3,第 2 个字母移到位置 5,第 3 个字母移到位置 1,第 4 个字母移到位置 2,第 5 个字母移到位置 4。如果要加密 HELLO,密文应该是 LLHOE,如表 2.8 所示。

表 2.7 置换函数 f

明文位置	1	2	3	4	5
密文位置	3	5	1	2	4

表 2.8 置换结果

明文	H	E	L	L	O
密文	L	L	H	O	E

对于置换密码,可以采取唯密文攻击和已知明文攻击。唯密文攻击是查看密文块,猜测可能生成可读单词的排列方式。如果发现了某个块的置换方法,就

可以应用到密文的所有块中。已知明文攻击是知道了明文中的一个单词,找出包含与已知单词相同的密文块,通过比较已知单词与密文块,确定置换方法。下面给出一个具体的例子。

例 2.13 已知利用置换密码加密后的密文为

ICLEAAGSRIUADTATUSDETINNEMPOUCRSECTNCEEI

如果怀疑明文包含 ALICE 这个单词,则可以利用该单词来匹配各块(块大小为 5)。从密文中可以看出,密文的前 5 个字母就包含 ALICE 的所有字母。将置换关系写在表 2.9 中,可以发现这个置换实际上就是将第 1 个字母移到位置 5,第 2 个字母移到位置 3,第 3 个字母移到位置 1,第 4 个字母移到位置 2,第 5 个字母移到位置 4。从而得出置换函数,如表 2.10 所示。根据这个置换函数,可以恢复出明文为

ALICEISAGRADUATESTUDENTINCOMPUTERSCIENCE

表 2.9 置换关系

明文	A	L	I	C	E
密文	I	C	L	E	A

表 2.10 置换函数 f

明文位置	1	2	3	4	5
密文位置	5	3	1	2	4

习题二

1. 求 2 模 5 的乘法逆元。
2. 求 gcd(15,26)。
3. 加法密码的加密算法为

$$c \equiv (m+6) \bmod 26$$

试对明文 DATA 加密,并使用解密算法

$$m \equiv (c-6) \bmod 26$$

验证加密结果。

4. 仿射密码的加密算法为

$$c \equiv (5m+7) \bmod 26$$

试对明文 UESTC 加密，并使用解密算法
$$m \equiv 5^{-1}(c-7) \bmod 26$$
验证加密结果。

5. 设由仿射密码对一个明文加密得到的密文为
STQDYLWQHKEJYXYCHLETQCWCQYTCYGTNHYCFTEXEUKEJCFQTG
又已知明文的前两个字符是 UN，试对该密文进行解密。

6. 差分密码分析通过分析明文对的差值对密文对的差值的影响来恢复密钥。试问仿射密码能否抵抗差分密码分析。

第 3 章 密码体制的信息论测度

香农发表的《保密系统的通信理论》以信息论的角度来描述保密通信系统。信息论以无条件安全性准则来评估密码体制的安全性,即假设敌手具有无限计算资源、在唯密文攻击下评估密码体制的安全性。

3.1 信息论

1. 离散信源的数学模型

信源发出消息,而消息具有不确定性。我们可以用随机变量或随机矢量来描述信源发出的消息。如果信源发出的消息以一个个符号的形式出现(如文字、字母),且这些符号的取值是有限的或可数的,则称这种信源为离散信源。如果离散信源只涉及一个随机事件,则称为单符号离散信源,可以用离散随机变量来描述。如果离散信源涉及多个随机事件,则称为多符号离散信源,可以用随机矢量来描述。

设 X 是一个离散随机变量,它有 n 个可能的取值: $x_1, x_2, \cdots, x_i, \cdots, x_n$。规定 $\Pr(x_i)$ 为随机变量 X 取 x_i 的概率。单符号离散信源的数学模型可以表示为

$$\begin{bmatrix} X \\ \Pr(X) \end{bmatrix} = \begin{Bmatrix} x_1, & x_2, & \cdots, & x_i, & \cdots, & x_n \\ \Pr(x_1), & \Pr(x_2), & \cdots, & \Pr(x_i), & \cdots, & \Pr(x_n) \end{Bmatrix}$$

其中,$\Pr(x_i)$ 满足

$$0 \leqslant \Pr(x_i) \leqslant 1, \sum_{i=1}^{n} \Pr(x_i) = 1$$

多符号离散信源最简单的情况是两个随机事件的离散信源。设 X 是一个离散随机变量,它有 n 个可能的取值: $x_1, x_2, \cdots, x_i, \cdots, x_n$;$Y$ 是一个离散随机变量,它有 m 个可能的取值: $y_1, y_2, \cdots, y_j, \cdots, y_m$。规定 $\Pr(x_i y_j)$ 为随机变量 X 取 x_i 且随机变量 Y 取 y_j 的联合概率。定义两个符号离散信源的数学模型为

$$\begin{bmatrix} XY \\ \Pr(XY) \end{bmatrix} = \begin{Bmatrix} x_1 y_1, & \cdots, & x_1 y_m, & x_2 y_1, & \cdots, & x_2 y_m, & \cdots, & x_n y_1, & \cdots, & x_n y_m \\ \Pr(x_1 y_1), & \cdots, & \Pr(x_1 y_m), & \Pr(x_2 y_1), & \cdots, & \Pr(x_2 y_m), & \cdots, & \Pr(x_n y_1), & \cdots, & \Pr(x_n y_m) \end{Bmatrix}$$

其中,$\Pr(x_i y_j)$ 满足

$$0 \leq \Pr(x_i y_j) \leq 1, \sum_{i=1}^{n} \sum_{j=1}^{m} \Pr(x_i y_j) = 1$$

2. 信息量与互信息量

一个随机事件发生某一结果后所带来的信息量称为自信息量(self-information),定义为其发生概率对数的负值。例如,随机事件发生 x_i 的概率为 $\Pr(x_i)$,它的自信息量 $I(x_i)$ 为

$$I(x_i) = -\log_2 \Pr(x_i)$$

自信息量的单位与所使用对数的底有关。信息论中常用的对数底为 2,信息量的单位为比特。当然,也可以采用 e 为底的自然对数,信息量的单位为奈特。如果采用 10 为底的常用对数,则信息量的单位为哈特。自信息量反映了一个事件的不确定度,概率越大的事件,不确定度越小,发生后提供的信息量就越小。如果 $\Pr(x_i) = 1$,则说明该事件是必然事件。必然事件没有任何的不确定性,不含有任何信息量。

在两个符号离散信源的数学模型中,其自信息量是二维联合集合 XY 上元素 $x_i y_j$ 的联合概率 $\Pr(x_i y_j)$ 对数的负值,称为联合自信息量,用 $I(x_i y_j)$ 表示,即

$$I(x_i y_j) = -\log_2 \Pr(x_i y_j)$$

当 X 和 Y 相互独立时,$\Pr(x_i y_j) = \Pr(x_i) \Pr(y_j)$,有

$$I(x_i y_j) = -\log_2 \Pr(x_i) - \log_2 \Pr(y_j) = I(x_i) + I(y_j)$$

表明了两个随机事件相互独立时,同时发生得到的自信息量等于这两个随机事件各自独立发生得到的自信息量之和。

条件自信息量定义为条件概率对数的负值。设 y_j 条件下,发生 x_i 的条件概率为 $\Pr(x_i | y_j)$,那么它的条件自信息量 $I(x_i | y_j)$ 定义为

$$I(x_i | y_j) = -\log_2 \Pr(x_i | y_j)$$

表示在特定条件(y_j 已定)下发生 x_i 所带来的信息量。同理,可以定义 x_i 已知的情况下,发生 y_j 的条件自信息量为

$$I(y_j | x_i) = -\log_2 \Pr(y_j | x_i)$$

在图 1.2 的通信系统基本模型中,设有两个随机事件 X 和 Y,X 取值于信源发出的离散消息的集合,Y 取值于信宿收到的离散消息集合。如果信道是理想的,当信源发出消息 x_i 后,信宿准确无误地收到该消息,彻底消除对 x_i 的不确定度,所获得的信息量就是 x_i 的自信息量 $I(x_i)$。通常情况下,信道总是存在噪声和干扰,信源发出消息 x_i 后,信宿可能收到的是关于 x_i 的某种变型 y_j。可以用后验概率 $\Pr(x_i | y_j)$ 来表示信宿收到 y_j 后推测信源发出 x_i 的概率。信源发出消息 x_i 的概率 $\Pr(x_i)$ 称为先验概率。y_j 对 x_i 的互信息量(mutual information)定义为 x_i 的后验概率与先验概率比值的对数,即

$$I(x_i;y_j)=\log_2\frac{\Pr(x_i|y_j)}{\Pr(x_i)} \quad (i=1,2,\cdots,n;j=1,2,\cdots,m)$$

同样,可以定义 x_i 对 y_j 的互信息量为

$$I(y_j;x_i)=\log_2\frac{\Pr(y_j|x_i)}{\Pr(y_j)} \quad (i=1,2,\cdots,n;j=1,2,\cdots,m)$$

例3.1 设 $\mathcal{S}=(\mathcal{M},\mathcal{C},\mathcal{K},\mathcal{E},\mathcal{D})$ 为一个密码体制,X 是明文空间 $\mathcal{M}=\{u,v\}$ 上的随机变量,其概率分布统计为

$$\begin{bmatrix}X\\\Pr(X)\end{bmatrix}=\left\{\begin{matrix}u, & v\\ \frac{1}{4}, & \frac{3}{4}\end{matrix}\right\}$$

Y 是密文空间 $\mathcal{C}=\{a,b,c,d\}$ 上的随机变量,K 是密钥空间 $\mathcal{K}=\{k_1,k_2,k_3\}$ 上的随机变量,其概率分布统计为

$$\begin{bmatrix}K\\\Pr(K)\end{bmatrix}=\left\{\begin{matrix}k_1, & k_2, & k_3\\ \frac{1}{2}, & \frac{1}{4}, & \frac{1}{4}\end{matrix}\right\}$$

加密变换为

$$E_{k_1}(u)=a, E_{k_1}(v)=b$$
$$E_{k_2}(u)=b, E_{k_2}(v)=c$$
$$E_{k_3}(u)=c, E_{k_3}(v)=d$$

加密可以看成一个通信系统,其中信源就是发送者发出的明文,信宿就是接收者收到的密文,信道就是加密变换。明文符号 u 和 v 的自信息量分别为 $I(u)=-\log_2 1/4=2$ 比特,$I(v)=-\log_2 3/4=0.415$ 比特。

假设明文和密钥相互独立,根据明文 u 加密成密文 a 只有选择密钥 k_1 时才成立,有

$$\Pr(a|u)=\Pr(k_1)=\frac{1}{2}$$

明文 v 不可能加密成密文 a,所以

$$\Pr(a|v)=0$$

同理,有

$$\Pr(b|u)=\Pr(k_2)=\frac{1}{4}, \Pr(b|v)=\Pr(k_1)=\frac{1}{2}$$

$$\Pr(c|u)=\Pr(k_3)=\frac{1}{4}, \Pr(c|v)=\Pr(k_2)=\frac{1}{4}$$

$$\Pr(d|u)=0, \Pr(d|v)=\Pr(k_3)=\frac{1}{4}$$

条件自信息量
$$I(a|u)=I(b|v)=-\log_2\frac{1}{2}=1 \text{ 比特}$$

条件自信息量
$$I(b|u)=I(c|u)=I(c|v)=I(d|v)=-\log_2\frac{1}{4}=2 \text{ 比特}$$

为了计算互信息量,需要计算出密文的概率分布。如果加密要得到密文 a,则只有在明文为 u 且密钥为 k_1 的情况下才成立,有
$$\Pr(a)=\Pr(u)\Pr(k_1)=\frac{1}{4}\times\frac{1}{2}=\frac{1}{8}$$

如果加密要得到密文 b,则可以利用 k_1 加密 v 或者利用 k_2 加密 u,有
$$\Pr(b)=\Pr(v)\Pr(k_1)+\Pr(u)\Pr(k_2)=\frac{3}{4}\times\frac{1}{2}+\frac{1}{4}\times\frac{1}{4}=\frac{7}{16}$$

同理,可得
$$\Pr(c)=\Pr(u)\Pr(k_3)+\Pr(v)\Pr(k_2)=\frac{1}{4}\times\frac{1}{4}+\frac{3}{4}\times\frac{1}{4}=\frac{1}{4}$$

$$\Pr(d)=\Pr(v)\Pr(k_3)=\frac{3}{4}\times\frac{1}{4}=\frac{3}{16}$$

表示密文空间 $C=\{a,b,c,d\}$ 上的随机变量 Y 的数学模型可以表示为
$$\begin{bmatrix}Y\\\Pr(Y)\end{bmatrix}=\left\{\begin{matrix}a, & b, & c, & d\\ \frac{1}{8}, & \frac{7}{16}, & \frac{1}{4}, & \frac{3}{16}\end{matrix}\right\}$$

u 对 a 的互信息量为
$$I(a;u)=\log_2\frac{\Pr(a|u)}{\Pr(a)}=\log_2\frac{1/2}{1/8}=2 \text{ 比特}$$

u 对 b 的互信息量为
$$I(b;u)=\log_2\frac{\Pr(b|u)}{\Pr(b)}=\log_2\frac{1/4}{7/16}=0.807 \text{ 比特}$$

u 对 c 的互信息量为
$$I(c;u)=\log_2\frac{\Pr(c|u)}{\Pr(c)}=\log_2\frac{1/4}{1/4}=0 \text{ 比特}$$

由于 $\Pr(d|u)=0$,不必考虑 u 对 d 的互信息量,说明明文 u 不可能加密成密文 d。

3. 信源熵

自信息量是对单个消息的信息测度。如果要对信源整体进行测度,则需要信源熵(entropy)的概念。信源熵为各个离散消息的自信息量的数学期望。对于离散随机变量 X 而言,信源熵为

$$H(X) = E(I(x_i)) = -\sum_{i=1}^{n} \Pr(x_i) \log_2 \Pr(x_i)$$

信源熵表征信源的平均不确定度,是对信源的整体测度。信源熵的单位为比特/符号。

条件熵(conditional entropy)是在联合符号集合 XY 上对条件自信息量求数学期望。在随机变量 Y 已知的条件下,随机变量 X 的条件熵 $H(X/Y)$ 为

$$H(X|Y) = E(I(x_i|y_j)) = -\sum_{j=1}^{m}\sum_{i=1}^{n} \Pr(x_i y_j) \log_2 \Pr(x_i|y_j)$$

联合熵(joint entropy)是在联合符号集合 XY 上对联合自信息量求数学期望,用 $H(XY)$ 表示,即

$$H(XY) = E(I(x_i y_j)) = -\sum_{i=1}^{n}\sum_{j=1}^{m} \Pr(x_i y_j) \log_2 \Pr(x_i y_j)$$

例 3.2 在例 3.1 中, X 的熵为

$$H(X) = -\Pr(u)\log_2\Pr(u) - \Pr(v)\log_2\Pr(v)$$
$$= -\frac{1}{4}\log_2\frac{1}{4} - \frac{3}{4}\log_2\frac{3}{4} = 0.81 \text{ 比特/符号}$$

K 的熵为

$$H(K) = -\Pr(k_1)\log_2\Pr(k_1) - \Pr(k_2)\log_2\Pr(k_2) - \Pr(k_3)\log_2\Pr(k_3)$$
$$= -\frac{1}{2}\log_2\frac{1}{2} - \frac{1}{4}\log_2\frac{1}{4} - \frac{1}{4}\log_2\frac{1}{4} = 1.5 \text{ 比特/符号}$$

Y 的熵为

$$H(Y) = -\Pr(a)\log_2\Pr(a) - \Pr(b)\log_2\Pr(b) - \Pr(c)\log_2\Pr(c) - \Pr(d)\log_2\Pr(d)$$
$$= -\frac{1}{8}\log_2\frac{1}{8} - \frac{7}{16}\log_2\frac{7}{16} - \frac{1}{4}\log_2\frac{1}{4} - \frac{3}{16}\log_2\frac{3}{16} = 1.85 \text{ 比特/符号}$$

为了计算联合熵或条件熵,需要计算联合概率 $\Pr(x_i y_j)$

$$\Pr(ua) = \Pr(u)\Pr(a|u) = \frac{1}{4} \times \frac{1}{2} = \frac{1}{8}, \Pr(ub) = \Pr(u)\Pr(b|u) = \frac{1}{4} \times \frac{1}{4} = \frac{1}{16}$$

$$\Pr(uc) = \Pr(u)\Pr(c|u) = \frac{1}{4} \times \frac{1}{4} = \frac{1}{16}, \Pr(ud) = \Pr(u)\Pr(d|u) = \frac{1}{4} \times 0 = 0$$

$$\Pr(va) = \Pr(v)\Pr(a|v) = \frac{3}{4} \times 0 = 0, \Pr(vb) = \Pr(v)\Pr(b|v) = \frac{3}{4} \times \frac{1}{2} = \frac{3}{8}$$

$$\Pr(vc) = \Pr(v)\Pr(c|v) = \frac{3}{4} \times \frac{1}{4} = \frac{3}{16}, \Pr(vd) = \Pr(v)\Pr(d|v) = \frac{3}{4} \times \frac{1}{4} = \frac{3}{16}$$

得到随机变量 XY 的数学模型为

$$\begin{bmatrix} XY \\ \Pr(XY) \end{bmatrix} = \left\{ \begin{matrix} ua, & ub, & uc, & ud, & va, & vb, & vc, & vd \\ \frac{1}{8}, & \frac{1}{16}, & \frac{1}{16}, & 0, & 0, & \frac{3}{8}, & \frac{3}{16}, & \frac{3}{16} \end{matrix} \right\}$$

进而可以求得

$$H(XY) = -\frac{1}{8}\log_2\frac{1}{8} - \frac{1}{16}\log_2\frac{1}{16} - \frac{1}{16}\log_2\frac{1}{16} - \frac{3}{8}\log_2\frac{3}{8} - \frac{3}{16}\log_2\frac{3}{16} - \frac{3}{16}\log_2\frac{3}{16}$$

$$= 2.31 \text{ 比特/符号}$$

此外,可以计算条件熵

$$H(Y|X) = -\Pr(ua)\log_2\Pr(a|u) - \Pr(ub)\log_2\Pr(b|u) - \Pr(uc)\log_2\Pr(c|u) -$$
$$\Pr(ud)\log_2\Pr(d|u) - \Pr(va)\log_2\Pr(a|v) - \Pr(vb)\log_2\Pr(b|v) -$$
$$\Pr(vc)\log_2\Pr(c|v) - \Pr(vd)\log_2\Pr(d|v)$$

$$= -\frac{1}{8}\log_2\frac{1}{2} - \frac{1}{16}\log_2\frac{1}{4} - \frac{1}{16}\log_2\frac{1}{4} - \frac{3}{8}\log_2\frac{1}{2} - \frac{3}{16}\log_2\frac{1}{4} - \frac{3}{16}\log_2\frac{1}{4}$$

$$= 1.5 \text{ 比特/符号}$$

条件熵 $H(Y|X)$ 说明了已知明文,还不能确定密文,但不确定度减少了一些,由原来的 1.85 降低到 1.5。如果不知道明文,则输出密文的概率分布为

$$\begin{bmatrix} Y \\ \Pr(Y) \end{bmatrix} = \left\{ \begin{matrix} a, & b, & c, & d \\ \frac{1}{8}, & \frac{7}{16}, & \frac{1}{4}, & \frac{3}{16} \end{matrix} \right\}$$

这时候 $H(Y) = 1.85$。但如果知道了明文,如明文为 u,则输出密文的概率分布就变为

$$\begin{bmatrix} Y \\ \Pr(Y) \end{bmatrix} = \left\{ \begin{matrix} a, & b, & c, & d \\ \frac{1}{2}, & \frac{1}{4}, & \frac{1}{4}, & 0 \end{matrix} \right\}$$

这时候 $H(Y) = 1.5$。因此我们对输出密文有了更加清楚的认识,可以断定密文肯定不是 d,因为从加密变换来看,无论选择密钥 k_1, k_2 还是 k_3,都不可能把 u 加密成 d。此时还不能完全确定密文是 a, b 还是 c,这需要根据选择的密钥来定。但知道密文是 a 的概率有所提高,b 的概率有所降低,c 的概率保持不变。

信源熵存在一些有趣的性质。在例 3.2 中,我们发现

$$H(XY) = 2.31 < H(X) + H(Y) = 0.81 + 1.85 = 2.66$$

一般情况下,有
$$H(XY) \leq H(X) + H(Y)$$
当且仅当 X 和 Y 相互独立时,等号成立。我们还发现 $H(Y|X) = 1.5 < H(Y) = 1.85$。一般情况下,有
$$H(Y|X) \leq H(Y)$$
当且仅当 X 和 Y 相互独立时,等号成立。通俗来讲,已知 X 时 Y 的不确定度小于对 X 一无所知时 Y 的不确定度。原因在于从 X 中得到了关于 Y 的一些信息,从而使得 Y 的不确定度有所下降。此外,熵还满足
$$H(X) \leq \log_2 n$$
即熵的值不可能超过 $\log_2 n$。当且仅当 X 中各个消息出现的概率相等时,等号成立。根据联合熵和条件熵的定义,很容易得到熵的可加性,即
$$H(XY) = H(X) + H(Y/X) = H(Y) + H(X/Y)$$

4. 平均互信息量

互信息量 $I(x_i; y_j)$ 只能表示信源发出某个具体消息 x_i 和信宿出现某个具体消息 y_j 时,流经信道的信息量,不能从整体上作为信道中信息流通的测度。为了客观地从整体上测度信道中流通的信息,我们使用平均互信息量(average mutual information)的概念,记为 $I(X;Y)$。平均互信息量是互信息量 $I(x_i; y_j)$ 在联合概率空间 $\Pr(XY)$ 中的统计平均值,称为 Y 对 X 的平均互信息量,即

$$I(X;Y) = \sum_{i=1}^{n} \sum_{j=1}^{m} \Pr(x_i y_j) I(x_i; y_j) = \sum_{i=1}^{n} \sum_{j=1}^{m} \Pr(x_i y_j) \log_2 \frac{\Pr(x_i/y_j)}{\Pr(x_i)}$$

同理,X 对 Y 的平均互信息量为

$$I(Y;X) = \sum_{i=1}^{n} \sum_{j=1}^{m} \Pr(x_i y_j) I(y_j; x_i) = \sum_{i=1}^{n} \sum_{j=1}^{m} \Pr(x_i y_j) \log_2 \frac{\Pr(y_j/x_i)}{\Pr(y_j)}$$

实际上,

$$\begin{aligned} I(X;Y) &= \sum_{i=1}^{n} \sum_{j=1}^{m} \Pr(x_i y_j) \log_2 \Pr(x_i/y_j) - \sum_{i=1}^{n} \sum_{j=1}^{m} \Pr(x_i y_j) \log_2 \Pr(x_i) \\ &= H(X) - H(X/Y) \end{aligned}$$

表示收到 Y 后,对 X 仍然存在一定的不确定度,但比原来少了些,减少的部分就是 $I(X;Y)$。此外,有

$$I(Y;X) = \sum_{i=1}^{n} \sum_{j=1}^{m} \Pr(x_i y_j) \Pr(y_j/x_i) - \sum_{i=1}^{n} \sum_{j=1}^{m} \Pr(x_i y_j) \Pr(y_j) = H(Y) - H(Y/X)$$

表示发出 X 后,对 Y 仍然存在一定的不确定度,但比原来少了些,减少的部分就

是 $I(Y;X)$。最后，有

$$I(X;Y) = \sum_{i=1}^{n}\sum_{j=1}^{m} \Pr(x_i y_j) \log_2 \frac{\Pr(x_i y_j)}{\Pr(x_i)\Pr(y_j)}$$

$$= -\sum_{i=1}^{n}\sum_{j=1}^{m} \Pr(x_i y_j) \log_2 \Pr(x_i) - \sum_{i=1}^{n}\sum_{j=1}^{m} \Pr(x_i y_j) \log_2 \Pr(y_j) +$$

$$\sum_{i=1}^{n}\sum_{j=1}^{m} \Pr(x_i y_j) \log_2 \Pr(x_i y_j)$$

$$= -\sum_{i=1}^{n} \Pr(x_i) \log_2 \Pr(x_i) - \sum_{j=1}^{m} \Pr(y_j) \log_2 \Pr(y_j) +$$

$$\sum_{i=1}^{n}\sum_{j=1}^{m} \Pr(x_i y_j) \log_2 \Pr(x_i y_j)$$

$$= H(X) + H(Y) - H(XY)$$

表示发送者和接收者在通信后，整个系统仍然存在一定的不确定度。在通信前，X 和 Y 是两个相互独立的随机变量，整个系统的不确定度为 $H(X)+H(Y)$；通信后，信道两端出现的 X 和 Y 是由信道的传递统计特性联系起来的，它们之间具有一定的统计关联关系，这时整个系统的不确定度为 $H(XY)$。$I(X;Y)$ 实际上是表示通信前和通信后整个系统不确定度减少的量。

例 3.3 在例 3.1 和例 3.2 中，平均互信息量 $I(Y;X)$ 根据定义计算为

$$I(Y;X) = \Pr(ua) \log_2 \frac{\Pr(a/u)}{\Pr(a)} + \Pr(ub) \log_2 \frac{\Pr(b/u)}{\Pr(b)} + \Pr(uc) \log_2 \frac{\Pr(c/u)}{\Pr(c)} +$$

$$\Pr(vb) \log_2 \frac{\Pr(b/v)}{\Pr(b)} + \Pr(vc) \log_2 \frac{\Pr(c/v)}{\Pr(c)} + \Pr(vd) \log_2 \frac{\Pr(d/v)}{\Pr(d)}$$

$$= \frac{1}{8} \log_2 \frac{1/2}{1/8} + \frac{1}{16} \log_2 \frac{1/4}{7/16} + \frac{1}{16} \log_2 \frac{1/4}{1/4} + \frac{3}{8} \log_2 \frac{1/2}{7/16} + \frac{3}{16} \log_2 \frac{1/4}{1/4} + \frac{3}{16} \log_2 \frac{1/4}{3/16}$$

$$= 0.35 \text{ 比特/符号}$$

当然，也可以根据公式

$$I(Y;X) = H(Y) - H(Y/X) = 1.85 - 1.5 = 0.35 \text{ 比特/符号}$$

或公式

$$I(X;Y) = H(X) + H(Y) - H(XY) = 0.81 + 1.85 - 2.31 = 0.35 \text{ 比特/符号}$$

进行计算。

在例 3.2 中，已知明文时还不能确定密文，但不确定度减少了一些，减少的量就是平均互信息量 $I(Y;X)$。

平均互信息量具有对称性（即 $I(Y;X) = I(X;Y)$）和非负性（即 $I(X;Y) \geq 0$）。此外，平均互信息量具有极值性，即

$$I(X;Y) \leq H(X), I(Y;X) \leq H(Y)$$

也就是说,从一个随机变量获得关于另外一个随机变量的信息量,最多是另外一个随机变量的熵。

3.2 完善保密性

设 $S=(\mathcal{M},\mathcal{C},\mathcal{K},\mathcal{E},\mathcal{D})$ 为一个密码体制,X 是明文空间 $\mathcal{M}$ 上的随机变量,Y 是密文空间 $\mathcal{C}$ 上的随机变量,K 是密钥空间 $\mathcal{K}$ 上的随机变量,从唯密文攻击角度来看,密码分析的任务就是从截获的密文中提取明文信息

$$I(X;Y) = H(X) - H(X/Y)$$

或从密文中提取密钥信息

$$I(K;Y) = H(K) - H(K/Y)$$

如果 $I(X;Y) = 0$,即密文和明文之间的平均互信息量为 0,则称密码体制 S 具有完善保密性(perfect secrecy),亦即第 1 章所说的无条件安全性。完善保密性意味着明文和密文相互独立,从密文中不能提取到明文的任何信息。完善保密性也可以由

$$H(X|Y) = H(X)$$

表示,即已知密文不能减少明文的不确定度。

拥有解密密钥的接收者收到密文后,利用解密算法可以完全恢复出明文,此时有

$$H(X|YK) = 0$$

也就是说,已知密文和密钥后,可以完全确定明文信息,随机变量 X 没有不确定度。于是

$$I(X;YK) = H(X) - H(X/YK) = H(X)$$

说明接收者可以获得全部明文信息。

可以证明

$$I(X;Y) \geq H(X) - H(K)$$

说明密码体制的密钥空间越大($H(K)$ 越大),从密文中提取关于明文的信息量就越少,破译密码体制的难度就越大。当密钥空间大于明文空间,即

$$H(K) \geq H(X)$$

$I(X;Y)$ 必为 0,这是完善保密系统存在的必要条件。这个条件意味着密钥长度至少要与明文长度一样,但实际应用的密码体制都很难达到。实际应用的密码体制要求使用一个短的密钥加密长的明文。

3.3 冗余度与唯一解距离

设 L 是一个具有 $|L|$ 个字母的自然语言,计算出每个字母的熵 H_L。对于英语而言,如果 26 个字母发生的概率相同且相互独立,则熵为
$$\log_2 26 \approx 4.70$$
但实际的英文字母并不是均匀分布,它们出现的频率如表 2.3 所示。设 X 是英文字母上的随机变量,那么此时
$$H_L \leq H(X) \approx 4.14$$

此外,字母之间也不是相互独立的,如字母 Q 后面几乎总是跟着字母 U,TH 经常一起出现。设 X^2 为英文字母上的二元随机变量,则
$$H(X^2) \approx 7.12$$
每个字母的熵为
$$H_L \leq \frac{H(X^2)}{2} \approx 3.56$$
依此类推,可以得到英文字母上的 3 元、4 元、$\cdots$、n 元随机变量 X^3、X^4、$\cdots$、X^n 的熵。按照该方法,定义自然语言 L 的熵为
$$H_L = \lim_{n \to \infty} \frac{H(X^n)}{n}$$
H_L 的准确值是比较难计算的。统计实验表明,英语的熵估计为
$$1.0 \leq H_L \leq 1.5$$
这个值跟假设 26 个字母发生的概率相同且相互独立时的熵 4.70 有很大差距,说明英语具有较高的冗余度。语言 L 的冗余度定义为
$$R_L = 1 - \frac{H_L}{\log_2 |L|}$$
表示在不影响整体意思的情况下,原则上可以删除的文本百分比。对于英语来说,如果取 $H_L = 1.25$,则它的冗余度为
$$R_L = 1 - \frac{1.25}{\log_2 26} \approx 0.73$$
也就是说,在传递英语内容时,信源可以大幅度压缩。比如 100 页的书,大约只需传输 27 页就可以了,其余 73 页可以删除。

一个密码体制的唯一解距离(unicity distance)是指敌手在有足够的计算时间下,能够唯一计算出正确密钥所需的密文平均数量。唯一解距离可以近似

地由下式进行计算

$$ud \approx \frac{\log_2 |K|}{R_L \log_2 |X|}$$

其中,$|K|$表示随机变量K中符号的个数,$|X|$表示随机变量X中符号的个数。实际上,$\log_2|K|$表示随机变量K的最大熵,$\log_2|X|$表示随机变量X的最大熵。显然,明文的冗余度越大,唯一解距离就越小,敌手就越容易计算出正确的密钥。为了提高密码体制的安全强度,可以采取如下方法:

(1) 增大密钥空间,从而提高密钥熵$\log_2|K|$。

(2) 减少明文语言的冗余度(如在加密前采用哈夫曼编码对明文进行压缩),降低R_L值。

例3.4 设使用古典密码体制中的加法密码$c \equiv (m+k) \mod 26$对26个英文字母A,B,…,Z进行加密。加法密码的密钥k有25种,唯一解距离为

$$ud \approx \frac{\log_2 25}{0.73 \log_2 26} \approx 1.35$$

如果采用乘法密码$c \equiv mk \mod n$,其密钥有12种,唯一解距离为

$$ud \approx \frac{\log_2 12}{0.73 \log_2 26} \approx 1.04$$

如果采用仿射密码$c \equiv (k_1 + mk_2) \mod n$,其密钥有$12 \times 26 = 312$种,唯一解距离为

$$ud \approx \frac{\log_2 286}{0.73 \log_2 26} \approx 2.41$$

从唯一解距离可以看出,仿射密码的安全性>加法密码的安全性>乘法密码的安全性。

习题三

1. 设离散无记忆信源$\begin{bmatrix} X \\ \Pr(X) \end{bmatrix} = \begin{Bmatrix} a_1=0, a_2=1, a_3=2, a_4=3 \\ \frac{1}{2}, \frac{1}{4}, \frac{1}{8}, \frac{1}{8} \end{Bmatrix}$,其发出的消息为01201020213。

(1) a_1, a_2, a_3和a_4的自信息量为多少?

(2) 该消息的自信息量是多少?

(3) 在该消息中,平均每个符号携带的信息量是多少?

2. 设两个二元随机变量 X 和 Y,它们的联合概率为

Y	X	
	$x_1=0$	$x_2=1$
$y_1=0$	1/4	1/4
$y_2=1$	1/4	1/4

并定义另一个随机变量 $Z \equiv X+Y \pmod{2}$。

(1) 分别求 $x_1=0$ 和 $x_2=1$ 的概率 $\Pr(x_1)$ 和 $\Pr(x_2)$。

(2) 分别求 $y_1=0$ 和 $y_2=1$ 的概率 $\Pr(y_1)$ 和 $\Pr(y_2)$。

(3) 求熵 $H(X)$ 和 $H(Y)$。

(4) 求随机变量 Z 的概率分布和熵 $H(Z)$。

(5) 求联合熵 $H(XY)$。

(6) 求条件熵 $H(Y/X)$ 和 $H(X/Y)$。

(7) 求平均互信息量 $I(X;Y)$。

3. 如果使用置换密码来加密英文字母,密钥总共有 $26! \approx 4 \times 10^{26}$ 个,求该密码体制的唯一解距离。

第 4 章 流 密 码

4.1 流密码的基本原理

流密码的原理非常简单,就是用一个随机密钥序列与明文序列进行异或来产生密文。为了恢复明文,只需要用相同的密钥序列与密文序列进行异或。设明文为 $m=(m_1,m_2,\cdots,m_i,\cdots)$,密钥为 $k=(k_1,k_2,\cdots,k_i,\cdots)$,流密码的加密算法为

$$c_i = m_i \oplus k_i, i=1,2,\cdots$$

解密算法为

$$m_i = c_i \oplus k_i, i=1,2,\cdots$$

其中,$m_i,k_i,c_i \in \{0,1\}$,$\oplus$ 表示异或运算。0 和 1 的异或运算实际上就是模 2 加法运算。也就是说,可以将加密算法和解密算法分别表示为

$$c_i \equiv (m_i+k_i) \bmod 2, \quad i=1,2,\cdots$$

和

$$m_i \equiv (c_i+k_i) \bmod 2, \quad i=1,2,\cdots$$

从上面可以看出,流密码的加密算法和解密算法使用的都是模 2 加函数,非常适合计算资源有限的应用,如移动电话和其他小型的嵌入式设备。从表 4.1 的模 2 加法真值表可以看出,当 $m_i=0$ 时,$c_i=k_i$;当 $m_i=1$ 时,$c_i=\bar{k}_i$(这里的符号-表示逻辑非运算)。我们发现,密文位 c_i 的取值取决于密钥位 k_i 的值。如果密钥位 k_i 是完全随机的,即 k_i 的值为 0 和为 1 的概率都为 50%,则密文位 c_i 的值是不可预测的。c_i 的值为 0 和为 1 的概率也都是 50%。因此,模 2 加是一个很好的加密函数。如果利用一个真随机数生成器得到一个密钥序列并且只使用一次,则可以实现一次一密加密方法,达到无条件安全性。

表 4.1 模 2 加法真值表

m_i	k_i	c_i
0	0	0
0	1	1

续表

m_i	k_i	c_i
1	0	1
1	1	0

实际上,要实现一次一密是非常困难的。流密码的安全性主要依赖密钥序列。产生真随机的密钥序列对于计算机程序来说是不太可能的。此外,一次一密要求密钥序列只能使用一次,也就是说,密钥长度必须和明文长度一样,需要在发送者和接收者之间建立另外一个秘密信道来传送跟明文长度一样的密钥,这使得一次一密不具备实际的应用价值。通常的方法是采取一个密钥流生成器,利用一个短的种子密钥来产生一个很长的密钥序列。只要发送者和接收者使用相同的密钥流生成器和种子密钥,就可以在发送者和接收者两端产生出相同的密钥序列。当然,这样产生的密钥序列不是真正的随机序列,而是一种伪随机序列,但要求这样的伪随机序列满足真正随机序列的一些随机特性。这样的话,只需要在发送者和接收者之间通过一个秘密信道传送一个短的密钥,就可以实现保密通信了。所以说,设计流密码的关键就在于设计一个密钥流生成器,由它产生的密钥序列应该具有很好的随机特性。图 4.1 给出了一个流密码的基本通信模型,其中,z 就是种子密钥。

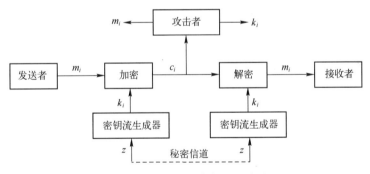

图 4.1 流密码的基本通信模型

如果密钥序列的生成与密文无关,则称这样的流密码为同步流密码(synchronous stream cipher)。如果密钥序列的生成是种子密钥和前密文的固定位数的函数,则称这样的流密码为自同步流密码(self-synchronizing stream cipher)或异步流密码(asynchronous stream cipher)。在图 4.2 中,如果虚线出现了,则是自同步流密码,否则为同步流密码。

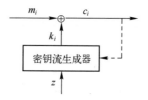

图 4.2　同步流密码与自同步流密码的区别

同步流密码具有以下特点：

（1）同步要求：在同步流密码中，发送者和接收者必须同步才能做到正确的加密和解密，即双方使用相同的密钥、操作和状态。一旦密文在传输过程中被插入或删除而破坏了同步性，那么解密将失败。此时，只有借助其他技术来建立同步后才能继续解密。

（2）无错误传播：密文中的某一位在传输过程中被修改（不是被删除）并不会影响密文中其他位的解密。

（3）主动攻击：由于同步的要求，对密文进行的插入、删除、重放等主动攻击会破坏同步性，从而接收者会检测到这种攻击。

自同步流密码具有以下特点：

（1）自同步：由于对当前密文位的解密只依赖于以前的固定数量的密文位，自同步流密码在同步性受到破坏时，可以自动地重新同步并正确解密，只是存在有固定数量的明文字符不可恢复。

（2）有限错误传播：假设一个自同步流密码的状态依赖于 t 个以前的密文位。在传输过程中，当一个密文位被修改、插入或删除时，至多会有 t 个随后的密文位解密不正确。

（3）主动攻击：根据有限错误传播性质，一个主动攻击的敌手对密文位的修改最多会引起 t 个密文位解密不正确，所以接收者能够检测到主动攻击的可能性比同步流密码的可能性要低。对插入、删除、重放等主动攻击的检测就更加困难了。

（4）明文统计扩散：既然每个明文位都会影响其后的整个密文，明文的统计学特性就会扩散到整个密文中。因此，自同步流密码在抵抗利用明文冗余而发起的攻击方面要强于同步流密码。

4.2　有限域

流密码需要用到有限域 $GF(2)=\{0,1\}$。有限域也称为伽罗瓦域（Galois field）。为了更深入地学习流密码知识，我们先简单介绍有限域。

定义4.1 设 G 是定义了一个二元运算+的集合,如果这个运算满足下列性质,则 G 就称为一个群(group),记为 $(G,+)$。

(1) 封闭性:如果 a 和 b 都属于 G,则 $a+b$ 也属于 G。
(2) 结合律:对于 G 中的任意元素 a,b 和 c,都有 $(a+b)+c=a+(b+c)$ 成立。
(3) 单位元:G 中存在元素 e,对于 G 中任意元素 a,都有 $a+e=e+a=a$ 成立。
(4) 逆元:对于 G 中任意元素 a,G 中都存在元素 a',使得 $a+a'=a'+a=e$ 成立。

如果这里的运算+是加法运算,则称 G 为加法群;如果这里的运算+是乘法运算,则称 G 为乘法群。如果一个群中的元素是有限的,则称这个群是一个有限群;否则称这个群是一个无限群。有限群中元素的个数称为群的阶。

如果群 $(G,+)$ 中的运算+还满足交换律,即对 G 中的任意元素 a 和 b,都有 $a+b=b+a$ 成立,则称 G 为一个交换群或阿贝尔群(Abelian group)。

在群中定义求幂运算为重复使用群中的运算,如 $a^4=a+a+a+a$,规定 $a^0=e$ 为单位元。如果一个群的所有元素都是 a 的幂 a^k,则称这个群是一个循环群,其中,k 是整数。a 也被称为这个群的生成元。

例4.1 整数集合 $\mathbb{Z}_n=\{0,1,\cdots,n-1\}$ 对于模 n 加法运算组成了一个单位元为 0 的群。每个元素 a 都存在一个逆元 $-a$。值得注意的是,这个集合对于模 n 乘法运算就不构成群,原因是某些元素 a 没有逆元(这时的单位元为 1,只有当 $\gcd(a,n)=1$ 时才有逆元)。

定义4.2 给定群 G 中元素 a,称满足 $a^i=e$ 的最小正整数 i 为元素 a 的阶。

定义4.3 设 R 是定义了两个二元运算(+和×)的集合(为了简便,下面称运算+为加法,运算×为乘法),如果这两个运算满足下列性质,则称 R 为一个环(ring),记为 $(R,+,×)$。

(1) $(R,+)$ 是一个交换群。
(2) 乘法的封闭性:如果 a 和 b 都属于 R,则 $a×b$ 也属于 R。
(3) 乘法的结合律:对于 R 中的任意元素 a,b 和 c,都有 $(a×b)×c=a×(b×c)$ 成立。
(4) 分配律:对于 R 中任意元素 a,b 和 c,$(a+b)×c=a×c+b×c$ 和 $c×(a+b)=c×a+c×b$ 成立。

如果环 $(R,+,×)$ 对于乘法满足交换律,即对 R 中的任意元素 a 和 b,都有 $a×b=b×a$ 成立,则称环 R 为一个交换环。

如果一个交换环 $(R,+,×)$ 满足下列性质,则称 R 为一个整环。

(1) 乘法单位元:R 中存在一个元素 1,对于 R 中任意元素 a,都有 $a×1=1×a=a$ 成立。

(2) 无零因子:对于 R 中元素 a 和 b,如果 $a \times b = 0$,则 $a = 0$ 或者 $b = 0$(0 指加法的单位元)。

例 4.2 整数集合 $\mathbb{Z}_n = \{0, 1, \cdots, n-1\}$ 对于模 n 加法运算和模 n 乘法运算组成了一个环,称为整数环。第 2 章的古典密码体制使用的就是这个整数环。整数环是交换环,也是整环。需要说明的是,整数环和整环是两个完全不一样的概念。

定义 4.4 设 F 是定义了两个二元运算($+$ 和 $\times$)的集合,如果这两个运算满足下列性质,则称 F 为一个域,记为 $(F, +, \times)$。

(1) $(F, +)$ 是一个交换群。
(2) 非零元构成乘法交换群。
(3) 满足分配律。

如果一个域中的元素是有限的,则称这个域是一个有限域;否则称这个域是一个无限域。在密码学中,我们只对有限域感兴趣。有限域中包含元素的个数称为该域的阶。

例 4.3 当 n 是素数时,整数集合 $\mathbb{Z}_n = \{0, 1, \cdots, n-1\}$ 对于模 n 加法运算和模 n 乘法运算构成了一个有限域,记为 $GF(n)$。也就是说,当 n 不是素数时,只能组成一个环,而不是域。

例 4.4 设有限域 $GF(5) = \{0, 1, 2, 3, 4\}$,表 4.2 给出了在模 5 情况下的加法($+$)和乘法($\times$)结果。对于加法来说,$\{0, 1, 2, 3, 4\}$ 构成一个交换群,单位元是 0,0 的逆元是 0,1 的逆元是 4,2 的逆元是 3,3 的逆元是 2,4 的逆元是 1。对于乘法来说,$\{1, 2, 3, 4\}$ 构成一个交换群,单位元是 1,1 的逆元是 1,2 的逆元是 3,3 的逆元是 2,4 的逆元是 4。

表 4.2 GF(5) 的加法和乘法结果

+	0	1	2	3	4	×	0	1	2	3	4
0	0	1	2	3	4	0	0	0	0	0	0
1	1	2	3	4	0	1	0	1	2	3	4
2	2	3	4	0	1	2	0	2	4	1	3
3	3	4	0	1	2	3	0	3	1	4	2
4	4	0	1	2	3	4	0	4	3	2	1

例 4.5 $GF(2) = \{0, 1\}$ 是一个非常重要的有限域,在流密码中经常会用到。表 4.3 给出了在模 2 情况下的加法和乘法结果。对于加法来说,$\{0, 1\}$ 构成一个交换群,单位元是 0,0 的逆元是 0,1 的逆元是 1。对于乘法来说,$\{1\}$ 构成一个

交换群,单位元是1,1的逆元是1。GF(2)也是存在的最小的有限域。

表 4.3 GF(2)的加法和乘法结果

+	0	1	×	0	1
0	0	1	0	0	0
1	1	0	1	0	1

4.3 线性反馈移位寄存器

流密码的核心在于密钥流生成器。密钥流生成器利用一个短的种子密钥来产生一个很长的密钥序列。当然,这个密钥序列不是真随机的,而是伪随机序列。得到伪随机序列的简单方法是使用线性反馈移位寄存器(linear feedback shift register,LFSR)。

GF(2)上的一个 n 级反馈移位寄存器由 n 个寄存器和一个反馈函数 $f(a_1, a_2, \cdots, a_n)$ 组成,如图 4.3 所示。其中,标有 a_i 的小方框表示第 i 级寄存器($1 \leq i \leq n$),a_i 的取值只能是 GF(2) 中的元素,即 0 或者 1。在任一时刻,这些寄存器的内容构成该反馈移位寄存器的状态。每一个状态实际上对应着一个 n 维向量 $(a_1, a_2, \cdots, a_n)$,总共有 2^n 种。

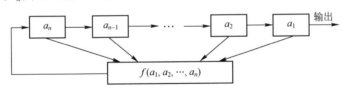

图 4.3 n 级反馈移位寄存器

反馈移位寄存器的工作原理非常简单。用户首先确定一个初始状态,当一个时钟脉冲来临时,第 i 级寄存器的内容传递给第 $i-1$ 级寄存器,$i=2,3,\cdots,n$。第 1 级寄存器的内容作为反馈移位寄存器的输出,反馈函数计算的值传递给第 n 级寄存器。设反馈移位寄存器在时刻 t 时的状态为

$$s_t = (a_t, a_{t+1}, \cdots, a_{t+n-1})$$

则在 $t+1$ 时刻,反馈移位寄存器的状态为

$$s_{t+1} = (a_{t+1}, a_{t+2}, \cdots, a_{t+n})$$

其中,

$$a_{t+n} = f(a_t, a_{t+1}, \cdots, a_{t+n-1})$$

此时,反馈移位寄存器输出 a_t。由此可以得到一个反馈移位寄存器序列

$$a_1, a_2, \cdots, a_t, \cdots$$

如果反馈函数 $f(a_1,a_2,\cdots,a_n)$ 是 $a_1,a_2,\cdots,a_n$ 的线性函数,则称这样的移位寄存器为线性反馈移位寄存器。此时,反馈函数可以写为

$$f(a_1,a_2,\cdots,a_n) = c_n a_1 \oplus c_{n-1} a_2 \oplus \cdots \oplus c_1 a_n$$

或

$$f(a_1,a_2,\cdots,a_n) \equiv (c_n a_1 + c_{n-1} a_2 + \cdots + c_1 a_n) \bmod 2$$

其中,系数 $c_i \in \{0,1\}$。在二进制下,c_i 的值可以用断开和闭合来实现。图 4.3 就可以进一步画成图 4.4。

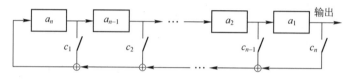

图 4.4 GF(2) 上的 n 级线性反馈移位寄存器

上面给出的是 GF(2) 上的 n 级线性反馈移位寄存器,即寄存器的内容 a_i 和系数 c_i 的取值都限定在集合 $\{0,1\}$ 中。其实也可以定义一个 GF(p) 上的 n 级线性反馈移位寄存器,反馈函数为

$$f(a_1,a_2,\cdots,a_n) \equiv (c_n a_1 + c_{n-1} a_2 + \cdots + c_1 a_n) \bmod p$$

其中,$a_i, c_i \in \{0,1,\cdots,p-1\}$,$1 \leqslant i \leqslant n$。只是流密码一般不会用到这种线性反馈移位寄存器。

在 n 级线性反馈移位寄存器中,如果反馈函数恒为 0(系数 $c_1, c_2, \cdots, c_n$ 都为 0),则无论初始状态如何,在 n 个时钟脉冲之后,每个寄存器的内容必然为 0,以后的输出也将全部为 0。因此,通常假设系数 $c_1, c_2, \cdots, c_n$ 不全为 0。此外,如果 $c_n = 0$,则第 1 级寄存器中的 a_1 对输出序列是不起作用的。通常也假设 $c_n \neq 0$。

例 4.6 设一个 GF(2) 上的 3 级线性反馈移位寄存器如图 4.5 所示,其反馈函数为

$$f(a_1,a_2,a_3) = a_1 \oplus a_3$$

如果初始状态为 $(a_1,a_2,a_3) = (1,0,1)$,则寄存器的状态和输出如表 4.4 所示。

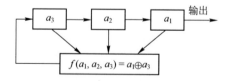

图 4.5 一个 3 级线性反馈移位寄存器

表4.4 一个3级线性反馈移位寄存器的状态和输出

a_3	a_2	a_1	输出
1	0	1	1
0	1	0	0
0	0	1	1
1	0	0	0
1	1	0	0
1	1	1	1
0	1	1	1
1	0	1	1
⋮	⋮	⋮	⋮

从表4.4可以看出,该线性反馈移位寄存器的输出序列为 10100111010011…。由于表4.4的第2行和第9行的状态相同,输出会从这里开始重复,所以周期为7。

输出序列的周期取决于寄存器的初始状态和反馈函数。由于 GF(2) 上 n 级线性反馈移位寄存器最多有 2^n 个不同的状态,输出序列的周期最多为 2^n-1。在流密码中,我们当然希望序列的周期越大越好。在例4.6中,输出序列的周期为 $2^3-1=7$,达到了最大值。周期达到最大值的序列称为 m 序列。

由于线性反馈移位寄存器固有的线性性,基于它的流密码算法在已知明文攻击下是比较容易破译的。下面给出一个具体例子。

例4.7 设一个流密码算法使用了一个 GF(2) 上的3级线性反馈移位寄存器作为密钥流生成器,已知明文 0100010001 的密文为 1010110110,试破译该密码算法。

由于明文为 0100010001,密文为 1010110110,可以得出密钥序列为
$$0100010001 \oplus 1010110110 = 1110100111$$
也就是说,$a_1=1, a_2=1, a_3=1, a_4=0, a_5=1, a_6=0$。要破译该密码算法,实际上就是根据该密钥序列找到线性反馈移位寄存器的反馈函数。根据反馈函数的性质,有

$$\begin{cases} a_4 \equiv (c_3 a_1 + c_2 a_2 + c_1 a_3) \bmod 2 \\ a_5 \equiv (c_3 a_2 + c_2 a_3 + c_1 a_4) \bmod 2 \\ a_6 \equiv (c_3 a_3 + c_2 a_4 + c_1 a_5) \bmod 2 \end{cases}$$

通过解该同余式组就可以得到反馈函数的系数 c_1, c_2 和 c_3。将该同余式组写成

矩阵形式,有

$$[a_4 \quad a_5 \quad a_6] = [c_3 \quad c_2 \quad c_1] \begin{bmatrix} a_1 & a_2 & a_3 \\ a_2 & a_3 & a_4 \\ a_3 & a_4 & a_5 \end{bmatrix}$$

也就是

$$[c_3 \quad c_2 \quad c_1] = [a_4 \quad a_5 \quad a_6] \begin{bmatrix} a_1 & a_2 & a_3 \\ a_2 & a_3 & a_4 \\ a_3 & a_4 & a_5 \end{bmatrix}^{-1} = [0 \quad 1 \quad 0] \begin{bmatrix} 1 & 1 & 1 \\ 1 & 1 & 0 \\ 1 & 0 & 1 \end{bmatrix}^{-1}$$

由于

$$\begin{bmatrix} 1 & 1 & 1 \\ 1 & 1 & 0 \\ 1 & 0 & 1 \end{bmatrix}^{-1} = \begin{bmatrix} 1 & 1 & 1 \\ 1 & 0 & 1 \\ 1 & 1 & 0 \end{bmatrix}$$

有

$$[c_3 \quad c_2 \quad c_1] = [0 \quad 1 \quad 0] \begin{bmatrix} 1 & 1 & 1 \\ 1 & 0 & 1 \\ 1 & 1 & 0 \end{bmatrix} = [1 \quad 0 \quad 1]$$

因此,反馈函数为

$$f(a_1, a_2, a_3) \equiv (a_1 + a_3) \bmod 2$$

该线性反馈移位寄存器输出的密钥序列为 1110100 1110100…,周期为 7。

4.4 线性反馈移位寄存器的非线性组合

为了获得更好的安全性,一个通常的做法是使用多个线性反馈移位寄存器,比如 n 个。每个线性反馈移位寄存器都产生一个不同的序列 $x_1^{(i)}, x_2^{(i)}, \cdots, x_n^{(i)}$,密钥就是所有线性反馈移位寄存器的初始状态,密钥序列利用一个非线性组合函数 $f(x_1^{(i)}, x_2^{(i)}, \cdots, x_n^{(i)})$,根据每个线性反馈移位寄存器的输出来产生,如图 4.6 所示。具体来说,设密钥序列为

$$k = (k_1, k_2, \cdots, k_t, \cdots)$$

在时刻 $t \geq 1$ 时,各个线性反馈移位寄存器的输出分别为

$$x_1^{(t)}, x_2^{(t)}, \cdots, x_n^{(t)}$$

则

$$k_t = f(x_1^{(t)}, x_2^{(t)}, \cdots, x_n^{(t)})$$

在 GF(2) 域上,f 通常是一个 n 元布尔函数。

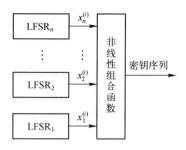

图 4.6 线性反馈移位寄存器的非线性组合

下面给出一个具体例子。设有 3 个线性反馈移位寄存器,组合函数 f 为
$$k_i = f(x_1^{(i)}, x_2^{(i)}, x_3^{(i)}) = x_1^{(i)} x_2^{(i)} \oplus x_2^{(i)} x_3^{(i)} \oplus x_3^{(i)}$$

当 $x_1^{(1)} = 0, x_2^{(1)} = 0, x_3^{(1)} = 0$ 时,
$$k_1 = x_3^{(1)} = 0$$

当 $x_1^{(2)} = 0, x_2^{(2)} = 0, x_3^{(2)} = 1$ 时,
$$k_2 = x_3^{(2)} = 1$$

当 $x_1^{(3)} = 0, x_2^{(3)} = 1, x_3^{(3)} = 0$ 时,
$$k_3 = x_3^{(3)} \oplus x_3^{(3)} = 0 \oplus 0 = 0$$

当 $x_1^{(4)} = 0, x_2^{(4)} = 1, x_3^{(4)} = 1$ 时,
$$k_4 = x_3^{(4)} \oplus x_3^{(4)} = 1 \oplus 1 = 0$$

表 4.5 总结了 $x_1^{(i)}, x_2^{(i)}, x_3^{(i)}$ 在各种取值情况下,组合函数 f 的输出。

表 4.5 组合函数 f 的输出

i	$x_1^{(i)}$	$x_2^{(i)}$	$x_3^{(i)}$	f 的输出
1	0	0	0	0
2	0	0	1	1
3	0	1	0	0
4	0	1	1	0
5	1	0	0	0
6	1	0	1	1
7	1	1	0	1
8	1	1	1	1

我们还可以利用钟控方法来设计密钥流生成器,基本思想是利用一个或多个线性反馈移位寄存器来控制另一个或多个线性反馈移位寄存器的时钟。

图 4.7 给出了利用线性反馈移位寄存器 $LFSR_1$ 来控制线性反馈移位寄存器 $LFSR_2$ 的例子,其中符号 & 表示逻辑与操作。当 $LFSR_1$ 输出 1 时,移位时钟脉冲通过与门使 $LFSR_2$ 进行一次移位,从而生成下一位。当 $LFSR_1$ 输出 0 时,移位时钟脉冲不能通过与门影响 $LFSR_2$,$LFSR_2$ 重复输出前一位。

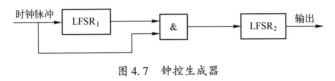

图 4.7 钟控生成器

4.5 两个流密码算法

4.5.1 A5/1

A5/1 是一个基于线性反馈移位寄存器的流密码算法,A5/2 是一个较 A5/1 弱的版本,用于有出口限制的国家。然而,近些年的一些攻击已经表明它不再是一个安全的流密码算法。

图 4.8 给出了 A5/1 的示意图,由 3 个线性反馈移位寄存器 R_1、R_2 和 R_3 组成,分别包含 19、22 和 23 比特。也就是说,内部状态共有 19+22+23=64 比特。A5/1 的密钥(种子密钥)为 64 位,用于初始化这 3 个线性反馈移位寄存器。这 3 个线性反馈移位寄存器的移位规则是:

(1) R_1 中的内容 $R_1[0],R_1[1],\cdots,R_1[18]$ 被 $a,R_1[0],\cdots,R_1[17]$ 代替,其中,a 为

$$R_1[13] \oplus R_1[16] \oplus R_1[17] \oplus R_1[18]$$

也就是说,移位寄存器的各个数据向左推移 1 位,空出来的 $R_1[0]$ 由 a 占据。

(2) R_2 中的内容 $R_2[0],R_2[1],\cdots,R_2[21]$ 被 $b,R_2[0],\cdots,R_2[20]$ 代替,其中,b 为

$$R_2[20] \oplus R_2[21]$$

(3) R_3 中的内容 $R_3[0],R_3[1],\cdots,R_3[22]$ 被 $c,R_3[0],\cdots,R_3[21]$ 代替,其中,c 为

$$R_3[7] \oplus R_3[20] \oplus R_3[21] \oplus R_3[22]$$

A5/1 采用了 4.4 节讲述的钟控方法。在每次时钟脉冲来临时,这 3 个线性反馈移位寄存器并不总是都要移位,是否要移位取决于 $R_1[8]$、$R_2[10]$ 和 $R_3[10]$ 的值。当这 3 个值中至少有 2 个值为 1 时,为 1 的寄存器进行一次移位,为 0 的寄存器不进行移位。当这 3 个值中至少有 2 个值为 0 时,为 0 的寄存器

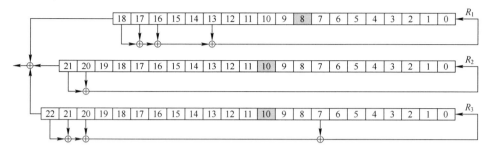

图 4.8 A5/1 的示意图

进行一次移位,为 1 的寄存器不进行移位。例如,当 $R_1[8]=0$、$R_2[10]=0$、$R_3[10]=1$ 时,R_1 和 R_2 都会进行移位,R_3 则不进行移位。这种原则也称为"服从多数"原则,保证了每次至少有 2 个寄存器要进行移位。表 4.6 总结了移位规则,其中 Y 表示该寄存器要进行移位,N 表示该寄存器不进行移位。

表 4.6 A5/1 的移位规则

$R_1[8]$	$R_2[10]$	$R_3[10]$	R_1	R_2	R_3
0	0	0	Y	Y	Y
0	0	1	Y	Y	N
0	1	0	Y	N	Y
0	1	1	N	Y	Y
1	0	0	N	Y	Y
1	0	1	Y	N	Y
1	1	0	Y	Y	N
1	1	1	Y	Y	Y

每一个时间单元,A5/1 将 $R_1[18]$、$R_2[21]$ 和 $R_3[22]$ 进行异或并将其作为整个算法的输出,即输出的密钥流为

$$R_1[18] \oplus R_2[21] \oplus R_3[22]$$

4.5.2 RC4

RC4(Rivest cipher 4)是由麻省理工学院的 Ron Rivest 在 1987 年设计的可变密钥长度流密码算法,已经在安全套接层(secure sockets layer,SSL)协议和无线通信系统中得到了广泛的应用。RC4 是一种基于非线性数据表变化的流密码,它以一个足够大的数据表 S 为基础,对表进行非线性变换,产生非线性的密钥流序列。RC4 数据表的大小随着参数 n(一次加密的比特数)的变化而变化,

通常取 $n=8$，此时总共可以生成 $2^8=256$ 个元素的数据表 S，种子密钥的长度为 40~256 比特。RC4 密钥流的每个输出都是表 S 中的一个随机元素。加密算法就是将该密钥流与明文进行异或，解密算法就是将密文与该密钥流进行异或。密钥流的生成需要两个过程：密钥调度算法(key scheduling algorithm，KSA)和伪随机生成算法(pseudo random generation algorithm，PRGA)。前者利用种子密钥设置表 S 的初始状态，后者根据表 S 来生成一个伪随机密钥流。

下面给出密钥调度算法的伪代码。

输入：种子密钥

输出：数据表 S

(1) 对表 S 进行线性填充，即 $S[i]=i(i=0,1,\cdots,255)$

(2) 用种子密钥填充另一个 256 字符的 K 表 $K[0],K[1],\cdots,K[255]$，如果密钥的长度小于 K 的长度，则依次重复填充，直至将 K 填满

(3) $j=0$

(4) for $0 \leqslant i \leqslant 255$

　　{

　　① $j=(j+S[i]+K[i])\bmod 256$

　　② 交换 $S[i]$ 和 $S[j]$

　　}

从上面的密钥调度算法可以看出，只对表 S 进行了交换操作，算法结束后表 S 仍然包含从 0 到 255 的所有元素。当密钥调度算法完成了表 S 的初始化工作，伪随机生成算法就开始工作。伪随机生成算法从表 S 中选取一个随机元素作为密钥流输出，并修改表 S 以便下一次选取，选取过程取决于所有 i 和 j。下面是伪随机生成算法的伪代码：

输入：数据表 S

输出：密钥字 $k=S[t]$

(1) $i=0,j=0$

(2) while(true)

　　{

　　① $i=(i+1)\bmod 256$

　　② $j=(j+S[i])\bmod 256$

　　③ 交换 $S[i]$ 和 $S[j]$

　　④ $t=(S[i]+S[j])\bmod 256$

　　⑤ 输出密钥字 $k=S[t]$

　　}

例 4.8 如果一次加密明文的比特数为 3,即 $n=3$,此时表 S 就只有 $2^3=8$ 个元素。首先,对表 S 进行线性填充,其状态为表 4.7 的第 1 行。其次,选取一个种子密钥对密钥表 K 进行填充。种子密钥是由 0 到 7 的数字以任意顺序组成的,如选择 5,6,7 作为种子密钥,其状态如表 4.8 所示。最后,执行密钥调度算法中的循环操作。以 $j=0$ 和 $i=0$ 开始,计算

$$j \equiv (0+S[0]+K[0]) \mod 8 = (0+0+5) \mod 8 \equiv 5$$

因此,对表 S 的第一个操作是将 $S[0]$ 与 $S[5]$ 互换,其状态为表 4.7 的第 2 行。$i=1$ 时,

$$j \equiv (5+S[1]+K[1]) \mod 8 = (5+1+6) \mod 8 \equiv 4$$

即将表 S 的 $S[1]$ 与 $S[4]$ 互换,其状态为表 4.7 的第 3 行。当循环结束后,表 S 随机化成了表 4.7 的第 9 行。此时就可以利用伪随机生成算法来生成随机的密钥流了。从 $i=0$ 和 $j=0$ 开始,计算

$$i \equiv (i+1) \mod 8 = (0+1) \mod 8 \equiv 1$$
$$j \equiv (j+S[i]) \mod 8 = (0+S[1]) \mod 8 = (0+4) \mod 8 \equiv 4$$

交换 $S[1]$ 和 $S[4]$ 后表 S 变为表 4.7 的第 10 行,计算

$$t \equiv (S[i]+S[j]) \mod 8 = (S[1]+S[4]) \mod 8 = (1+4) \mod 8 \equiv 5$$

输出密钥 $k=S[t]=S[5]=6$,将其转换成二进制 110 后就可以加密 3 比特的明文。反复进行该过程,直至加密完所有明文。

表 4.7 表 S 的状态变化

行号	索引	$S[0]$	$S[1]$	$S[2]$	$S[3]$	$S[4]$	$S[5]$	$S[6]$	$S[7]$
				密钥调度算法					
1	$i=0,j=0$	0	1	2	3	4	5	6	7
2	$i=0,j=5$	5	1	2	3	4	0	6	7
3	$i=1,j=4$	5	4	2	3	1	0	6	7
4	$i=2,j=5$	5	4	0	3	1	2	6	7
5	$i=3,j=5$	5	4	0	2	1	3	6	7
6	$i=4,j=4$	5	4	0	2	1	3	6	7
7	$i=5,j=6$	5	4	0	2	1	6	3	7
8	$i=6,j=6$	5	4	0	2	1	6	3	7
9	$i=7,j=3$	5	4	0	7	1	6	3	2
				伪随机生成算法					
10	$i=1,j=4$	5	1	0	7	4	6	3	2

表4.8　表 K

$K[0]$	$K[1]$	$K[2]$	$K[3]$	$K[4]$	$K[5]$	$K[6]$	$K[7]$
5	6	7	5	6	7	5	6

习题四

1. 设一个 GF(2) 上的 5 级线性反馈移位寄存器如图 4.9 所示,其反馈函数为
$$f(a_1,a_2,a_3,a_4,a_5) = a_1 \oplus a_4$$
如果初始状态为 $(a_1,a_2,a_3,a_4,a_5) = (1,0,0,1,1)$,请给出该寄存器的输出序列和周期。

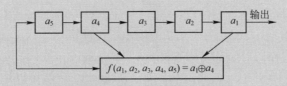

图 4.9　一个 5 级线性反馈移位寄存器

2. 如果 GF(2) 上的一个线性反馈移位寄存器各级初始值都为 0,则其输出序列是什么?

3. 一个 n 级线性反馈移位寄存器输出序列的最大周期是多少?

4. 设一个流密码算法使用一个 GF(2) 上的 8 级线性反馈移位寄存器作为密钥流生成器,已知明文 0110000101101100 的密文为 1011010000010011,试破译该密码算法。

第5章 分组密码

5.1 分组密码的基本原理

分组密码是将消息进行等长分组(如每组消息的长度为 n 比特),然后用同一个密钥对每个分组进行加密。分组密码和流密码都属于对称密码体制,但它们具有很大的差异。通常来说,分组密码每次加密一个消息块,而流密码是逐比特加密。图 5.1 给出了要加密 n 比特消息时,分组密码与流密码的差异。

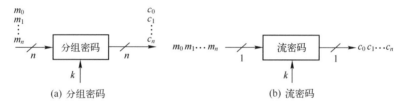

图 5.1 分组密码与流密码的差异

分组密码就是在一个密钥的控制下,通过置换将明文分组映射到密文空间的一个分组。分组密码通常采用混淆(confusion)和扩散(diffusion)的方法,目的在于抵抗敌手对分组密码进行统计分析。

(1) 混淆:是一种使密钥和密文之间的依赖关系尽可能模糊的操作。即使敌手获取了一些密文的统计特性,也无法推测出密钥。实现混淆常用的方法是代替。

(2) 扩散:是一种为了隐藏明文的统计特性而将一位明文的影响扩散到多位密文中的操作。也就是说,即使只改变明文一个比特,也会导致密文多个比特发生改变。实现扩散常用的方法是置换。

仅仅执行混淆或扩散的密码体制是不安全的,如 2.2.1 节介绍的加法密码。然而,如果将混淆和扩散串联起来,则可以构建一个强壮的密码体制。将若干加密操作串联起来的思想是香农提出的,这样的密码体制也称为乘积密码(product cipher)。目前分组密码基本上都属于乘积密码,因为它们都是由对数据重复操作的轮迭代组合而成的。合理选择多个变换构成的乘积密码可实现良好的混淆和扩散。分组密码算法的迭代方式主要有两种：Feistel 网络和 SP（substitution-permutation）网络。

Feistel 网络是一种迭代密码，如图 5.2 所示。它将明文平均分为左半部分 L_0 和右半部分 R_0，经过 $r(\geqslant 1)$ 轮迭代完成整个操作过程。假设第 $i-1$ 轮的输出为 L_{i-1} 和 R_{i-1}，它们是第 i 轮的输入，第 i 轮的输出为

$$L_i = R_{i-1}$$
$$R_i = L_{i-1} \oplus f(R_{i-1}, k_i)$$

其中，f 称为轮函数，k_i 是利用加密密钥生成的供第 i 轮使用的子密钥。Feistel 网络结构的典型代表为数据加密标准（data encryption standard，DES）。

SP 网络中，S 表示代替，又称为混淆层，主要起混淆作用；P 表示置换，又称为扩散层，主要起扩散作用。SP 网络也是一种乘积密码，它由一定数量的迭代组成，其中每一次迭代都包含代替和置换，如图 5.3 所示。假设第 $i-1$ 轮的输出为 x_{i-1}，它是第 i 轮的输入，在经过代替和置换后，输出第 i 轮的结果 x_i，这里的代替部分需要使用第 i 轮的子密钥 k_i。SP 网络结构的典型代表为高级加密标准（advanced encryption standard，AES）。

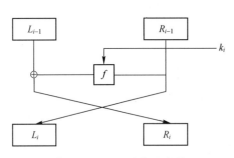
图 5.2　Feistel 网络示意图

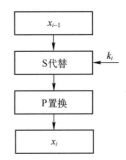
图 5.3　SP 网络示意图

5.2　数据加密标准

数据加密标准是由美国国家标准局（national bureau of standards，NBS），也就是现在的美国国家标准与技术研究所（national institute of standards and technology，NIST）制定的分组密码算法。它是第一代公开的、完全说明实现细节的商用密码算法。1973 年，美国国家标准局发布了公开征集标准密码算法的请求，并确定了一系列的设计准则，如算法必须提供较高的安全性，算法的安全性必须依赖于密钥而不依赖于算法，算法必须能出口等。最终，IBM 公司设计的

Lucifer 算法被选为数据加密标准。DES 于 1977 年被美国采纳并作为联邦信息处理标准。该标准规定每隔 5 年重新评估 DES 是否能够继续作为联邦标准。最近的一次评估是在 1994 年 1 月,已决定从 1998 年 12 月以后,DES 将不再作为联邦加密标准,同时开始征集和制定新的加密标准。新的加密标准称为高级加密标准,将在 5.3 节介绍。

5.2.1 DES 算法概述

DES 是一个迭代分组密码,它使用 56 位长的密钥 k 加密 64 位长的明文 m,获得 64 位长的密文 c,如图 5.4 所示。实际上,DES 最初的密钥为 64 位,但在 DES 加密开始之前要去掉第 8、16、24、32、40、48、56、64 位。去掉的这 8 位比特用于奇偶校验,以确保密钥中不包含错误,表 5.1 中阴影部分表示去掉的位。

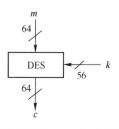

图 5.4 DES 分组密码

表 5.1 DES 去掉的密钥位

1	2	3	4	5	6	7	8
9	10	11	12	13	14	15	16
17	18	19	20	21	22	23	24
25	26	27	28	29	30	31	32
33	34	35	36	37	38	39	40
41	42	43	44	45	46	47	48
49	50	51	52	53	54	55	56
57	58	59	60	61	62	63	64

DES 的加密过程可以简单地用图 5.5 来描述,分为以下三个阶段:

(1) 将 64 位的明文送入初始置换(initial permutation,IP)函数,用于对明文中的数据进行重新排列。然后将明文分成两半,分别为 L_0(前面 32 位)和 R_0(后面 32 位)。

(2) 进行 16 轮的迭代运算。这 16 轮的迭代运算具有相同的结构,每轮都会应用代替和置换技术且使用不同的子密钥 k_i。这些子密钥 k_i 都是从主密钥 k 推导而来。第 16 轮运算的输出为 R_{16} 和 L_{16}。

(3) 将 R_{16} 和 L_{16} 重新拼接起来,然后送入逆初始置

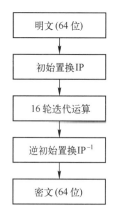

图 5.5 DES 加密过程

换 IP^{-1} 函数,最后的输出就是 64 位的密文。

5.2.2 DES 的内部结构

1. 初始置换

初始置换实际上是对 64 位的明文按照表 5.2 进行一个重新排列。此表应该从左到右、从上到下地阅读。从表 5.2 可知,初始置换将明文的第 58 位换到了第 1 位的位置,将明文的第 50 位换到了第 2 位的位置,将明文的第 42 位换到了第 3 位的位置等。图 5.6 给出了初始置换中位交换的示例。初始置换后,将明文分成两半 L_0(前面 32 位)和 R_0(后面 32 位),进入下面的 16 轮迭代运算。

表 5.2 初始置换

58	50	42	34	26	18	10	2
60	52	44	36	28	20	12	4
62	54	46	38	30	22	14	6
64	56	48	40	32	24	16	8
57	49	41	33	25	17	9	1
59	51	43	35	27	19	11	3
61	53	45	37	29	21	13	5
63	55	47	39	31	23	15	7

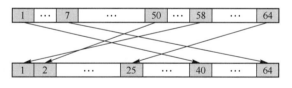

图 5.6 初始置换中位交换示例

2. 16 轮迭代运算

16 轮的迭代运算具有相同的结构,初始置换后的明文与中间结果都被分成左右两半进行处理,每轮迭代的输入都是上一轮的输出。每一轮的运算规则如下:

$$L_i = R_{i-1}$$
$$R_i = L_{i-1} \oplus f(R_{i-1}, k_i)$$

其中,$i=1,2,\cdots,16$,$\oplus$ 表示两个比特串的按位异或,f 是一个非线性函数,k_i 是利用加密密钥生成的供第 i 轮使用的子密钥。具体的迭代过程如图 5.7 所示。值得注意的是,第 16 轮不进行左右交换操作,目的是使加密和解密可以使用同一个算法。

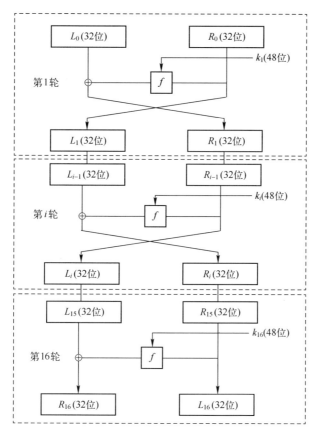

图 5.7 DES 迭代过程

DES 的核心是非线性函数 f。该函数输入上一轮的右半部分 R_{i-1}(32 位)和当前的子密钥 k_i(48 位),输出 32 比特的掩码,用来加密左半部分 L_{i-1}(32 位),如图 5.8 所示。函数 f 包括四个变换:扩展置换(expansion permutation,EP)、子密钥异或、S 盒(S-box)代替、P 盒(P-box)置换。下面分别对这四个变换进行介绍。

(1) 扩展置换 EP。

扩展置换 EP 将 32 位的输入扩展成 48 位。它将 32 位的输入分成 8 组,每组 4 位,每组由 4 位扩展成 6 位。在 6 位的输出结果中,中间 4 位就是原来的 4 位输入,第 1 位和第 6 位分别是相邻的两个 4 位输入组的最外面两位,第 1 个分组的左侧相邻分组为第 8 个输入组。具体过程如图 5.9 所示。可以看出,输入

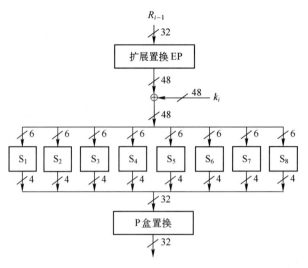

图 5.8 函数 f

的第 1 位出现在了输出的第 2 位和第 48 位,输入的第 4 位出现在了输出的第 5 位和第 7 位,输入的第 5 位出现在了输出的第 6 位和第 8 位等。这样做的目的是可以使输入的一位能够影响两个代替,增加了 DES 的扩散行为,也称为雪崩效应(avalanche effect)。该置换总结在表 5.3 中,表中阴影部分(第 1 列和第 6 列)都是重复的位。

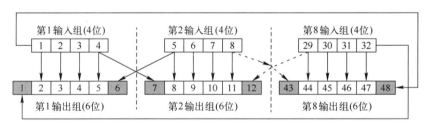

图 5.9 扩展置换过程

表 5.3 扩展置换

32	1	2	3	4	5
4	5	6	7	8	9
8	9	10	11	12	13
12	13	14	15	16	17
16	17	18	19	20	21

续表

20	21	22	23	24	25
24	25	26	27	28	29
28	29	30	31	32	1

（2）子密钥异或。

将经过扩展置换得到的48位输出与子密钥k_i进行异或操作。

（3）S盒代替。

S盒代替是将第（2）步"子密钥异或"的输出结果（48位）作为S盒代替的输入，经过变换得到32位的输出。代替将48位的输入分成8个6位的分组，分别输入8个不同的S盒。每个S盒是一个4行16列的表，如表5.4所示。输入以一种非常特殊的方式确定了S盒中的项。假设S盒的6位输入为$x_1x_2x_3x_4x_5x_6$，将x_1x_6转换成十进制0~3中的某个数，它确定表中的行号，将$x_2x_3x_4x_5$转换成十进制0~15中的某个数，它确定表中的列号，利用行号和列号查询S盒得到一个整数，将该整数转换成二进制就是输出结果$y_1y_2y_3y_4$，如图5.10所示。例如，S_1盒的输入为110011，则行号为11（第3行），列号为1001（第9列），查得整数为11，转换成二进制为1011，这就是S_1盒的输出结果。S盒代替是DES算法的核心，是一种非线性运算，即

$$S(x) \oplus S(x') \neq S(x \oplus x')$$

表5.4 DES的S盒

	输出	0	1	2	3	4	5	6	7	8	9	10	11	12	13	14	15
S_1	0	14	4	13	1	2	15	11	8	3	10	6	12	5	9	0	7
	1	0	15	7	4	14	2	13	1	10	6	12	11	9	5	3	8
	2	4	1	14	8	13	6	2	11	15	12	9	7	3	10	5	0
	3	15	12	8	2	4	9	1	7	5	11	3	14	10	0	6	13
S_2	0	15	1	8	14	6	11	3	4	9	7	2	13	12	0	5	10
	1	3	13	4	7	15	2	8	14	12	0	1	10	6	9	11	5
	2	0	14	7	11	10	4	13	1	5	8	12	6	9	3	2	15
	3	13	8	10	1	3	15	4	2	11	6	7	12	0	5	14	9
S_3	0	10	0	9	14	6	3	15	5	1	13	12	7	11	4	2	8
	1	13	7	0	9	3	4	6	10	2	8	5	14	12	11	15	1
	2	13	6	4	9	8	15	3	0	11	1	2	12	5	10	14	7
	3	1	10	13	0	6	9	8	7	4	15	14	3	11	5	2	12

续表

输出		0	1	2	3	4	5	6	7	8	9	10	11	12	13	14	15
S₄	0	7	13	14	3	0	6	9	10	1	2	8	5	11	12	4	15
	1	13	8	11	5	6	15	0	3	4	7	2	12	1	10	14	9
	2	10	6	9	0	12	11	7	13	15	1	3	14	5	2	8	4
	3	3	15	0	6	10	1	13	8	9	4	5	11	12	7	2	14
S₅	0	2	12	4	1	7	10	11	6	8	5	3	15	13	0	14	9
	1	14	11	2	12	4	7	13	1	5	0	15	10	3	9	8	6
	2	4	2	1	11	10	13	7	8	15	9	12	5	6	3	0	14
	3	11	8	12	7	1	14	2	13	6	15	0	9	10	4	5	3
S₆	0	12	1	10	15	9	2	6	8	0	13	3	4	14	7	5	11
	1	10	15	4	2	7	12	9	5	6	1	13	14	0	11	3	8
	2	9	14	15	5	2	8	12	3	7	0	4	10	1	13	11	6
	3	4	3	2	12	9	5	15	10	11	14	1	7	6	0	8	13
S₇	0	4	11	2	14	15	0	8	13	3	12	9	7	5	10	6	1
	1	13	0	11	7	4	9	1	10	14	3	5	12	2	15	8	6
	2	1	4	11	13	12	3	7	14	10	15	6	8	0	5	9	2
	3	6	11	13	8	1	4	10	7	9	5	0	15	14	2	3	12
S₈	0	13	2	8	4	6	15	11	1	10	9	3	14	5	0	12	7
	1	1	15	13	8	10	3	7	4	12	5	6	11	0	14	9	2
	2	7	11	4	1	9	12	14	2	0	6	10	13	15	3	5	8
	3	2	1	14	7	4	10	8	13	15	12	9	0	3	5	6	11

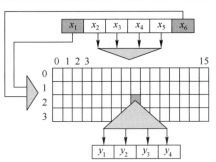

图 5.10 S 盒选择规则

如果没有非线性构造元件,敌手就能使用一个线性等式组来表示 DES 的输入和输出,其中密钥位是未知的,这样的算法很容易被破译。

(4) P 盒置换。

P 盒置换是将第(3)步"S 盒代替"的输出结果按照固定的置换盒(P 盒)进行变换。该置换将每位输入映射到输出位,任何一位不能映射两次,也不能被省略。表 5.5 给出了每位移至的位置。例如,第 16 位移到了第 1 位,第 7 位移到了第 2 位,第 1 位移到了第 9 位等。P 盒置换的输出就是函数 $f(R_{i-1}, k_i)$ 的最终结果。

表 5.5 P 盒置换

16	7	20	21
29	12	28	17
1	15	23	26
5	18	31	10
2	8	24	14
32	27	3	9
19	13	30	6
22	11	4	25

3. 逆初始置换

逆初始置换 IP^{-1} 是初始置换 IP 的逆过程,表 5.6 给出了该置换方法。值得注意的是,DES 在最后一轮并不交换左右两部分,即执行 $IP^{-1}(R_{16} \| L_{16})$ 而不是 $IP^{-1}(L_{16} \| R_{16})$。这样做的好处在于加密和解密可以使用同一个算法。

表 5.6 逆初始置换

40	8	48	16	56	24	64	32
39	7	47	15	55	23	63	31
38	6	46	14	54	22	62	30
37	5	45	13	53	21	61	29
36	4	44	12	52	20	60	28
35	3	43	11	51	19	59	27
34	2	42	10	50	18	58	26
33	1	41	9	49	17	57	25

4. 子密钥生成

DES 算法需要进行 16 轮迭代运算,每轮都需要使用一个 48 位的子密钥,共需要 16 个子密钥。子密钥是通过用户输入的 64 位密钥并根据图 5.11 的方法产生。具体步骤如下:

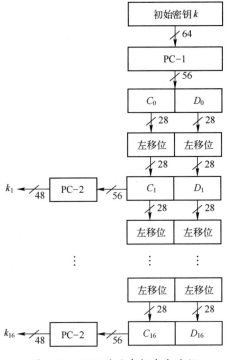

图 5.11 DES 的子密钥产生过程

(1) 将 64 位的密钥送入初始密钥置换 PC-1(表 5.7),用于对密钥中的数据进行重新排列并去掉奇偶校验位(表 5.1)。然后将密钥分成左右两半 C_0(前面 28 位)和 D_0(后面 28 位)。

(2) 在计算第 i 轮子密钥时,将 C_{i-1} 和 D_{i-1} 进行循环左移位操作,移动的具体位数取决于轮数 i。在第 $i=1,2,9,16$ 轮中,左右两部分都向左移动 1 位;其余轮中,左右两部分都向左移动 2 位,如表 5.8 所示。采用这样的方法,循环移动的总位数为 $4\times1+12\times2=28$ 位,这样使得 $C_0=C_{16}$ 和 $D_0=D_{16}$ 成立,这对解密时子密钥的生成非常有用。

(3) 将经过移位后的 C_i 和 D_i 送入一个压缩置换 PC-2(表 5.9),输出本轮的子密钥 k_i。PC-2 将 56 位压缩到 48 位,实际上是丢掉了第 9、18、22、25、35、

38、43 和 54 位。此外,为了计算下一轮的子密钥,需要将 C_i 和 D_i 作为下一轮子密钥计算的输入。

表 5.7 PC-1 置换

57	49	41	33	25	17	9
1	58	50	42	34	26	18
10	2	59	51	43	35	27
19	11	3	60	52	44	36
63	55	47	39	31	23	15
7	62	54	46	38	30	22
14	6	61	53	45	37	29
21	13	5	28	20	12	4

表 5.8 左循环移位位数

轮数	1	2	3	4	5	6	7	8	9	10	11	12	13	14	15	16
位数	1	1	2	2	2	2	2	2	1	2	2	2	2	2	2	1

表 5.9 PC-2 置换

14	17	11	24	1	5
3	28	15	6	21	10
23	19	12	4	26	8
16	7	27	20	13	2
41	52	31	37	47	55
30	40	51	45	33	48
44	49	39	56	34	53
46	42	50	36	29	32

5. DES 的解密

DES 加密过程相当复杂,这可能会让人认为解密时需要采用完全不同的方法才能实现加密的逆过程。但令人惊奇的是,DES 的解密与加密使用同一算法,解密的每轮操作都是加密中对应轮的逆,即解密的第 1 轮是加密中第 16 轮的逆,解密的第 2 轮是加密中第 15 轮的逆,依此类推。只不过在 16 轮迭代运算中使用的子密钥的次序正好相反,即第 1 轮使用 k_{16},第 2 轮使用 k_{15},依此类推。下面解释其原因,为了更加清楚地理解,解密过程中所有的变量都标注了上标 d。

我们知道,DES 的密文 $c = \text{IP}^{-1}(R_{16} \| L_{16})$,将其送入加密算法时(图 5.5),首

先进行一个初始置换 IP,那么得到
$$L_0^d \| R_0^d = \mathrm{IP}(c) = \mathrm{IP}(\mathrm{IP}^{-1}(R_{16} \| L_{16})) = R_{16} \| L_{16}$$
也就是说,$L_0^d = R_{16}$ 和 $R_0^d = L_{16}$ 成立,说明了解密第 1 轮的输入实际上是加密第 16 轮的输出,因为初始置换与逆初始置换相互抵消了。下面说明解密的第 1 轮是加密第 16 轮的逆。根据加密中的轮迭代运算规则,有
$$L_1^d = R_0^d = L_{16} = R_{15}$$
$$R_1^d = L_0^d \oplus f(R_0^d, k_{16}) = R_{16} \oplus f(L_{16}, k_{16})$$
又因为 $R_{16} = L_{15} \oplus f(R_{15}, k_{16})$ 和 $L_{16} = R_{15}$,所以
$$R_1^d = L_{15} \oplus f(R_{15}, k_{16}) \oplus f(L_{16}, k_{16}) = L_{15} \oplus f(R_{15}, k_{16}) \oplus f(R_{15}, k_{16}) = L_{15}$$
这说明了解密的第 1 轮输出跟加密的第 16 轮输入相等。接下来的 15 轮迭代也执行相同的操作,可以表示为
$$L_i^d = R_{16-i}$$
$$R_i^d = L_{16-i}$$
其中,$i = 1, 2, \cdots, 16$。解密的第 16 轮为
$$L_{16}^d = R_0$$
$$R_{16}^d = L_0$$
最后,经过逆初始置换就可以恢复出明文 m。
$$\mathrm{IP}^{-1}(R_{16}^d \| L_{16}^d) = \mathrm{IP}^{-1}(L_0 \| R_0) = \mathrm{IP}^{-1}(\mathrm{IP}(m)) = m$$

由于解密使用子密钥的次序与加密使用子密钥的次序正好相反,那么给出一个初始密钥 k,是否能够方便地生成 $k_{16}, k_{15}, \cdots, k_1$ 呢?根据子密钥生成过程可以知道 $C_0 = C_{16}$ 和 $D_0 = D_{16}$,k 在经过初始密钥置换 PC-1 之后,再经过压缩置换 PC-2 就可以直接得到 k_{16},即
$$k_{16} = \mathrm{PC\text{-}2}(C_{16} \| D_{16}) = \mathrm{PC\text{-}2}(C_0 \| D_0) = \mathrm{PC\text{-}2}(\mathrm{PC\text{-}1}(k))$$
计算 k_{15} 时需要中间变量 C_{15} 和 D_{15},可以通过 C_{16} 和 D_{16} 的循环右移 1 位再经过压缩置换 PC-2 得到。其他子密钥可以通过相似的方法得到,每轮循环右移的具体位数如表 5.10 所示。

表 5.10 右循环移位位数

轮数	1	2	3	4	5	6	7	8	9	10	11	12	13	14	15	16
位数	0	1	2	2	2	2	2	2	1	2	2	2	2	2	2	1

5.2.3 DES 的安全性

在 DES 中,初始置换 IP 和逆初始置换 IP^{-1} 各使用一次,这两个置换的目的

是把数据顺序打乱,它们对加密所起的作用不大。S 盒是 DES 的核心部件,是一种非线性变换,对加密起着重要的作用。

DES 算法正式公开发表以后,引起了广泛的关注。在对 DES 安全性批评意见中,较为一致的看法是 DES 的密钥太短,只有 56 位,密钥量为 $2^{56}\approx10^{17}$ 个,就目前计算机的计算速度而言,DES 不能抵抗穷举攻击。1998 年 7 月电子前沿基金会(electronic frontier foundation,EFF)使用一台造价 25 万美元的密钥搜索机器,在 56 小时内就成功破译了 DES。1999 年 1 月,电子前沿基金会用 22 小时 15 分钟就宣告破译了一个 DES 的密钥。

除了穷举攻击外,还可以利用差分密码分析(differential cryptanalysis)、线性密码分析(linear cryptanalysis)和相关密钥密码分析(related-key cryptanalysis)等方法来攻击 DES。差分密码分析通过分析明文对的差值对密文对的差值的影响来恢复某些密钥位。不同算法对差分有不同的定义,DES 中定义为异或运算。线性密码分析通过线性近似值来描述 DES 操作结构,试图发现这些结构的一些弱点。相关密钥密码分析类似于差分密码分析,但它考查不同密钥间的差分。

DES 还存在以下性质与弱点:

(1) 互补性:如果 $c=\mathrm{DES}_k(m)$,当对明文 m 和密钥 k 取补后,有 $\bar{c}=\mathrm{DES}_{\bar{k}}(\bar{m})$。这种性质使得 DES 在选择明文攻击下工作量减半。

(2) 弱密钥:DES 在每轮操作中都会使用一个子密钥。如果给定初始密钥 k,得到的各轮子密钥都相等,则称 k 为弱密钥。弱密钥的缺点在于加密明文两次,就可以恢复出明文,即

$$m=\mathrm{DES}_k(\mathrm{DES}_k(m))$$

从 DES 的子密钥生成方法可以看出,当 C_0 和 D_0 全为 0 或全为 1 时,$k_1=k_2=\cdots=k_{16}$,k 为弱密钥。这样的弱密钥至少有 4 个,如表 5.11 所示。

表 5.11　DES 的弱密钥

弱密钥(带奇偶校验位)	真实密钥
0101　0101　0101　0101	0000000　0000000
1F1F　1F1F　0E0E　0E0E	0000000　FFFFFFF
E0E0　E0E0　F1F1　F1F1	FFFFFFF　0000000
FEFE　FEFE　FEFE　FEFE	FFFFFFF　FFFFFFF

(3) 半弱密钥:如果两个不同的密钥 k 和 k' 使得 $\mathrm{DES}_k(\mathrm{DES}_{k'}(m))=m$ 成立,则称 k 和 k' 为半弱密钥。半弱密钥 k' 能够解密由密钥 k 加密所得的密文。

虽然 DES 存在弱密钥和半弱密钥,但是相对于总数为 2^{56} 的密钥空间,弱密

钥和半弱密钥所占比例是非常小的,不会对 DES 的安全性造成实质性威胁。

1997 年 4 月 15 日,NIST 发起征集 AES 算法的活动,目的是确定一个新的分组加密算法来替代 DES。至此,DES 成功地完成了作为第一个公开密码算法的使命,它在密码学发展史上具有重要的地位。

5.2.4 多重 DES

DES 的缺陷在于密钥较短。为了提高安全性,可以使用多重 DES,即使用多个密钥对明文加密多次。使用多重 DES 可以增加密钥量,从而大大提高抵抗穷举密钥搜索攻击的能力。多重 DES 的两个重要实例是双重 DES 和三重 DES,如图 5.12 所示。双重 DES 首先利用密钥 k 对明文 m 加密,其次利用 k' 加密用 k 加密后的密文,即

$$c = \text{DES}_{k'}(\text{DES}_k(m))$$

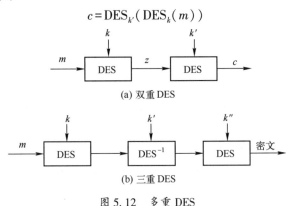

图 5.12 多重 DES

解密是一个相反的过程,即

$$m = \text{DES}_k^{-1}(\text{DES}_{k'}^{-1}(c))$$

其中,DES^{-1} 表示解密算法。乍一看,双重 DES 的密钥长度为 112 位,密钥量为 2^{112} 个,安全性比单重 DES 提高了很多,但中间相遇攻击打破了这个论断。中间相遇攻击的基本原理是加密从其中一端开始,解密从另外一端开始,在中间匹配结果。已知一个明文密文对 (m,c),首先用 2^{56} 个可能的 k 对 m 进行加密,将加密结果存在一个表中,其次从 2^{56} 个可能的 k' 中依次选出一个对 c 进行解密并将其解密结果与上述表中的加密结果值进行匹配。一旦找到,则可以确定 k 和 k'。最后可以再找一个明文密文对来检验 k 和 k' 的正确性。上述攻击使得双重 DES 的密钥量从 2^{112} 降低到 $2^{56}+2^{56}=2^{57}$。三重 DES 可以使用 3 个不同的密钥,采用加密—解密—加密的方式,即

$$c = \text{DES}_{k''}(\text{DES}_{k'}^{-1}(\text{DES}_k(m)))$$

也可以使用2个不同的密钥,即
$$c = \mathrm{DES}_k(\mathrm{DES}_{k'}^{-1}(\mathrm{DES}_k(m)))$$
该方法不存在上述的中间相遇攻击,已经在 ISO 8732 标准中采用。

5.3 高级加密标准

1997年4月15日,NIST 发起征集高级加密标准 AES 算法的活动,目的是确定一个新的分组加密算法来替代 DES。1998年 NIST 发布了15个 AES 的候选算法,并邀请全世界密码学研究人员与机构进行分析和讨论。1999年8月,NIST 挑选出了5个候选算法进入新一轮评估,这5个算法是 MARS, RC6, Rijndael, Serpent 和 Twofish。2000年10月2日,NIST 宣布 Rijndael 作为新的分组加密标准 AES。Rijndael 是由比利时人 Joan Daemaen 和 Vincent Rijmen 设计,分组长度和密钥长度都可变,可以为128位、192位或256位。然而,AES 的分组长度只有128位,输出的密文长度也是128位,如图5.13所示。也就是说,只有分组长度为128位的 Rijndael 才是 AES 算法。

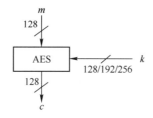

图 5.13 AES 分组密码

5.3.1 AES 的基本运算单位

AES 算法中最基本的运算单位是字节,即一个8比特串。设 $m = b_0 b_1 \cdots b_{126} b_{127}$ ($b_i \in \{0,1\}, 0 \leqslant i \leqslant 127$) 是 AES 的输入消息,首先将其划分为16个字节,即 $m = a_0 a_1 a_2 \cdots a_{15}$,其中
$$a_0 = b_0 b_1 \cdots b_7$$
$$a_1 = b_8 b_9 \cdots b_{15}$$
$$\vdots$$
$$a_{15} = b_{120} b_{121} \cdots b_{127}$$
其次将 $a_0 a_1 a_2 \cdots a_{15}$ 放入一个称为状态(state)的4行、4列矩阵中,放入顺序: $a_0 a_1 a_2 a_3$ 为第1列,$a_4 a_5 a_6 a_7$ 为第2列,$a_8 a_9 a_{10} a_{11}$ 为第3列,$a_{12} a_{13} a_{14} a_{15}$ 为第4列,

如表 5.12 所示。

表 5.12　AES 明文状态矩阵

a_0	a_4	a_8	a_{12}
a_1	a_5	a_9	a_{13}
a_2	a_6	a_{10}	a_{14}
a_3	a_7	a_{11}	a_{15}

AES 的加解密操作都是在这种状态中进行。同样,密钥也按照上述方法进行排列,其行数为 4,列数为 4(128 比特的密钥)、6(192 比特的密钥)或 8(256 比特的密钥)。例如,表 5.13 为 192 比特的密钥对应的状态矩阵。

表 5.13　AES 密钥状态矩阵

k_0	k_4	k_8	k_{12}	k_{16}	k_{20}
k_1	k_5	k_9	k_{13}	k_{17}	k_{21}
k_2	k_6	k_{10}	k_{14}	k_{18}	k_{22}
k_3	k_7	k_{11}	k_{15}	k_{19}	k_{23}

从数学的角度,可以将每一字节看作有限域 $GF(2^8)$ 上的一个元素,分别对应一个次数不超过 7 的多项式。如 $b_7b_6b_5b_4b_3b_2b_1b_0$ 可表示为多项式

$$b_7x^7+b_6x^6+b_5x^5+b_4x^4+b_3x^3+b_2x^2+b_1x^1+b_0$$

还可以将每个字节表示为一个两位十六进制数,即每 4 比特表示为一个一位十六进制数,代表较高位的 4 比特放在左边,如 01101011 可表示为 6B。这样,AES 状态中字节之间的操作就转变成了 $GF(2^8)$ 中元素之间的运算。$GF(2^8)$ 中两个元素之和仍然是一个次数不超过 7 的多项式,其系数为相加的两个元素对应系数的模 2 加。$GF(2^8)$ 中两个元素之积为两个元素模一个 $GF(2)$ 上的 8 次不可约多项式的积。在 AES 中,这个 8 次多项式为

$$m(x)=x^8+x^4+x^3+x+1$$

例 5.1　设 $a(x)=x^7+x^6+x^4+x+1$ 和 $b(x)=x^4+x+1$,则 $a(x)+b(x)=x^7+x^6$。如果将 $a(x)$ 表示成二进制 11010011,$b(x)$ 表示成二进制 00010011,则 $a(x)$ 与 $b(x)$ 之和也可以写成 11010011+00010011=11000000 的形式。另外,如果将 $a(x)$ 表示成十六进制 D3,$b(x)$ 表示成十六进制 13,则 $a(x)$ 与 $b(x)$ 之和也可以写成 D3+13=C0 的形式。

例 5.2　设 $a(x)=x^7+x^6+x^4+x+1$ 和 $b(x)=x^4+x+1$,则 $a(x)\times b(x)$ mod $m(x)=x^7+x^6+x^5+x^4+1$。如果将 $a(x)$ 表示成二进制 11010011,$b(x)$ 表示成二进

制00010011,则$a(x)$与$b(x)$之积也可以写成11010011×00010011＝11110001的形式。另外,如果将$a(x)$表示成十六进制D3,$b(x)$表示成十六进制13,则$a(x)$与$b(x)$之积也可以写成D3×13＝F1的形式。

类似地,4个字节的向量可以表示为系数在$GF(2^8)$上的次数小于4的多项式。其中元素的加法为4个字节向量的逐比特异或,乘法运算为模多项式$m(x)$＝x^4+1的乘法。因此,两个次数小于4的多项式的乘积仍然是一个次数小于4的多项式。即

$$(a_3x^3+a_2x^2+a_1x+a_0)\times(c_3x^3+c_2x^2+c_1x+c_0)=(d_3x^3+d_2x^2+d_1x+d_0)$$

其中

$$d_0=a_0c_0+a_1c_3+a_2c_2+a_3c_1$$
$$d_1=a_0c_1+a_1c_0+a_2c_3+a_3c_2$$
$$d_2=a_0c_2+a_1c_1+a_2c_0+a_3c_3$$
$$d_3=a_0c_3+a_1c_2+a_2c_1+a_3c_0$$

上述运算也可以写成矩阵形式,即

$$\begin{pmatrix}d_0\\d_1\\d_2\\d_3\end{pmatrix}=\begin{pmatrix}c_0&c_3&c_2&c_1\\c_1&c_0&c_3&c_2\\c_2&c_1&c_0&c_3\\c_3&c_2&c_1&c_0\end{pmatrix}\begin{pmatrix}a_0\\a_1\\a_2\\a_3\end{pmatrix}$$

值得注意的是,上述矩阵中的元素都是一个字节。如a_0可能是D3,c_0可能是13,a_0c_0可能表示D3×13＝F1。另外,$m(x)=x^4+1$并不是$GF(2^8)$上的不可约多项式,因此在上述乘法运算规则下,并不是每一个多项式都有乘法逆元。AES算法中选择了一个固定的次数小于4的多项式

$$c(x)=c_3x^3+c_2x^2+c_1x+c_0=03x^3+01x^2+01x+02$$

这个多项式在上述乘法运算下有逆元

$$c^{-1}(x)=0Bx^3+0Dx^2+09x+0E$$

5.3.2 AES的结构

AES加密使用了4个基本变换:字节代替(subbytes)变换、行移位(shiftrows)变换、列混合(mixcolumns)变换和轮密钥加(addroundkey)变换。AES解密使用了这4个变换的逆操作,分别为逆字节代替(invsubbytes)变换、逆行移位(invshiftrows)变换、逆列混合(invmixcolumns)变换和轮密钥加变换。这里需要说明的是,轮密钥加变换的逆变换就是它本身。AES就是利用上述4个基本变换,经过N轮迭代而成。当密钥长度为128比特时,轮数$N=10$;当密钥长度为192比

特时,轮数 $N=12$;当密钥长度为 256 比特时,轮数 $N=14$。

AES 的加密过程为:

(1) 给定一个明文 m,按照表 5.12 的方式将其放入状态矩阵。输入子密钥 w_0、w_1、w_2 和 w_3,对状态矩阵执行轮密钥加变换。

(2) 对状态执行第 1 轮到第 $N-1$ 轮的迭代变换。每轮都包括字节代替、行移位、列混合和轮密钥加四种变换。每轮的轮密钥加变换都会使用一个子密钥 w_{4N}、w_{4N+1}、w_{4N+2} 和 w_{4N+3}。

(3) 对状态执行最后一轮变换,此轮只执行字节代替、行移位和轮密钥加三种变换,输出密文。轮密钥加变换也会使用子密钥 w_{4N}、w_{4N+1}、w_{4N+2} 和 w_{4N+3}。

AES 的解密刚好是加密过程的逆过程,具体为:

(1) 给定一个密文 c,按照表 5.12 的方式将其放入状态矩阵。输入子密钥 w_{4N}、w_{4N+1}、w_{4N+2} 和 w_{4N+3},对状态矩阵执行轮密钥加变换。

(2) 对状态执行第 1 轮到第 $N-1$ 轮的迭代变换。每轮都包括逆行移位、逆字节代替、轮密钥加、逆列混合四种变换。每轮的轮密钥加变换都会使用一个子密钥 w_{4N}、w_{4N+1}、w_{4N+2} 和 w_{4N+3}。

(3) 对状态执行最后一轮变换,此轮只执行逆行移位、逆字节代替、轮密钥加三种变换,输出明文。轮密钥加变换也会使用子密钥 w_{4N}、w_{4N+1}、w_{4N+2} 和 w_{4N+3}。

图 5.14 描述了 AES 加密和解密的全过程。下面将描述字节代替、行移位、列混合和轮密钥加四种基本变换的细节和子密钥的生成细节。

1. 字节代替与逆字节代替

字节代替是一个非线性变换,它利用 S 盒对状态矩阵中的每一个字节进行运算。该 S 盒是可逆的,由两个可逆变换复合而成。

(1) 将字节看作有限域 $GF(2^8)$ 上的元素,映射到自身的乘法逆元(模多项式为 $m(x)=x^8+x^4+x^3+x+1$),规定零元素 00 映射到自身。

(2) 将第(1)步的结果做如下 $GF(2)$ 上的可逆仿射变换:

$$\begin{pmatrix} b'_0 \\ b'_1 \\ b'_2 \\ b'_3 \\ b'_4 \\ b'_5 \\ b'_6 \\ b'_7 \end{pmatrix} = \begin{pmatrix} 1 & 0 & 0 & 0 & 1 & 1 & 1 & 1 \\ 1 & 1 & 0 & 0 & 0 & 1 & 1 & 1 \\ 1 & 1 & 1 & 0 & 0 & 0 & 1 & 1 \\ 1 & 1 & 1 & 1 & 0 & 0 & 0 & 1 \\ 1 & 1 & 1 & 1 & 1 & 0 & 0 & 0 \\ 0 & 1 & 1 & 1 & 1 & 1 & 0 & 0 \\ 0 & 0 & 1 & 1 & 1 & 1 & 1 & 0 \\ 0 & 0 & 0 & 1 & 1 & 1 & 1 & 1 \end{pmatrix} \begin{pmatrix} b_0 \\ b_1 \\ b_2 \\ b_3 \\ b_4 \\ b_5 \\ b_6 \\ b_7 \end{pmatrix} + \begin{pmatrix} 1 \\ 1 \\ 0 \\ 0 \\ 0 \\ 1 \\ 1 \\ 0 \end{pmatrix}$$

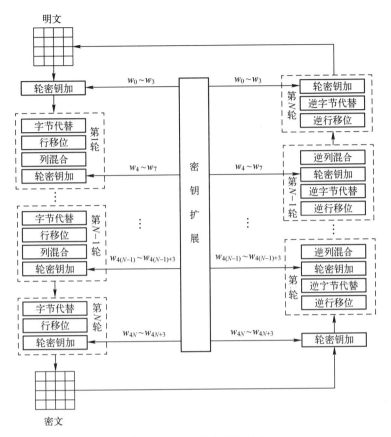

图 5.14 AES 的加解密过程

例 5.3 图 5.15 给出了一个具体的字节代替例子。

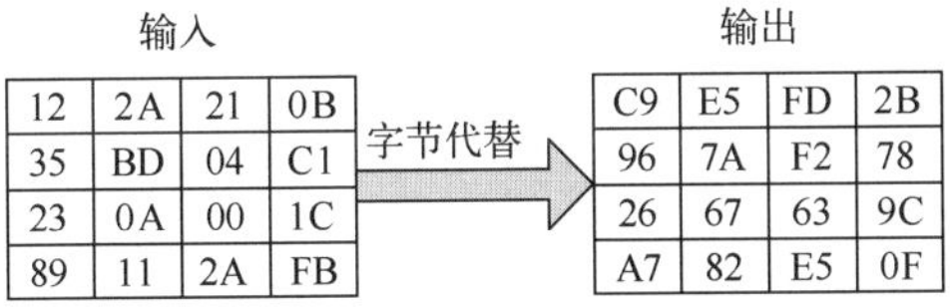

图 5.15 字节代替举例

这里对第 1 个字节 12 的变换过程做详细描述,其他字节变换过程类似。首先将 12 表示成二进制 00010010,其次表示成多项式

$$x^4+x$$

再次求模 $m(x)=x^8+x^4+x^3+x+1$ 的乘法逆元。求多项式的乘法逆元与求整数的

乘法逆元类似,利用欧几里得除法

$$x^8+x^4+x^3+x+1 = (x^4+x+1)(x^4+x)+x^3+x^2+1$$

$$x^4+x = (x+1)(x^3+x^2+1)+x^2+1$$

$$x^3+x^2+1 = (x+1)(x^2+1)+x$$

$$x^2+1 = xx+1$$

然后做反向迭代操作

$$1 = (x^2+1)+xx$$
$$= (x^2+1)+x((x^3+x^2+1)+(x+1)(x^2+1))$$
$$= (x^2+x+1)(x^2+1)+x(x^3+x^2+1)$$
$$= (x^2+x+1)((x^4+x)+(x+1)(x^3+x^2+1))+x(x^3+x^2+1)$$
$$= (x^2+x+1)(x^4+x)+(x^3+x+1)(x^3+x^2+1)$$
$$= (x^2+x+1)(x^4+x)+(x^3+x+1)((x^8+x^4+x^3+x+1)+(x^4+x+1)(x^4+x))$$
$$= (x^7+x^5+x^3+x)(x^4+x)+(x^3+x+1)(x^8+x^4+x^3+x+1)$$

就可以求出 x^4+x 模 $m(x)$ 的乘法逆元为

$$x^7+x^5+x^3+x$$

最后将该逆元表示成二进制 10101010,代入仿射变换,求出

$$\begin{pmatrix}1\\0\\0\\1\\0\\0\\0\\1\end{pmatrix} = \begin{pmatrix}1&0&0&0&1&1&1&1\\1&1&0&0&0&1&1&1\\1&1&1&0&0&0&1&1\\1&1&1&1&0&0&0&1\\1&1&1&1&1&0&0&0\\0&1&1&1&1&1&0&0\\0&0&1&1&1&1&1&0\\0&0&0&1&1&1&1&1\end{pmatrix}\begin{pmatrix}0\\1\\0\\1\\0\\1\\0\\1\end{pmatrix} + \begin{pmatrix}1\\1\\0\\0\\0\\1\\1\\0\end{pmatrix}$$

将二进制 11001001 表示成十六进制 C9。也就是说,经过字节代替变换,12 就变成了 C9。

字节代替变换相当于 DES 中的 S 盒。可以将该变换制作成表格进行查询,如表 5.14 所示。通过查表就可以得到字节代替变换的输出。如果状态中的一个字节为 xy,则表 5.14 的第 x 行、第 y 列的字节就是字节代替变换的输出结果。例如,2A 经过字节代替变换将变为 E5。

表 5.14 AES 的 S 盒

输出		\(y\)															
		0	1	2	3	4	5	6	7	8	9	A	B	C	D	E	F
\(x\)	0	63	7C	77	7B	F2	6B	6F	C5	30	01	67	2B	FE	D7	AB	76
	1	CA	82	C9	7D	FA	59	47	F0	AD	D4	A2	AF	9C	A4	72	C0
	2	B7	FD	93	26	36	3F	F7	CC	34	A5	E5	F1	71	D8	31	15
	3	04	C7	23	C3	18	96	05	9A	07	12	80	E2	EB	27	B2	75
	4	09	83	2C	1A	1B	6E	5A	A0	52	3B	D6	B3	29	E3	2F	84
	5	53	D1	00	ED	20	FC	B1	5B	6A	CB	BE	39	4A	4C	58	CF
	6	D0	EF	AA	FB	43	4D	33	85	45	F9	02	7F	50	3C	9F	A8
	7	51	A3	40	8F	92	9D	38	F5	BC	B6	DA	21	10	FF	F3	D2
	8	CD	0C	13	EC	5F	97	44	17	C4	A7	7E	3D	64	5D	19	73
	9	60	81	4F	DC	22	2A	90	88	46	EE	B8	14	DE	5E	0B	DB
	A	E0	32	3A	0A	49	06	24	5C	C2	D3	AC	62	91	95	E4	79
	B	E7	C8	37	6D	8D	D5	4E	A9	6C	56	F4	EA	65	7A	AE	08
	C	BA	78	25	2E	1C	A6	B4	C6	E8	DD	74	1F	4B	BD	8B	8A
	D	70	3E	B5	66	48	03	F6	0E	61	35	57	B9	86	C1	1D	9E
	E	E1	F8	98	11	69	D9	8E	94	9B	1E	87	E9	CE	55	28	DF
	F	8C	A1	89	0D	BF	E6	42	68	41	99	2D	0F	B0	54	BB	16

逆字节代替变换是字节代替变换的逆变换。首先对字节进行仿射变换的逆变换,其次再对所得结果求在 $GF(2^8)$ 中的乘法逆元。当然,也可以将该变换制作成表格进行查询,如表 5.15 所示。在查询字节 xy 的逆字节代替变换时,仍然使用 x 决定行号、y 决定列号的规则。例如,C9 经过逆字节代替变换将变为 12。

表 5.15 AES 的逆 S 盒

输出		\(y\)															
		0	1	2	3	4	5	6	7	8	9	A	B	C	D	E	F
\(x\)	0	52	09	6A	D5	30	36	A5	38	BF	40	A3	9E	81	F3	D7	FB
	1	7C	E3	39	82	9B	2F	FF	87	34	8E	43	44	C4	DE	E9	CB
	2	54	7B	94	32	A6	C2	23	3D	EE	4C	95	0B	42	FA	C3	4E
	3	08	2E	A1	66	28	D9	24	B2	76	5B	A2	49	6D	8B	D1	25
	4	72	F8	F6	64	86	68	98	16	D4	A4	5C	CC	5D	65	B6	92

续表

输出		y															
		0	1	2	3	4	5	6	7	8	9	A	B	C	D	E	F
x	5	6C	70	48	50	FD	ED	B9	DA	5E	15	46	57	A7	8D	9D	84
	6	90	D8	AB	00	8C	BC	D3	0A	F7	E4	58	05	B8	B3	45	06
	7	D0	2C	1E	8F	CA	3F	0F	02	C1	AF	BD	03	01	13	8A	6B
	8	3A	91	11	41	4F	67	DC	EA	97	F2	CF	CE	F0	B4	E6	73
	9	96	AC	74	22	E7	AD	35	85	E2	F9	37	E8	1C	75	DF	6E
	A	47	F1	1A	71	1D	29	C5	89	6F	B7	62	0E	AA	18	BE	1B
	B	FC	56	3E	4B	C6	D2	79	20	9A	DB	C0	FE	78	CD	5A	F4
	C	1F	DD	A8	33	88	07	C7	31	B1	12	10	59	27	80	EC	5F
	D	60	51	7F	A9	19	B5	4A	0D	2D	E5	7A	9F	93	C9	9C	EF
	E	A0	E0	3B	4D	AE	2A	F5	B0	C8	EB	BB	3C	83	53	99	61
	F	17	2B	04	7E	BA	77	D6	26	E1	69	14	63	55	21	0C	7D

2. 行移位与逆行移位

行移位变换对一个状态的每一行进行循环左移,其中第一行保持不变,第二行循环左移 1 个字节,第三行循环左移 2 个字节,第四行循环左移 3 个字节。

逆行移位变换是行移位变换的逆变换,它对状态的每一行进行循环右移,其中第一行保持不变,第二行循环右移 1 个字节,第三行循环右移 2 个字节,第四行循环右移 3 个字节。

例 5.4 图 5.16 给出了一个具体的行移位例子。

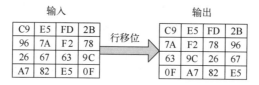

图 5.16 行移位举例

3. 列混合与逆列混合

列混合变换是一个线性变换,它混淆了状态矩阵的每一列。由于每个输入字节都影响 4 个输出字节,因此列混合起到了扩散的作用。列混合将状态矩阵中的每一列视为系数在 $GF(2^8)$ 上的次数小于 4 的多项式与同一个固定的多项式

$$c(x) = 03x^3 + 01x^2 + 01x + 02$$

进行模多项式 $m(x)=x^4+1$ 的乘法运算。由前面的讨论可知,列混合运算可以写成 $GF(2^8)$ 上的矩阵乘法形式,即

$$\begin{pmatrix} d_0 \\ d_1 \\ d_2 \\ d_3 \end{pmatrix} = \begin{pmatrix} 02 & 03 & 01 & 01 \\ 01 & 02 & 03 & 01 \\ 01 & 01 & 02 & 03 \\ 03 & 01 & 01 & 02 \end{pmatrix} \begin{pmatrix} a_0 \\ a_1 \\ a_2 \\ a_3 \end{pmatrix}$$

其中,各元素之间的乘法和加法均为有限域 $GF(2^8)$ 上的运算。实际上,03 指的是 00000011 对应的多项式 $x+1$,01 指的是 00000001 对应的多项式 1,02 指的是 00000010 对应的多项式 x。

逆列混合变换是列混合变换的逆变换,它将状态矩阵中的每一列视为系数在 $GF(2^8)$ 上的次数小于 4 的多项式与同一个固定的多项式 $c^{-1}(x)$ 进行模多项式 $m(x)=x^4+1$ 的乘法运算。$c^{-1}(x)$ 为 $c(x)$ 在模 $m(x)=x^4+1$ 下的乘法逆元,即

$$c^{-1}(x) = 0Bx^3 + 0Dx^2 + 09x + 0E$$

同样也可以写成矩阵乘法形式,即

$$\begin{pmatrix} d_0 \\ d_1 \\ d_2 \\ d_3 \end{pmatrix} = \begin{pmatrix} 0E & 0B & 0D & 09 \\ 09 & 0E & 0B & 0D \\ 0D & 09 & 0E & 0B \\ 0B & 0D & 09 & 0E \end{pmatrix} \begin{pmatrix} a_0 \\ a_1 \\ a_2 \\ a_3 \end{pmatrix}$$

例 5.5 图 5.17 给出了一个具体的列混合例子。

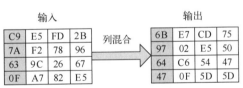

图 5.17 列混合举例

这里对第 1 列的变换过程做详细描述,其他列变换过程类似。根据

$$\begin{pmatrix} d_0 \\ d_1 \\ d_2 \\ d_3 \end{pmatrix} = \begin{pmatrix} 02 & 03 & 01 & 01 \\ 01 & 02 & 03 & 01 \\ 01 & 01 & 02 & 03 \\ 03 & 01 & 01 & 02 \end{pmatrix} \begin{pmatrix} C9 \\ 7A \\ 63 \\ 0F \end{pmatrix}$$

$d_0 = 02 \times C9 + 03 \times 7A + 01 \times 63 + 01 \times 0F = 6B$

$d_1 = 01 \times C9 + 02 \times 7A + 03 \times 63 + 01 \times 0F = 97$

$$d_2 = 01\times C9+01\times 7A+02\times 63+03\times 0F=64$$
$$d_3 = 03\times C9+01\times 7A+01\times 63+02\times 0F=47$$

所以将状态矩阵第1列的[C9 7A 63 0F]替换成[6B 97 64 47]。

4. 轮密钥加

在轮密钥加变换中,将状态矩阵与子密钥矩阵的对应字节逐比特异或。其中,每一轮的子密钥由原始密钥通过密钥扩展算法得到。轮密钥加变换的逆变换就是其本身,因为其中仅使用了异或运算。

例 5.6 图 5.18 给出了一个具体的轮密钥加例子。

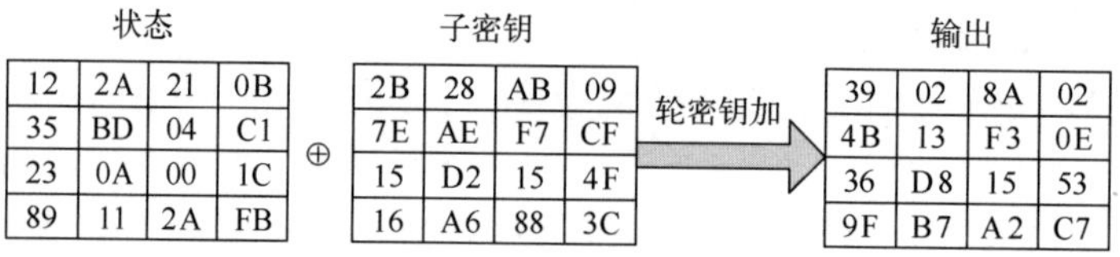

状态					子密钥					输出			
12	2A	21	0B		2B	28	AB	09		39	02	8A	02
35	BD	04	C1	⊕	7E	AE	F7	CF	轮密钥加	4B	13	F3	0E
23	0A	00	1C		15	D2	15	4F		36	D8	15	53
89	11	2A	FB		16	A6	88	3C		9F	B7	A2	C7

图 5.18 轮密钥加举例

状态的第1个字节12与子密钥的第1个字节2B进行异或,得到输出结果的第1个字节39。其他字节变换过程类似。

5. 子密钥生成

密钥扩展算法将原始密钥(长度为128位、192位或256位)作为输入,输出AES的子密钥。子密钥的个数为轮数加1,这是因为第1轮轮密钥加变换也需要子密钥,如图5.14所示。对于长度为128位密钥而言,它对应的轮数 $N=10$,需要11个子密钥;对于长度为192位密钥而言,它对应的轮数 $N=12$,需要13个子密钥;对于长度为256位密钥而言,它对应的轮数 $N=14$,需要15个子密钥。下面以128位密钥为例,详细介绍子密钥生成过程。

(1) 给定一个原始密钥 k,按照表5.13的方式将其放入状态矩阵(只有4列),输出子密钥 w_0、w_1、w_2 和 w_3。

(2) 对于第1轮到第10轮的子密钥,首先通过

$$w_{4N}=w_{4(N-1)}\oplus t_{4N}, \quad N=1,2,\cdots,10$$

得到子密钥最左边的字 w_{4N},其中 t_{4N} 为

$$t_{4N}=\text{SubBytes}(\text{RotBytes}(w_{4N-1}))\oplus RC_{N/1}$$

其次通过

$$w_{4N+j}=w_{4N+j-1}\oplus w_{4(N-1)+j}, \quad j=1,2,3$$

得到子密钥其余的3个字 w_{4N+1}、w_{4N+2} 和 w_{4N+3}。其中,RotBytes 为字节旋转,将 w_{4N-1} 的4个字节循环左移1个字节;SubBytes 为字节代替,与加密算法中的字节

代替一样；$RC_{N/1}$ 为第 N 轮子密钥生成中使用的常数。$RC_{N/1}$ 的第 1 个字节是由
$$RC_{N/1} \equiv x^{N/1-1} \bmod (x^8+x^4+x^3+x+1)$$
确定，其余 3 个字节都是 00。例如，当 $N=9$ 时，
$$RC_9 \equiv x^8 \bmod (x^8+x^4+x^3+x+1)$$
经过计算，可得
$$RC_9 \equiv x^4+x^3+x+1 \bmod (x^8+x^4+x^3+x+1)$$
RC_9 表示成二进制为 00011011，表示成十六进制为 1B。可以将这些轮常数总结在表 5.16 中。

表 5.16 轮常数表(十六进制)

轮数 N	常数 $RC_{N/1}$	轮数 N	常数 $RC_{N/1}$
1	01000000	6	20000000
2	02000000	7	40000000
3	04000000	8	80000000
4	08000000	9	1B000000
5	10000000	10	36000000

图 5.19 总结了子密钥生成过程。

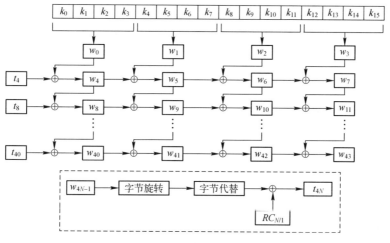

图 5.19 子密钥生成过程

在子密钥生成过程中，使用字节旋转、字节代替和轮常数的主要目的是增加子密钥生成的非线性性和消除 AES 中的对称性，这样可以更好地抵抗分组密码中的

线性攻击和差分攻击。加密密钥为 192 位和 256 位时的子密钥生成过程与 128 位的过程类似,感兴趣的读者可以参考相关书籍。

例 5.7 设原始加密密钥为 2B7E151628AED2A6ABF7158809CF4F3C,则

$$w_0 = 2B7E1516$$
$$w_1 = 28AED2A6$$
$$w_2 = ABF71588$$
$$w_3 = 09CF4F3C$$

为了产生第 1 轮的子密钥(这时 $N = 1$),首先将 w_3 进行字节旋转,得到 CF4F3C09,其次执行字节代替操作,得到 8A84EB01,与 RC_1 进行异或,得到 $t_4 =$ 8B84EB01,再次根据 t_4 计算出第 1 轮子密钥的第 1 个字

$$w_4 = w_0 \oplus t_4 = 2B7E1516 \oplus 8B84EB01 = A0FAFE17$$

最后计算出第 1 轮子密钥其余 3 个字

$$w_5 = w_4 \oplus w_1 = A0FAFE17 \oplus 28AED2A6 = 88542CB1$$
$$w_6 = w_5 \oplus w_2 = 88542CB1 \oplus ABF71588 = 23A33939$$
$$w_7 = w_6 \oplus w_3 = 23A33939 \oplus 09CF4F3C = 2A6C7605$$

如图 5.20 所示。

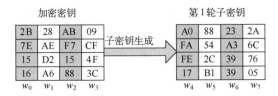

图 5.20 子密钥生成举例

5.4 分组密码的工作模式

分组密码每次加密一个固定长度的明文,如 DES 每次加密 64 位的明文, AES 每次加密 128 位的明文。但在实际应用中,需要加密的消息长度可能会大于分组密码的明文分组长度。使用分组密码加密长消息的方法称为分组密码的工作模式。最常见的工作模式有五种:电码本(electronic codebook,ECB)模式、密码分组链接(cipher block chaining,CBC)模式、密码反馈(cipher feedback, CFB)模式、输出反馈(output feedback,OFB)模式和计数器(counter,CTR)模式, 其中 ECB、CBC 和 CTR 模式要求消息长度是分组长度的整数倍。比如,AES 加密时要求消息长度是 128 位的整数倍。如果消息的长度不满足该要求,则需要

对消息进行填充。最简单的一种方法是在消息后面附上单个"1",然后再附加上足够多的"0",直到消息的长度是分组长度的整数倍。即使明文的长度刚好是分组长度的整数倍,也需要进行填充,填充的所有位刚好组成一个额外分组。设填充完毕的消息为 $m = m_1 m_2 \cdots m_t$,密文为 $c = c_1 c_2 \cdots c_t$,其中 m_i 和 $c_i (1 \leq i \leq t)$ 都为 n 比特长的分组。下面逐一介绍这五种工作模式。

(1) 电码本模式:将原始消息按照分组长度划分成等长的明文块,然后对每一块明文分别加密,再将每一个密文块连接起来就成为最后的密文。ECB 加密可以表示为

$$c_i = E_k(m_i), \quad 1 \leq i \leq t$$

解密可以表示为

$$m_i = D_k(c_i), \quad 1 \leq i \leq t$$

图 5.21 总结了 ECB 模式的加密和解密过程。

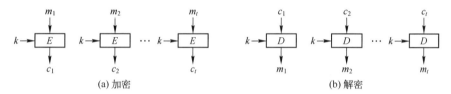

图 5.21 ECB 模式

ECB 模式是最简单的一种工作模式,具有下列特点:

① 不同明文分组的加密可以并行计算,尤其是硬件实现时速度很快。

② 明文块 m_i 的改变只会影响密文块 c_i 的改变,其他的密文块不会受到影响。

③ 密文块在传输中单个比特出错只会影响该块的解密。

④ 相同的明文产生相同的密文,容易暴露明文的数据格式,不能抵抗替换攻击。因此,该模式适合加密短数据,如一个会话密钥。

(2) 密码分组链接模式:先将明文块与前一个密文块按比特异或,然后再进行加密处理。由于第 1 个明文块没有前一个密文块,因此需要选择一个初始向量 $c_0 = IV$。初始向量的选择会使每次加密变得不确定。第 1 个密文块 c_1 取决于 IV 和明文块 m_1,第 2 个密文块 c_2 取决于 IV 和明文块 m_1 与 m_2,依此类推。最后一个密文块 c_t 是所有明文块和 IV 的函数。CBC 加密可以表示为

$$c_i = E_k(m_i \oplus c_{i-1}), \quad 1 \leq i \leq t$$

解密可以表示为

$$m_i = D_k(c_i) \oplus c_{i-1}, \quad 1 \leq i \leq t$$

图 5.22 总结了 CBC 模式的加密和解密过程。

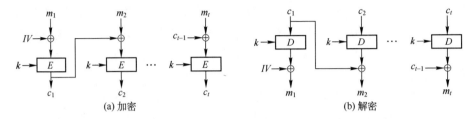

图 5.22 CBC 模式

CBC 模式具有下列特点：

① 由于引入了初始向量，相同的明文块产生的密文块可能不同，能够隐藏明文的数据格式。

② 密文块 c_i 依赖于明文块 m_i 以及所有前面的明文块，重排密文块顺序会影响解密的正确性。

③ 密文块 c_i 中单个比特出错会影响后续至多两个密文块（c_i 和 c_{i+1}）的解密，具有有限的错误传播特性。

④ 明文块 m_i 发生改变将引起后面所有密文块发生改变。

（3）密码反馈模式：ECB 和 CBC 模式每次加密 n 比特明文块，但在某些具体应用中，我们希望加密固定长度的明文块，如按比特或字节加密，这就需要使用密码反馈模式。该模式首先选择一个 n 比特的初始向量 $I_1 = IV$，其次利用密钥 k 加密该向量得到 n 比特的序列，再次从 n 比特的序列中选取最高 j 比特序列与 j 比特的明文块进行异或得到密文块，最后将初始向量左移 j 比特并将本组密文块附在后面。CFB 加密可以表示为

$$c_i = m_i \oplus \mathrm{MSB}_j(E_k(I_i)), \quad 1 \leqslant i \leqslant t$$

解密可以表示为

$$m_i = c_i \oplus \mathrm{MSB}_j(E_k(I_i)), \quad 1 \leqslant i \leqslant t$$

其中，$\mathrm{MSB}_j(x)$ 表示取 x 的最高 j 位。需要说明的是，CFB 加密和解密都使用的是分组密码的加密算法，本质上是把分组密码当成一个密钥流生成器来使用。图 5.23 总结了 CFB 模式的加密和解密过程。

CFB 模式具有下列特点：

① 与 CBC 模式一样，改变初始向量会导致相同的明文块产生不同的密文块，能够隐藏明文的数据格式。

② 明文块的长度 j 可以由用户来确定，可适应用户不同的格式要求。

③ 密文块 c_i 依赖于 m_i 以及所有前面的明文分组。重排密文顺序会影响解

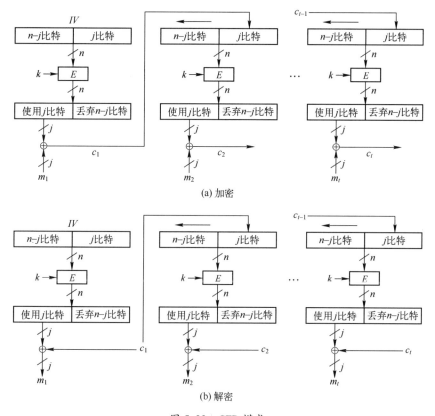

图 5.23 CFB 模式

密的正确性。正确地解密一个密文块需要之前的 $\lceil n/j \rceil$ 个密文块也都正确。

④ 密文块 c_i 的一个或多个比特错误会影响该密文块和后续 $\lceil n/j \rceil$ 个密文块的解密。

（4）输出反馈模式：与 CFB 模式类似，它可以加密长度为 j 比特的明文分组。但不同的是，作为反馈的不是密文而是加密函数的输出。图 5.24 总结了 OFB 模式的加密和解密过程。

OFB 模式具有下列特点：

① 与 CBC 和 CFB 模式一样，改变初始向量会导致相同的明文块产生不同的密文块，能够隐藏明文的数据格式。

② 明文块的长度 j 可以由用户来确定，可适应用户不同的格式要求。

③ 密钥流是独立于明文块的，改变明文块 m_i 只会引起密文块 c_i 的改变，其他密文块不变。

④ 密文块 c_i 的一个或多个比特错误仅仅会影响该密文块的解密，即错误不

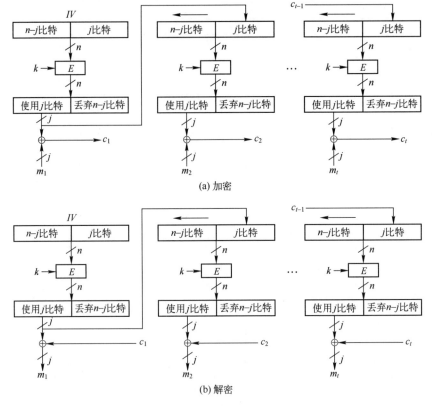

图 5.24 OFB 模式

会传播。

(5) 计数器模式:首先选择 t 个 n 比特的向量 $\text{CTR}_1, \text{CTR}_2, \cdots, \text{CTR}_t$,称为计数器,其次利用固定密钥 k 对这些计数器分别加密,将得到的序列看成密钥流序列与明文块逐位异或。CTR 加密可以表示为

$$c_i = E_k(\text{CTR}_i) \oplus m_i, \quad 1 \leqslant i \leqslant t$$

解密可以表示为

$$m_i = E_k(\text{CTR}_i) \oplus c_i, \quad 1 \leqslant i \leqslant t$$

图 5.25 总结了 CTR 模式的加密和解密过程。

CTR 模式具有下列特点:

① 要求计数器 $\text{CTR}_1, \text{CTR}_2, \cdots, \text{CTR}_t$ 互不相同,这样可以保证相同的明文块产生不同的密文块,从而隐藏明文的数据格式。一种产生不同计数器的简单方法是:首先选定 CTR_1,其次设 $\text{CTR}_i = \text{CTR}_{i-1} + 1 (1 \leqslant i \leqslant t)$。

② 由于加密计数器时不需要明文,因此可以在明文未知的时候先加密计数

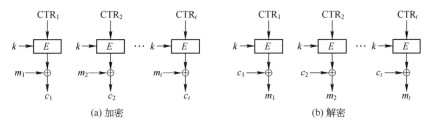

图 5.25 CTR 模式

器,等明文已知时直接利用加密输出序列与明文块异或,大大加快了整个加密速度。也就是说,可以利用预处理方法来提高整个加密速度。

③ 可以并行计算。

习题五

1. 保证 DES 安全的一个重要属性是 S 盒的非线性性,试验证对 S_1 盒和输入 $x=110011$ 与 $y=000000$ 而言,有
$$S_1(x) \oplus S_1(y) \neq S_1(x \oplus y)$$

2. 在 DES 算法中,设明文和密钥都是全 0,试问算法第 1 轮的输出是什么?

3. 在 AES 算法中,设原始加密密钥为 3CA10B2157F01916902E1380ACC107BD,试计算第 1 轮的子密钥。

4. 列混合是 AES 算法中的一个重要操作,设列混合的输入状态为
$$\begin{pmatrix} 25 & 25 & 25 & 25 \\ 25 & 25 & 25 & 25 \\ 25 & 25 & 25 & 25 \\ 25 & 25 & 25 & 25 \end{pmatrix}$$

求列混合操作之后的输出状态。

5. 设明文块序列 $m_1 m_2 \cdots m_t$ 产生的密文块序列为 $c_1 c_2 \cdots c_t$。假设一个密文块 c_i 在传输过程中出现了错误,问在应用 ECB、CBC 和 OFB 模式时,不能正确解密的明文块数目各为多少?

6. 在 DES 算法中,如果 S_1 盒的输入为 101100,求 S_1 盒的输出结果。

第6章 Hash 函数

Hash 函数也称为哈希函数、杂凑函数、散列函数。Hash 函数可以将任意长度的消息压缩成某一固定长度的消息摘要。它在数字签名、消息完整性检测等领域有着广泛的应用。本章首先介绍 Hash 函数的基本概念,其次介绍两个重要的 Hash 函数:MD5 和 SHA,最后介绍利用分组密码来构造 Hash 函数的方法和 Hash 函数的分析方法。

6.1 Hash 函数的概念

1. Hash 函数的性质

Hash 函数的目的是为需要认证的消息产生一个"数字指纹"。为了能够实现对消息的认证,它必须具备以下性质:

(1) 函数的输入可以是任意长。

(2) 函数的输出是固定长。

(3) 对任意给定的 x,计算 $h(x)$ 比较容易。

(4) 对任意给定的 Hash 值 z,找到满足 $h(x)=z$ 的 x 在计算上是不可行的,这一性质也称为函数的单向性(one-way)。

(5) 已知 x,找到 $y(y\neq x)$ 满足 $h(y)=h(x)$ 在计算上是不可行的,这一性质也称为抗弱碰撞性(weak collision resistance)。

(6) 找到任意两个不同的输入 x,y,使 $h(y)=h(x)$ 在计算上是不可行的,这一性质也称为抗强碰撞性(strong collision resistance)。

以上6个性质中,前3个性质是 Hash 函数能用于消息认证的基本要求。第4个性质是指由消息很容易计算出 Hash 值,但由 Hash 值却不能计算出相应的消息。这个性质对于使用一个秘密值的认证方法是非常重要的。第5个性质使得敌手不能找到与给定消息具有相同 Hash 值的另一个消息。如果我们是对消息摘要签名,那么就希望 Hash 函数满足这个性质。否则,敌手看到签名者在 x 的消息摘要 $h(x)$ 上的签名 s 后,就去寻找 $y(y\neq x)$,使得 $h(y)=h(x)$,并且声称 s 是该签名者对 y 的签名。如果允许敌手自己选择消息请求签名者的签名,则要求 Hash 函数满足第6个性质。否则,敌手可以找到两个不同的消息 x 和 y,使得

$h(y)=h(x)$。敌手可以先让签名者对 x 进行签名,得到 s,然后声称 s 是该签名者对 y 的签名。

碰撞性是指对于两个不同的消息 x 和 y,如果它们的 Hash 值相同,则发生了碰撞。实际上,可能的消息是无限的,可能的 Hash 值是有限的,如 SHA-1 可能的 Hash 值为 2^{160}。也就是说,不同的消息会产生相同的 Hash 值,即碰撞是存在的,但不能按要求找到一个碰撞。

Hash 函数跟加密体制都是密码学中的重要密码原语,都是对消息按照一定的规则进行变换。但它们之间存在本质区别,加密体制需要密钥且是双向的,即解密算法可以把经过加密算法输出的密文恢复成原来的明文。Hash 函数是单向的,只有 Hash 算法,没有解 Hash 算法。此外,Hash 函数通常不需要密钥。图 6.1 总结了 Hash 函数与加密的区别。

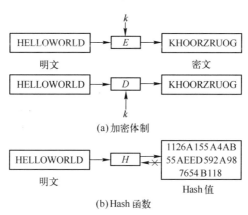

图 6.1 Hash 函数与加密的区别

2. 迭代型 Hash 函数的一般结构

1979 年,Merkle 基于压缩函数 f 提出了一个 Hash 函数的一般结构。目前使用的大多数 Hash 函数(如 MD5、SHA)都是采用这种结构,如图 6.2 所示。其中,函数的输入 m 被分为 L 个分组 $m_0, m_1, \cdots, m_{L-1}$,每个分组的长度为 b 比特。如果最后一个分组的长度不够,则需对其进行填充,最后一个分组还包括消息 m 的长度值。

算法中重复使用一个压缩函数 f,它的输入有两项:一项是上一轮(第 $i-1$ 轮)输出的 n 比特值 CV_{i-1},称为链接变量(chaining variable);另一项是算法在本轮(第 i 轮)要输入的 b 比特消息分组。f 的输出为 n 比特值 CV_i,CV_i 又将作为下一轮的输入。算法开始时还需要对链接变量指定一个 n 比特长的初始值 IV,最后一轮输出的链接变量 CV_L 就是最终产生的 Hash 值。通常有 $b>n$,故称 f 为压

缩函数。整个Hash函数的逻辑关系可表示为

$$CV_0 = IV$$
$$CV_i = f(CV_{i-1}, m_{i-1}), \quad 1 \leq i \leq L$$
$$h(m) = CV_L$$

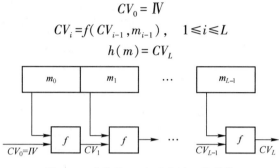

图 6.2　迭代型 Hash 函数的一般结构

6.2　Hash 函数 MD5

1990 年，Rivest 设计了一个称为 MD4 的 Hash 算法，该算法的设计没有基于任何假设和密码体制。Hash 函数的这种直接构造方法因其运算速度快、非常实用等特点受到了人们的广泛青睐。但后来人们发现 MD4 存在安全性缺陷。Rivest 对其进行了改进，这就是 MD5。

1. 算法描述

MD5 算法的输入为任意长度的消息（图 6.3 中为 K 比特），对消息按 512 比特长的分组为单位进行处理，输出为 128 比特的 Hash 值。图 6.3 描述了该算法的处理过程，它遵循图 6.2 所示的一般结构。该处理过程包含以下几步：

（1）填充消息：填充消息使其长度与 448 模 512 同余（即长度 ≡ 448 mod 512）。也就是说，填充后的消息长度比 512 的某整数倍少 64 比特，留出的 64 比特供第（2）步使用。即使消息长度满足了要求，也需要填充。因此，填充的比特数在 1~512。填充由一个"1"跟足够多的"0"组成。例如，如果消息长度为 704 比特，则在其末尾需要添加 256 比特（"1"后面跟 255 个"0"），以便把消息扩展到 960 比特（960 mod 512 ≡ 448）。

（2）填充长度：用 64 比特表示填充前消息的长度，并将其附在步骤（1）所得结果之后（最低有效字节在前）。如果消息长度大于 2^{64}，则以 2^{64} 为模数取模。

上述两步所得消息的长度为 512 的整数倍，图 6.3 中用 512 比特的分组 m_0，$m_1, \cdots, m_{L-1}$ 来表示填充后的消息，所以填充后的消息总长度为 $L \times 512$ 比特。消息总长度也可以通过长为 32 比特的字来表示，即填充后的消息可表示为 $Y[0, \cdots, N-1]$，其中 $N = L \times 16$。

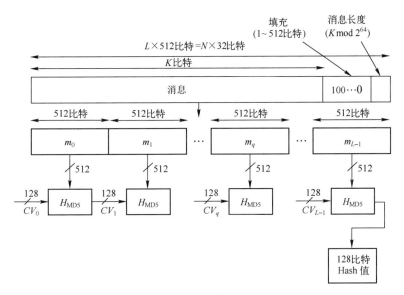

图 6.3 MD5 算法描述

例 6.1 设消息为三个 8 位 ASCII 字符"ABC",总长度为 24 位。首先将"ABC"表示成二进制

$$\underbrace{01000001}_{A} \underbrace{01000010}_{B} \underbrace{01000011}_{C}$$

其次附加一个"1"和

$$448-(24+1)=423$$

个"0"。最后将消息长度 24 的二进制 11000 表示成 64 位(前面加 59 个"0")追加到最后。填充后的消息为

$$\underbrace{01000001}_{A} \underbrace{01000010}_{B} \underbrace{01000011}_{C} 1 \underbrace{00\cdots 00}_{423位} \underbrace{00\cdots 0011000}_{64位}$$

(3) 初始化 MD 缓冲区:MD5 的中间结果和最终结果保存于 128 比特的缓冲区中,缓冲区用 4 个 32 比特长的寄存器(A,B,C,D)表示(十六进制),即

$$A=67452301$$
$$B=\text{EFCDAB89}$$
$$C=98\text{BADCFE}$$
$$D=10325476$$

上述初始值按最低有效字节优先的顺序存储数据,也就是将最低有效字节存储在低地址字节位置,即

A:01234567
B:89ABCDEF
C:FEDCBA98
D:76543210

(4) 以512比特的分组(16个字)为单位处理消息：Hash函数的核心是压缩函数。在图6.3中压缩函数模块标记为 H_{MD5}。H_{MD5} 由4轮运算组成，每轮又由16步组成，如图6.4所示。H_{MD5} 的4轮运算结构相同，但各轮使用的逻辑函数不同，分别为 F、G、H、I。每轮的输入为当前要处理的消息分组 m_q 和缓冲区的当前值 A、B、C、D，输出仍放在缓冲区中以产生新的 A、B、C、D。每步需要一个常量，共需要64个常量，构成表 T，如表6.1所示。第1轮的16步使用 $T[1],T[2],\cdots,T[16]$，第2轮的16步使用 $T[17],T[18],\cdots,T[32]$，第3轮的16步使用 $T[33],T[34],\cdots,T[48]$，第4轮的16步使用 $T[49],T[50],\cdots,T[64]$。表 T

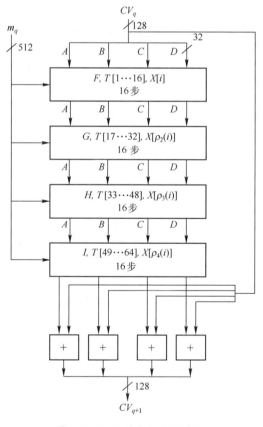

图6.4 MD5的分组处理过程

是通过正弦函数来构造的,T 的第 i 个元素 $T[i]$ 为 $2^{32} \times \text{abs}(\sin(i))$ 的整数部分,其中 i 是以弧度为单位。因为 $\text{abs}(\sin(i))$ 在 0 到 1 之间,所以 $T[i]$ 可以用 32 比特的字来表示。第 4 轮的输出再与第 1 轮的输入 CV_q 相加得到 CV_{q+1},这里的相加是指缓冲区中的 4 个字与 CV_q 中对应的 4 个字分别模 2^{32} 相加。

表 6.1 从正弦函数构造的表 T

$T[1] = \text{D76AA478}$	$T[17] = \text{F61E2562}$	$T[33] = \text{FFFA3942}$	$T[49] = \text{F4292244}$
$T[2] = \text{E8C7B756}$	$T[18] = \text{C040B340}$	$T[34] = \text{8771F681}$	$T[50] = \text{432AFF97}$
$T[3] = \text{242070DB}$	$T[19] = \text{265E5A51}$	$T[35] = \text{699D6122}$	$T[51] = \text{AB9423A7}$
$T[4] = \text{C1BDCEEE}$	$T[20] = \text{E9B6C7AA}$	$T[36] = \text{FDE5380C}$	$T[52] = \text{FC93A039}$
$T[5] = \text{F57C0FAF}$	$T[21] = \text{D62F105D}$	$T[37] = \text{A4BEEA44}$	$T[53] = \text{655B59C3}$
$T[6] = \text{4787C62A}$	$T[22] = \text{02441453}$	$T[38] = \text{4BDECFA9}$	$T[54] = \text{8F0CCC92}$
$T[7] = \text{A8304613}$	$T[23] = \text{D8A1E681}$	$T[39] = \text{F6BB4B60}$	$T[55] = \text{FFEFF47D}$
$T[8] = \text{FD469501}$	$T[24] = \text{E7D3FBC8}$	$T[40] = \text{BEBFBC70}$	$T[56] = \text{85845DD1}$
$T[9] = \text{698098D8}$	$T[25] = \text{21E1CDE6}$	$T[41] = \text{289B7EC6}$	$T[57] = \text{6FA87E4F}$
$T[10] = \text{8B44F7AF}$	$T[26] = \text{C33707D6}$	$T[42] = \text{EAA127FA}$	$T[58] = \text{FE2CE6E0}$
$T[11] = \text{FFFF5BB1}$	$T[27] = \text{F4D50D87}$	$T[43] = \text{D4EF3085}$	$T[59] = \text{A3014314}$
$T[12] = \text{895CD7BE}$	$T[28] = \text{455A14ED}$	$T[44] = \text{04881D05}$	$T[60] = \text{4E0811A1}$
$T[13] = \text{6B901122}$	$T[29] = \text{A9E3E905}$	$T[45] = \text{D9D4D039}$	$T[61] = \text{F7537E82}$
$T[14] = \text{FD987193}$	$T[30] = \text{FCEFA3F8}$	$T[46] = \text{E6DB99E5}$	$T[62] = \text{BD3AF235}$
$T[15] = \text{A679438E}$	$T[31] = \text{676F02D9}$	$T[47] = \text{1FA27CF8}$	$T[63] = \text{2AD7D2BB}$
$T[16] = \text{49B40821}$	$T[32] = \text{8D2A4C8A}$	$T[48] = \text{C4AC5665}$	$T[64] = \text{EB86D391}$

(5)输出:消息的 L 个分组都被处理完后,最后一个分组的输出即是 128 比特的 Hash 值。

MD5 的处理过程归纳如下:

$$CV_0 = IV$$
$$CV_{q+1} = \text{SUM}_{32}(CV_q, f_I(m_q, f_H(m_q, f_G(m_q, f_F(m_q, CV_q)))))$$
$$MD = CV_L$$

其中,IV 是第(3)步定义的缓冲区 ABCD 的初值,m_q 是消息的第 q 个 512 比特的分组,L 是消息分组的个数(包括填充的比特和长度域),CV_q 为处理消息的第 q 个分组时所使用的链接变量,f_x 为使用基本逻辑函数 x 的轮函数(x 可以为 F、G、H、I),SUM_{32} 为对应字节执行模 2^{32} 加法运算,MD 为最终输出的 Hash 值。

2. MD5 的压缩函数

下面详细介绍压缩函数 H_{MD5} 的每一轮处理过程。H_{MD5} 的每一轮都对缓冲区

ABCD 进行 16 步迭代运算,每步迭代运算形式为(图 6.5)
$$A \leftarrow B + \text{CLS}_s(A + g(B,C,D) + X[k] + T[i])$$
其中,A、B、C、D 为缓冲区中的 4 个字,运算完成后再循环右移 1 个字,就得到了这一步迭代的输出。g 是基本逻辑函数 F、G、H、I 之一。CLS_s 是 32 比特的变量循环左移 s 位,s 的取值见表 6.2。$X[k] = Y[q \times 16 + k]$,即消息第 q 个分组中的第 k 个字($k = 0, \cdots, 15$)。$T[i]$ 为表 T 中的第 i 个字,$+$ 为模 2^{32} 加法。

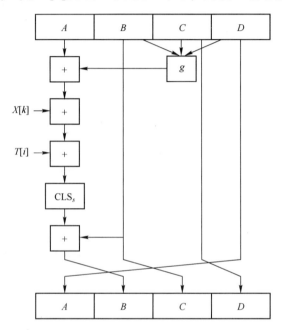

图 6.5 MD5 压缩函数中的一步迭代过程

表 6.2 压缩函数中每步循环左移位数表

左移位数	1	2	3	4	5	6	7	8	9	10	11	12	13	14	15	16
1	7	12	17	22	7	12	17	22	7	12	17	22	7	12	17	22
2	5	9	14	20	5	9	14	20	5	9	14	20	5	9	14	20
3	4	11	16	23	4	11	16	23	4	11	16	23	4	11	16	23
4	6	10	15	21	6	10	15	21	6	10	15	21	6	10	15	21

每轮使用 1 个基本逻辑函数,每个逻辑函数的输入是 3 个 32 比特的字,输出是 1 个 32 比特的字,其中的运算为逐比特的逻辑运算,函数的定义如表 6.3 所示,其中 ∧、∨、-、⊕ 分别为逻辑与、逻辑或、逻辑非和异或运算,表 6.4 给出了

这 4 个函数的真值表。

表 6.3 MD5 中基本逻辑函数的定义

轮 数	基本逻辑函数 g	函 数 值
1	$F(B,C,D)$	$(B \land C) \lor (\overline{B} \land D)$
2	$G(B,C,D)$	$(B \land D) \lor (C \land \overline{D})$
3	$H(B,C,D)$	$B \oplus C \oplus D$
4	$I(B,C,D)$	$C \oplus (B \lor \overline{D})$

表 6.4 MD5 的基本逻辑函数的真值表

B	C	D	F	G	H	I
0	0	0	0	0	0	1
0	0	1	1	0	1	0
0	1	0	0	1	1	0
0	1	1	1	0	0	1
1	0	0	0	0	1	1
1	0	1	0	1	0	1
1	1	0	1	1	0	0
1	1	1	1	1	1	0

当前要处理的 512 比特的分组保存于 $X[0\cdots15]$，其元素是一个 32 比特的字。$X[i]$ 在每轮中恰好被使用一次，不同轮中其使用顺序不同。第 1 轮的使用顺序为初始顺序，第 2 轮到第 4 轮的使用顺序分别由下列置换确定：

$$\rho_2(i) \equiv (1+5i) \mod 16$$
$$\rho_3(i) \equiv (5+3i) \mod 16$$
$$\rho_4(i) \equiv 7i \mod 16$$

其中，$i = 0,1,\cdots,15$。

表 T 中的每个字在每轮中恰好被使用一次，每步迭代只更新缓冲区 ABCD 中的一个字。因此，缓冲区的每个字在每轮中被更新四次。每轮都使用了循环左移，且不同轮中循环左移的位数不同，这些复杂的变换都是为了使函数具有抗碰撞性。

例 6.2 设消息的第 1 个分组 m_0 为
$X[0], X[1], X[2], X[3], X[4], X[5], X[6], X[7], X[8], X[9],$

$X[10],X[11],X[12],X[13],X[14],X[15]$

第1轮的16步依次使用

$X[0],X[1],X[2],X[3],X[4],X[5],X[6],X[7],X[8],X[9],X[10],$
$X[11],X[12],X[13],X[14],X[15]$

第2轮的16步依次使用

$X[1],X[6],X[11],X[0],X[5],X[10],X[15],X[4],X[9],X[14],$
$X[3],X[8],X[13],X[2],X[7],X[12]$

第3轮的16步依次使用

$X[5],X[8],X[11],X[14],X[1],X[4],X[7],X[10],X[13],X[0],$
$X[3],X[6],X[9],X[12],X[15],X[2]$

第4轮的16步依次使用

$X[0],X[7],X[14],X[5],X[12],X[3],X[10],X[1],X[8],X[15],$
$X[6],X[13],X[4],X[11],X[2],X[9]$

6.3 Hash 函数 SHA

安全哈希算法(secure hash algorithm,SHA)由 NIST 设计并于1993年作为联邦信息处理标准(FIPS PUB 180)发布,修订版于1995年发布(FIPS PUB 180-1),通常称为 SHA-1。

1. 算法描述

SHA-1 算法的输入为长度小于 2^{64} 比特的消息,对消息按512比特长的分组为单位进行处理,输出为160比特的 Hash 值。该算法的处理过程与 MD5 的处理过程相似,但 Hash 值和链接变量的长度为160比特,如图6.6所示。

SHA-1 的处理过程包含以下几步:

(1) 填充消息:与 MD5 的步骤(1)完全相同。

(2) 填充长度:用64比特表示填充前消息的长度,并将其附在步骤(1)所得结果之后(最高有效字节在前)。如果消息长度大于 2^{64},则以 2^{64} 为模数取模。值得注意的是,在 MD5 中是按最低有效字节在前填充的。

(3) 初始化 MD 缓冲区:SHA-1 的中间结果和最终结果保存于160比特的缓冲区中,缓冲区用5个32比特长的寄存器(A,B,C,D,E)表示(十六进制),即

$A = 67452301$

$B = EFCDAB89$

$C = 98BADCFE$

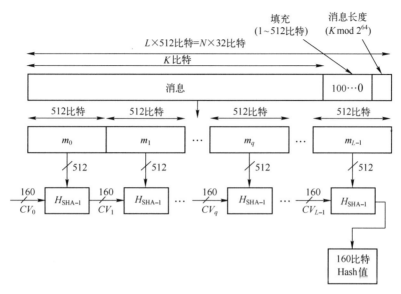

图 6.6 SHA-1 算法描述

$D = 10325476$
$E = C3D2E1F0$

其中,前 4 个值与 MD5 中使用的值相同,但在 SHA-1 中这些值是按最高有效字节优先的顺序存储数据,也就是将最高有效字节存储在低地址字节位置,即

A:67452301
B:EFCDAB89
C:98BADCFE
D:10325476
E:C3D2E1F0

(4) 以 512 比特的分组(16 个字)为单位处理消息;SHA-1 的压缩函数由 4 轮运算组成,每轮又由 20 步组成,如图 6.7 所示。这 4 轮运算结构相同,但各轮使用的逻辑函数不同,分别为 f_1、f_2、f_3、f_4。每轮的输入为当前要处理的消息分组 m_q 和缓冲区的当前值 A、B、C、D、E,输出仍放在缓冲区中以产生新的 A、B、C、D、E。每轮使用一个加法常量 K_t,其中 $0 \leq t \leq 79$ 表示迭代步数。80 个常量中实际上只有 4 个不同取值,如表 6.5 所示,其中 $\lfloor x \rfloor$ 为 x 的整数部分。第 4 轮的输出再与第 1 轮的输入 CV_q 相加得到 CV_{q+1},这里的相加是指缓冲区中的 5 个字与 CV_q 中对应的 5 个字分别模 2^{32} 相加。

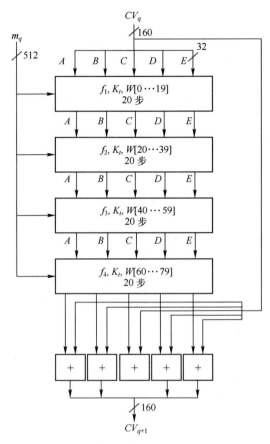

图 6.7 SHA-1 的分组处理过程

表 6.5 加法常量 K_t

步数 t	K_t（十六进制）	K_t（十进制）
$0 \leq t \leq 19$	5A827999	$\lfloor 2^{30} \times \sqrt{2} \rfloor$
$20 \leq t \leq 39$	6ED9EBA1	$\lfloor 2^{30} \times \sqrt{3} \rfloor$
$40 \leq t \leq 59$	8F1BBCDC	$\lfloor 2^{30} \times \sqrt{5} \rfloor$
$60 \leq t \leq 79$	CA62C1D6	$\lfloor 2^{30} \times \sqrt{10} \rfloor$

（5）输出：消息的 L 个分组都被处理完后，最后一个分组的输出即是 160 比特的 Hash 值。

SHA-1 的处理过程归纳如下：

$$CV_0 = IV$$

$$CV_{q+1} = \text{SUM}_{32}(CV_q, f_4(m_q, f_3(m_q, f_2(m_q, f_1(m_q, CV_q)))))$$
$$MD = CV_L$$

其中,IV 是第(3)步定义的缓冲区 ABCDE 的初值,m_q 是消息的第 q 个 512 比特的分组,L 是消息分组的个数,CV_q 为处理消息的第 q 个分组时所使用的链接变量,f_1、f_2、f_3 和 f_4 为使用的基本逻辑函数,SUM_{32} 为对应字节执行模 2^{32} 加法运算,MD 为最终输出的 Hash 值。

2. SHA-1 的压缩函数

下面详细介绍 SHA-1 的压缩函数的每一轮处理过程。压缩函数的每一轮都对缓冲区 ABCDE 进行 20 步迭代运算,每步迭代运算形式为(图 6.8)

$$A, B, C, D, E \leftarrow (E + f_t(B, C, D) + \text{CLS}_5(A) + W_t + K_t), A, \text{CLS}_{30}(B), C, D$$

其中,A、B、C、D、E 为缓冲区中的 5 个字,运算完成后再循环右移 1 个字,就得到了这一步迭代的输出。t 是迭代的步数($0 \leq t \leq 79$),$f_t(B, C, D)$ 是第 t 步使用的基本逻辑函数。CLS_s 是 32 比特的变量循环左移 s 位(s 取 5 或 30)。W_t 是从当前输入的 512 比特的消息分组导出的 32 比特长的字,K_t 是加法常量(表 6.5),$+$ 为模 2^{32} 加法。

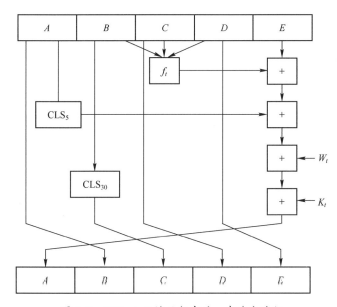

图 6.8 SHA-1 压缩函数中的一步迭代过程

每轮使用 1 个基本逻辑函数,每个逻辑函数的输入是 3 个 32 比特的字,输出是 1 个 32 比特的字,其中的运算为逐比特的逻辑运算,即输出的第 n 个比特是 3 个输入的第 n 个比特的函数,函数的定义如表 6.6 所示,其中 ∧,∨,-,⊕ 分别为逻辑与、逻辑或、逻辑非和异或运算,表 6.7 给出了这些函数的真值表。

表 6.6 SHA-1 中基本逻辑函数的定义

步 数	函数名称 f_t	函 数 值
$0 \leqslant t \leqslant 19$	$f_1(B,C,D)$	$(B \wedge C) \vee (\overline{B} \wedge D)$
$20 \leqslant t \leqslant 39$	$f_2(B,C,D)$	$B \oplus C \oplus D$
$40 \leqslant t \leqslant 59$	$f_3(B,C,D)$	$(B \wedge C) \vee (B \wedge D) \vee (C \wedge D)$
$60 \leqslant t \leqslant 79$	$f_4(B,C,D)$	$B \oplus C \oplus D$

表 6.7 SHA-1 的基本逻辑函数的真值表

B	C	D	f_1	f_2	f_3	f_4
0	0	0	0	0	0	0
0	0	1	1	1	0	1
0	1	0	0	1	0	1
0	1	1	1	0	1	0
1	0	0	0	1	0	1
1	0	1	0	0	1	0
1	1	0	1	0	1	0
1	1	1	1	1	1	1

图 6.9 显示了如何将当前输入的 512 比特的分组导出为 32 比特的字 W_t。W_t 的前 16 个值(即 $W_0,W_1,\cdots,W_{15}$)为当前输入分组的第 t 个字,其余值(即 $W_{16},W_{17},\cdots,W_{79}$)产生方式为

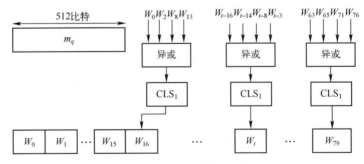

图 6.9 W_t 的产生过程

$$W_t = \text{CLS}_1(W_{t-16} \oplus W_{t-14} \oplus W_{t-8} \oplus W_{t-3})$$

即前面 4 个 W_t 值异或后循环左移 1 位的结果。

6.4 基于分组密码的 Hash 函数

除了 MD5 和 SHA-1 这些专用 Hash 函数外,还可以利用分组密码来构造一个 Hash 函数。在 5.4 节分组密码的工作模式中,我们知道 CBC 和 CFB 模式中的密文块 c_i 依赖于明文块 m_i 以及所有前面的明文块,这一特点与 Hash 函数要求的单向性和抗碰撞性相同。此外,如果取最后一个密文块为 Hash 值,则与 Hash 函数要求的压缩性相同。

设 E_k 是一个分组长度为 n 的分组密码加密算法,密钥为 k。对于任意的消息 m,首先对其进行分组,使得每组的长度为 n。如果 m 的长度不是 n 的倍数,则在 m 的最后适当添加一些数据使得 m 的长度恰好为 n 的倍数。设 $m = m_0 m_1 \cdots m_{L-1}$,图 6.10 给出了一个基于分组密码 CBC 模式的 Hash 函数,其中 IV 是密钥的初始值,它用于加密第一个分组 m_0,得到的密文与第一个分组 m_0 做异或运算,并将这个结果用作第二个分组的密钥。这个过程持续进行,最后的输出 H_L 就是 Hash 值。

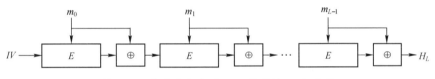

图 6.10 基于分组密码 CBC 模式的 Hash 函数

图 6.10 的 Hash 函数也可以用下式表示:

$$H_0 = IV$$
$$H_i = E_{H_{i-1}}(m_{i-1}) \oplus m_{i-1} \quad (1 \leq i \leq L)$$
$$h(m) = H_L$$

事实上,有许多种使用分组密码来构造 Hash 函数的方法。1993 年,Preneel、Govaerts 和 Vandewalle 提出了 64 种构造方法,发现只有 12 种构造方法是安全的。2002 年,Black、Rogaway 和 Shrimpton 修改了这 64 种构造方法,并发现其中有 20 种构造方法都是安全的。图 6.11 给出了其中的两种构造方法。这两种构造方法也可以用下式表示:

$$H_i = E_{H_{i-1}}(m_{i-1} \oplus H_{i-1}) \oplus m_{i-1} \oplus H_{i-1} \quad \text{(a)}$$
$$H_i = E_{m_{i-1} \oplus H_{i-1}}(m_{i-1}) \oplus m_{i-1} \oplus H_{i-1} \quad \text{(b)}$$

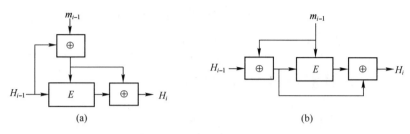

图 6.11　两种使用分组密码来构造 Hash 函数的方法

然而,使用分组密码来构造 Hash 函数存在许多缺陷。例如,像 DES 这样的分组密码只用 64 比特,它将 Hash 函数的值限制为 64 比特,对于安全的 Hash 函数来说这样的值太小了。除此之外,对于有效地使用 Hash 函数来说,典型的分组加密算法速度稍慢。

6.5　HMAC

消息认证码(message authentication code,MAC)是一种验证消息完整性的密码算法。发送者输入一个消息 m 和一个密钥 k,输出一个固定长度的认证码 $c = \text{MAC}(k \| m)$。接收者利用相同的密钥再次计算该消息的认证码 $c' = \text{MAC}(k \| m)$。如果接收者计算出的认证码 c' 与收到的认证码 c 相同,则接收者可以确定该消息在传输过程中没有被篡改,如图 6.12 所示。

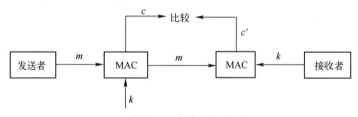

图 6.12　消息认证码

我们可以利用 Hash 函数来构造消息认证码,称为 HMAC。但直接使用基于 Merkle 迭代型 Hash 函数(如 MD5 和 SHA-1)来构造消息认证码是不安全的。设 $h(k \| m)$ 是直接利用 Hash 函数计算的认证码,w 是一个新的消息,将这两者输入到压缩函数 f 进行运算,就可以在没有密钥 k 的情况下计算出新消息 $m \| w$ 的认证码 $h(k \| m \| w)$。$h(k \| m)$ 在这里相当于链接变量。为了克服上述缺陷,Krawczyk,Bellare 和 Canetti 提出了一种非直接构造方法,如图 6.13 所示,其步骤如下:

(1) 设 Hash 函数处理消息的分组长度为 B 字节,输出的 Hash 值为 L 字节,

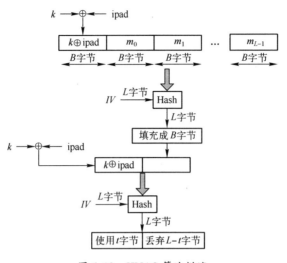

图 6.13 HMAC 算法描述

MAC 输出值为 t 字节($4 \leqslant t \leqslant L$)。如果密钥 k 大于 B 字节,则使用 $h(k)$ 代替 k;如果密钥 k 小于 B 字节,则在其末尾填充 0 直到其长度达到 Hash 函数的分组长度。

(2) 计算

$$h(k \oplus \text{opad} \parallel h(k \oplus \text{ipad} \parallel m))$$

其中,opad 和 ipad 是两个长度为 B 字节的固定的比特串。在十六进制下,opad 为 5C 的不断重复,ipad 为 36 的不断重复。

(3) 截取 Hash 值最左边 t 字节为 MAC 值。

6.6 Hash 函数的分析方法

评价 Hash 函数的一个最好方法是看攻击者找到一对碰撞消息所花费的代价有多大。假设攻击者知道 Hash 算法,其主要目标是找到一对或更多对的碰撞消息。下面介绍常用的分析 Hash 函数的方法。

1. 生日攻击

生日攻击是对 Hash 函数进行分析和计算碰撞消息的一般方法。它没有利用 Hash 函数的结构和任何代数弱性质,只依赖于消息摘要的长度。这种攻击方法给出了 Hash 函数具备安全性的一个必要条件。生日攻击来源于"生日问题"。生日问题是指在 k 个人中至少有两个人的生日相同的概率大于 0.5 时,k 至少多大?这个问题的答案是 23。在 Hash 函数中寻找一个碰撞与寻找相同生日的两个人是同一回事。下面详细介绍两类生日攻击问题。

定义 6.1 第 I 类生日攻击问题是指已知 Hash 函数 h 有 n 个可能的输出，$h(x)$ 是一个特定的输出，如果随机取 k 个输入，则至少有一个输入 y 使得 $h(y)=h(x)$ 的概率为 0.5 时，k 有多大？

第 I 类生日攻击问题对应着 Hash 函数的抗弱碰撞性问题。因为 h 有 n 个可能的输出，所以输入 y 产生的输出 $h(y)$ 等于特定值 $h(x)$ 的概率为 $1/n$。也就是说，
$$h(y) \neq h(x)$$
的概率为 $1-1/n$。y 取 k 个随机值而 k 个输出中都不等于特定值 $h(x)$ 的概率为
$$\left(1-\frac{1}{n}\right)^k$$
因此，y 取 k 个随机值而 k 个输出中至少有一个等于特定值 $h(x)$ 的概率为
$$1-\left(1-\frac{1}{n}\right)^k$$

根据泰勒级数
$$(1+x)^k = 1 + kx + \frac{k(k-1)}{2!}x^2 + \frac{k(k-1)(k-2)}{3!}x^3 + \cdots$$
有
$$\left(1-\frac{1}{n}\right)^k \approx 1-\frac{k}{n} \left(\left|-\frac{1}{n}\right| \ll 1\right)$$
因此，第 I 类生日攻击问题就是要求
$$1-\left(1-\frac{1}{n}\right)^k \approx 1-\left(1-\frac{k}{n}\right) = \frac{k}{n} = 0.5$$
得出结论 $k=n/2$。

定义 6.2 第 II 类生日攻击问题是指已知 Hash 函数 h 有 n 个可能的输出，如果随机取 k 个输入，则至少有两个不同的输入 x,y，使得 $h(x)=h(y)$ 的概率为 0.5 时，k 有多大？

第 II 类生日攻击问题对应着 Hash 函数的抗强碰撞性问题。因为 h 有 n 个可能的输出，所以任意取两个不同的输入 x,y，使得 $h(x) \neq h(y)$ 的概率为
$$\left(1-\frac{1}{n}\right)$$
任意取 k 个输入，产生的 Hash 值都不冲突的概率为
$$\left(1-\frac{1}{n}\right)\left(1-\frac{2}{n}\right)\cdots\left(1-\frac{k-1}{n}\right)$$
根据指数函数的泰勒级数
$$e^{-x} = 1 - x + \frac{x^2}{2!} - \frac{x^3}{3!} + \cdots$$

有
$$\left(1-\frac{1}{n}\right)\left(1-\frac{2}{n}\right)\cdots\left(1-\frac{k-1}{n}\right) \approx e^{-\frac{1}{n}} e^{-\frac{2}{n}} \cdots e^{-\frac{k-1}{n}} = e^{-\frac{k(k-1)}{2n}} \quad \left(\left|\frac{1}{n}\right| \ll 1\right)$$

因此,第Ⅱ类生日攻击问题就是要求
$$1 - e^{-\frac{k(k-1)}{2n}} = 0.5$$

即求
$$e^{-\frac{k(k-1)}{2n}} = 0.5$$

对上述等式两边取自然对数,得
$$-\frac{k(k-1)}{2n} = \ln 0.5$$

由于实际中 $k \gg 1$,则 $k(k-1) = k^2 - k \approx k^2$。得出结论
$$k \approx \sqrt{2n\ln 2} \approx 1.177\sqrt{n}$$

如果取 $n=365$,则 $k=22.49$,即只需要 23 人,就能以大于 0.5 的概率找到两个生日相同的人。

由于第Ⅱ类生日攻击需要的输入远远小于第Ⅰ类生日攻击的输入,因此第Ⅱ类生日攻击问题要比第Ⅰ类生日攻击问题容易。相应的,抗强碰撞性比抗弱碰撞性要求更高。生日攻击意味着安全消息摘要的长度有一个下界,40 比特消息摘要是非常不安全的,因为仅在 2^{20} 个随机的 Hash 值中就可以以 0.5 的概率找到一个碰撞。通常建议消息摘要的长度至少为 128 比特。安全 Hash 算法 SHA 的输出长度选为 160 比特正是出于这种考虑。

2. 差分攻击

差分分析是 Biham 和 Shamir 提出针对迭代分组密码的分析方法,其基本思想是通过分析特定明文差对密文差的影响来获得可能性最大的密钥,通常差分分析是指异或差分。在对 Hash 函数进行分析时,采用模差分更加有效,其主要原因是大多数 Hash 函数的基本操作,包括每步中的操作,都是模加运算。特别是每步中的最后操作都是模加运算,这将决定最后的输出差分。在 2004 年美密会(Crypto 2004)上,我国山东大学的王小云教授做的破译 MD5、HAVAL-128、MD4 和 RIPEMD 算法的报告震惊了整个密码学界。不过在当时,世界密码学界仍然认为 SHA-1 是安全的。2005 年 2 月 7 日,NIST 对外宣称 SHA-1 还没有被攻破,而且也没有足够的理由怀疑它会很快被破译,但仅仅几个月之后,王小云就宣布了破译 SHA-1 的消息,再一次震惊了世界密码学界。王小云的攻击方法主要采用模差分的思想。根据每圈中模减差分和异或差分,得到差分特征。通过两种差分的结合,提出了新的一系列 Hash 函数攻击的有效方法。不过从技术

上讲,MD5 和 SHA-1 的碰撞可在短时间内被求出并不意味着两种算法完全失效,但无论如何,王小云的方法已经为短时间内找到 MD5 和 SHA-1 的碰撞成为可能。下面介绍王小云在报告中给出的 MD5 碰撞的一个例子,粗体字符表示两个消息的不同之处。

设 m_1 表示消息(十六进制表示):

```
00000000   d1 31 dd 02 c5 e6 ee c4   69 3d 9a 06 98 af f9 5c
00000010   2f ca b5 87 12 46 7e ab   40 04 58 3e b8 fb 7f 89
00000020   55 ad 34 06 09 f4 b3 02   83 e4 88 83 25 71 41 5a
00000030   08 51 25 e8 f7 cd c9 9f   d9 1d bd f2 80 37 3c 5b
00000040   96 0b 1d d1 dc 41 7b 9c   e4 d8 97 f4 5a 65 55 d5
00000050   35 73 9a c7 f0 eb fd 0c   30 29 f1 66 d1 09 b1 8f
00000060   75 27 7f 79 30 d5 5c eb   22 e8 ad ba 79 cc 15 5c
00000070   ed 74 cd dd 5f c5 d3 6d   b1 9b 0a d8 35 cc a7 e3
```

m_2 表示消息(十六进制表示):

```
00000000   d1 31 dd 02 c5 e6 ee c4   69 3d 9a 06 98 af f9 5c
00000010   2f ca b5 07 12 46 7e ab   40 04 58 3e b8 fb 7f 89
00000020   55 ad 34 06 09 f4 b3 02   83 e4 88 83 25 f1 41 5a
00000030   08 51 25 e8 f7 cd c9 9f   d9 1d bd 72 80 37 3c 5b
00000040   96 0b 1d d1 dc 41 7b 9c   e4 d8 97 f4 5a 65 55 d5
00000050   35 73 9a 47 f0 eb fd 0c   30 29 f1 66 d1 09 b1 8f
00000060   75 27 7f 79 30 d5 5c eb   22 e8 ad ba 79 4c 15 5c
00000070   ed 74 cd dd 5f c5 d3 6d   b1 9b 0a 58 35 cc a7 e3
```

则 $\text{MD5}(m_1) = \text{MD5}(m_2) = $ a4c0d35c95a63a805915367dcfe6b751。

6.7 Hash 函数的应用

Hash 函数在信息安全领域具有广泛的应用,下面给出三个例子。
(1) 数字签名。
Hash 函数可以将任意长度的消息压缩成某一固定长度的消息摘要。消息摘要通常要比消息本身小得多,因此对消息摘要进行签名要比对消息本身直接签名高效得多,所以数字签名通常都是对消息摘要进行处理。
(2) 生成程序或文档的"数字指纹"。
对程序或文档进行 Hash 运算可以生成一个"数字指纹"。将该"数字指纹"与存放在安全地方的原有"指纹"进行比对就可以发现病毒或入侵者是否对程序或文档进行了修改,即将使用 Hash 运算生成的 Hash 值与保存的数据进行比较。如果相等,则说明数据是完整的,否则,说明数据已经被篡改。

（3）安全存储口令。

在系统中保存用户的 ID 和其口令的 Hash 值,而不是口令本身,将大大提高系统的安全性。当用户进入系统时要求输入口令,系统重新计算口令的 Hash 值并与系统中保存的数据相比较。如果相等,则说明用户的口令是正确的,允许用户进入系统,否则系统将拒绝用户登录,如图 6.14 所示。

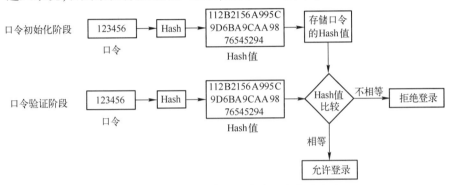

图 6.14　Hash 函数在安全存储口令中的应用

习题六

1. 什么是 Hash 函数？Hash 函数的基本要求和安全性要求是什么？
2. 设 $H_1:\{0,1\}^{2n}\to\{0,1\}^n$ 是一个抗强碰撞性的 Hash 函数。定义

$$H_2:\begin{cases}\{0,1\}^{4n}\to\{0,1\}^n\\ x_1\|x_2\to H_1(H_1(x_1)\|H_1(x_2))\end{cases}$$

其中,$x_1,x_2\in\{0,1\}^{2n}$。证明 H_2 也是一个抗强碰撞性的 Hash 函数。

3. 简要说明 MD5 和 SHA-1 的相同点和不同点。
4. 在 SHA-1 算法中,计算 $W_{16},W_{17},W_{18},W_{19}$。
5. 用公钥密码体制 RSA 来构造一个 Hash 函数。将 m 分成 2 组,即 $m=m_1m_2$,固定一个 RSA 密钥 (e,n) 并定义如下一个 Hash 函数

$$h=(m_1^e \bmod n)\oplus m_2$$

试找出上述 Hash 函数的一个碰撞。

第7章 公钥密码

本章首先介绍一些数论知识,包括一次同余式、中国剩余定理、二次剩余、指数与原根,其次介绍公钥密码体制的基本概念和原理,最后介绍几种重要的公钥密码算法,包括 RSA 公钥密码体制、ElGamal 公钥密码体制、Rabin 公钥密码体制和椭圆曲线公钥密码体制等。

7.1 一次同余式与中国剩余定理

定义 7.1 给定整数 a,b 和正整数 n,当 $a \bmod n \neq 0$,则称 $ax \equiv b \bmod n$ 为模 n 的一次同余式,其中 x 为变量。

定理 7.1 一次同余式 $ax \equiv b \bmod n$ 有解,当且仅当 $\gcd(a,n) \mid b$。如果这个同余式有解,则共有 $\gcd(a,n)$ 个不同的解。

如果 x_0 是满足 $ax \equiv b \bmod n$ 的一个整数,则满足 $x \equiv x_0 \bmod n$ 的所有整数也能满足 $ax \equiv b \bmod n$。也就是说,x_0 的同余类都满足 $ax \equiv b \bmod n$。我们称 x_0 的同余类为同余式的一个解。

在密码学中,有时候需要求解一次同余式组:

$$\begin{cases} x \equiv b_1 \bmod n_1 \\ x \equiv b_2 \bmod n_2 \\ \quad \vdots \\ x \equiv b_k \bmod n_k \end{cases}$$

其中,当 $i \neq j$ 时,$\gcd(n_i, n_j) = 1$。

在我国古代的《孙子算经》中就提到了这种形式的问题:"今有物不知其数,三三数之剩二,五五数之剩三,七七数之剩二,问物几何"。这个问题实际上是求下面的一个同余式组:

$$\begin{cases} x \equiv 2 \bmod 3 \\ x \equiv 3 \bmod 5 \\ x \equiv 2 \bmod 7 \end{cases}$$

中国剩余定理给出了如何求解这样问题的方法。

定理 7.2(中国剩余定理) 设 $n_1, n_2, \cdots, n_k$ 是两两互素的正整数，$b_1, b_2, \cdots, b_k$ 是任意 k 个整数，则同余式组

$$\begin{cases} x \equiv b_1 \bmod n_1 \\ x \equiv b_2 \bmod n_2 \\ \quad \vdots \\ x \equiv b_k \bmod n_k \end{cases}$$

在模 $N = n_1 n_2 \cdots n_k$ 下有唯一解

$$x \equiv \sum_{i=1}^{k} b_i N_i y_i \bmod N$$

其中，$N_i = N/n_i, y_i \equiv N_i^{-1} \bmod n_i, i = 1, 2, \cdots, k$。

例 7.1 求同余式组

$$\begin{cases} x \equiv 2 \bmod 3 \\ x \equiv 3 \bmod 5 \\ x \equiv 2 \bmod 7 \end{cases}$$

的解。

解：根据定理 7.2 知，$n_1 = 3, n_2 = 5, n_3 = 7, b_1 = 2, b_2 = 3, b_3 = 2$，首先，计算 $N = 3 \times 5 \times 7 = 105, N_1 = 105/3 = 35, N_2 = 105/5 = 21, N_3 = 105/7 = 15$。其次，计算 $y_1 \equiv 35^{-1} \bmod 3 = 2 \bmod 3, y_2 \equiv 21^{-1} \bmod 5 = 1 \bmod 5, y_3 \equiv 15^{-1} \bmod 7 = 1 \bmod 7$。最后计算

$$x \equiv 2 \times 35 \times 2 + 3 \times 21 \times 1 + 2 \times 15 \times 1 \bmod 105 = 23 \bmod 105$$

7.2 二次剩余

定义 7.2 令 n 为正整数，若一整数 a 满足 $\gcd(a, n) = 1$ 且 $x^2 \equiv a \bmod n$ 有解，则称 a 为模 n 的二次剩余；否则称 a 为模 n 的二次非剩余。

例 7.2 设 $n = 7$，因为

$$1^2 \equiv 1 \bmod 7, 2^2 \equiv 4 \bmod 7$$
$$3^2 \equiv 2 \bmod 7, 4^2 \equiv 2 \bmod 7$$
$$5^2 \equiv 4 \bmod 7, 6^2 \equiv 1 \bmod 7$$

所以 1,2,4 是模 7 的二次剩余，而 3,5,6 是模 7 的二次非剩余。

容易证明，如果 p 是素数，则模 p 的二次剩余的个数为 $(p-1)/2$，模 p 的二次非剩余的个数也为 $(p-1)/2$。

可以利用欧拉判别法则来判别一个数是否是模 p 的二次剩余。

定理 7.3(欧拉判别法则) 设 p 是奇素数,如果 a 是模 p 的二次剩余,则
$$a^{\frac{p-1}{2}} \equiv 1 \bmod p$$
如果 a 是模 p 的二次非剩余,则
$$a^{\frac{p-1}{2}} \equiv -1 \bmod p$$

7.3 指数与原根

定义 7.3 设 n 是大于 1 的正整数,如果 $\gcd(a,n)=1$,则使同余式
$$a^d \equiv 1 \bmod n$$
成立的最小正整数 d 称为 a 对模 n 的指数(或阶)。如果 a 对模 n 的指数是 $\phi(n)$,则 a 称为模 n 的一个原根(本原元或生成元)。

对于任意模 n,原根并不一定存在。模 n 的原根存在的充分必要条件是
$$n = 2, 4, p^\alpha, 2p^\alpha$$
其中,p 是奇素数,$\alpha \geq 1$。原根的个数为 $\phi(\phi(n)) = \phi(n-1)$。

下面的定理给出了求原根的一个方法。

定理 7.4 设 $\phi(n)$ 的不同素因子为
$$q_1, q_2, \cdots, q_k$$
$\gcd(g,n)=1$,则 g 是模 n 的一个原根的充分必要条件是
$$g^{\frac{\phi(n)}{q_i}} \not\equiv 1 \bmod n, i = 1, 2, \cdots, k$$

例 7.3 设 $n = 11$,则 $\phi(11) = 10 = 2 \times 5, q_1 = 2, q_2 = 5$。所以 g 是模 11 的原根的充分必要条件是
$$g^{\frac{10}{2}} \not\equiv 1 \bmod 11, g^{\frac{10}{5}} \not\equiv 1 \bmod 11$$
即
$$g^5 \not\equiv 1 \bmod 11, g^2 \not\equiv 1 \bmod 11$$
下面逐一验证 1,2,3,4,5,6,7,8,9,10 是否是模 11 的原根。
$$1^5 \equiv 1 \bmod 11$$
$$2^5 \equiv 10 \bmod 11, 2^2 \equiv 4 \bmod 41$$
所以 2 是模 11 的一个原根。

此外,根据性质:如果 $(d, \phi(n)) = 1$,则 g 和 g^d 具有相同的阶,可以求出其他的原根 $2^3 \equiv 8 \bmod 11, 2^7 \equiv 7 \bmod 11, 2^9 \equiv 6 \bmod 11$。所以,模 11 的原根有 $\phi(\phi(11)) = \phi(10) = 4$ 个,分别为 2,6,7,8。

7.4 素性检测

密码算法经常需要产生一个素数。素性检测是指判断一个数是否为素数的方法,可以根据费马(Fermat)定理来设计。

定理 7.5(费马定理) 设 p 为素数,$\phi(p)=p-1$,对任意正整数 a 且 $\gcd(a,p)=1$,则

$$a^{p-1} \equiv 1 \bmod p$$

从费马定理可知,如果 $a^{n-1} \not\equiv 1 \bmod n$,则 n 一定是合数;如果 $a^{n-1} \equiv 1 \bmod n$,则 n 可能是素数,也可能是合数。

例 7.4 设 $a=2, n=35$,有

$$2^{34} \equiv 9 \not\equiv 1 \bmod 35$$

35 为合数。当 $n=7$ 时,有

$$2^6 \equiv 1 \bmod 7$$

7 为素数。但当 $n=341$ 时,有

$$2^{340} \equiv 1 \bmod 341$$

$341 = 11 \times 31$ 为合数。

Miller 和 Rabin 基于费马定理,设计了一个概率性素性检测算法。下面给出具体的伪代码。

输入:n
输出:n 是合数或者可能是素数
把 $n-1$ 写成 $n-1=2^k q$ 的形式,这里 q 是奇数。
随机选择整数 a 且 $1<a<n-1$
计算 $a=a^q \bmod n$
if $a \equiv 1 \bmod n$, return "n 可能是素数"
for $i=0$ to $k-1$
{
  if $a \equiv -1 \bmod n$, return "n 可能是素数"
  计算 $a=a^2 \bmod n$
}
return "n 是合数"

如果 Miller-Rabin 算法返回"n 是合数",则 n 就肯定不是素数;如果 Miller-Rabin 算法返回"n 可能是素数",则需要改变 a 的值重复该算法。如果经过多次重复,该算法都返回"n 可能是素数",则 n 大概率就是素数了。也就是说,如果要判定 n 是合数,一个 a 就足够了,但要判定 n 是素数,则需要选择多个 a。在计算 $a^{n-1} \bmod n$ 时,Miller-Rabin 算法将 $n-1$ 写成 $n-1=2^k q$ 的形式。当

$$a^q \equiv 1 \bmod n$$

时,有

$$a^{n-1} \bmod n = a^{2^k q} \bmod n = (a^q)^{2^k} \bmod n = (1)^{2^k} \bmod n = 1 \bmod n$$

当

$$a^q, a^{2q}, a^{4q}, \cdots, a^{2^{k-1}q}$$

中任一整数和 -1 模 n 同余时,有

$$a^{n-1} \bmod n = 1 \bmod n$$

也就是说,如果

$$a^q \not\equiv 1 \bmod n$$

和

$$a^{2^i q} \not\equiv 1 \bmod n, i=0,1,\cdots,k-1$$

同时成立,则 n 一定是合数。

例 7.5 设 $n=35$,有

$$35-1=34=2\times 17$$

取 $a=2$ 时,有

$$2^{17} \equiv 32 \bmod 35 \not\equiv 1 \bmod 35$$

所以 35 为合数。

7.5 公钥密码的基本概念

1976 年,Diffie 和 Hellman 在《密码学的新方向》(New direction in cryptography)一文中首次提出了公钥密码体制的思想。在当时,几乎所有的密码体制都是对称密码体制,都是基于替换和置换这些初等方法。公钥密码体制与对称密码体制完全不同。首先,公钥密码算法的基本工具不再是替换和置换,而是数学函数;其次,公钥密码算法是非对称的,它使用两个独立的密钥。两个密钥的使用在消息的保密性、密钥分配和认证方面都有着重要意义。公钥密码体制的出现是整个密码学史上最伟大的一次革命,也许可以说是唯一的一次革命。

公钥密码体制的概念是为了解决传统密码系统中最困难的两个问题而提出

的,这两个问题是密钥分配和数字签名。对称密码体制在进行密钥分配时,要求通信双方已经共享了一个密钥,或者利用一个密钥分配中心。对于第一个要求,可以用人工方式传送双方最初的共享密钥,这种方法成本很高,而且还完全依赖于信使的可靠性。第二个要求则完全依赖于密钥分配中心的可靠性。数字签名考虑的问题是如何为电子消息和文件提供一种类似于为书面文件手写签名的方法,它能确保数字签名是出自某个特定的人,并且各方对此均无异议。

7.5.1 公钥密码体制的原理

公钥密码体制在加密和解密时使用不同的密钥,加密密钥简称公钥,解密密钥简称私钥。公钥是公开信息,不需要保密,私钥必须保密。给定公钥,要计算出私钥在计算上是不可行的。这样的通信无需双方预先交换密钥就可以建立保密通信,克服了对称密码体制中通信双方必须预先共享密钥的缺点。

公钥密码体制有两种基本模型:一种是加密模型,另一种是认证模型,如图7.1所示。

(1) 加密模型。如图7.1(a)所示,接收者 B 产生一对密钥(pk_B, sk_B),其中 pk_B 是公钥,将其公开,sk_B 是私钥,将其保密。如果 A 要向 B 发送消息 m,A 先用 B 的公钥 pk_B 加密 m,表示为 $c=E(pk_B,m)$,其中,c 是密文,E 是加密算法,然后发送密文 c 给 B。B 收到密文 c 后,利用自己的私钥 sk_B 解密,表示为 $m=D(sk_B,c)$,其中 D 是解密算法。攻击者希望获得消息 m 或者接收者的私钥 sk_B。

(2) 认证模型。如图7.1(b)所示,A 先用自己的私钥 sk_A 对消息 m 加密,表示为 $c=E(sk_A,m)$,然后发送 c 给 B。B 收到密文 c 后,利用 A 的公钥 pk_A 对 c 解密,表示为 $m=D(pk_A,c)$。由于是用 A 的私钥对消息加密,只有 A 才能做到,c 就可以看作 A 对 m 的数字签名。此外,没有 A 的私钥,任何人都不能篡改 m,所以上述过程获得了对消息来源的认证和数据完整性的保护。当然,攻击者希望伪造出一个消息 m 的签名 c 或者得到发送者的私钥 sk_A。

为了同时提供认证功能和保密性,可以结合上述两种基本模型,使用两次公钥算法。发送者 A 先用自己的私钥 sk_A 对消息 m 加密,得到数字签名,然后再用接收者 B 的公钥 pk_B 进行第二次加密,表示为

$$c=E(pk_B, E(sk_A, m))$$

B 收到密文 c 后,先利用自己的私钥 sk_B 解密,然后再用 A 的公钥 pk_A 进行第二次解密,表示为

$$m=D(pk_A, D(sk_B, c))$$

这种方法的缺点是每次通信都要执行四次复杂的公钥算法而不是两次。

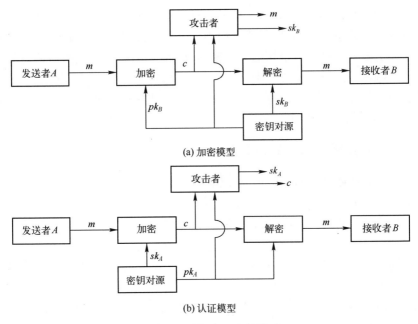

图 7.1 公钥密码体制模型

7.5.2 公钥密码体制的要求

公钥密码体制是建立在两个相关密钥之上的。Diffie 和 Hellman 假定这一体制是存在的,但没有给出一个具体的算法,不过他们给出了这些算法应满足的条件:

(1) 接收者 B 产生一对密钥(公钥 pk_B 和私钥 sk_B)在计算上是容易的。

(2) 已知接收者的公钥 pk_B 和要加密的消息 m,发送者 A 产生相应的密文 $c = E(pk_B, m)$ 在计算上是容易的。

(3) 接收者 B 使用自己的私钥对密文解密以恢复出明文 $m = D(sk_B, c)$ 在计算上是容易的。

(4) 已知公钥 pk_B,敌手要求解私钥 sk_B 在计算上是不可行的。

(5) 已知公钥 pk_B 和密文 c,敌手要恢复出明文 m 在计算上是不可行的。

我们还可以增加一个条件,尽管非常有用,但并不是所有的公钥密码应用都是必需的。

(6) 加密和解密的顺序可以交换,即
$$m = E(pk_B, D(sk_B, m)) = D(sk_B, E(pk_B, m))$$

要满足以上 6 个条件,本质上是要找到一个陷门单向函数(trapdoor one-way

function)。

定义7.4 陷门单向函数是满足下列条件的可逆函数 f：

(1) 对于任意的 x，计算 $y=f(x)$ 是容易的。

(2) 对于任意的 y，计算 x 使得 $y=f(x)$ 是困难的。

(3) 存在陷门 t，已知 t 时，对于任意的 y，计算 x 使得 $y=f(x)$ 是容易的。

只满足条件(1)和(2)的函数称为单向函数(one-way function)，第(3)条称为陷门性，t 称为陷门信息。一个公钥密码算法能够利用陷门单向函数按如下的方式构造：用函数 f 加密，解密者根据条件(3)，利用陷门信息 t 即可求出 $x=f^{-1}(y)$，而敌手所面临的问题是直接根据 $y=f(x)$ 计算 x，条件(2)表明这是不可行的。由此可见，寻找合适的陷门单向函数是构造公钥密码算法的关键。

下面给出一些单向函数的例子，目前大多数公钥密码体制都是基于这些问题构造的。

(1) 大整数分解问题(factorization problem)。

已知两个大素数 p 和 q，求 $n=pq$ 是容易的，只需一次乘法运算，而由 n 求 p 和 q 则是困难的。

(2) 离散对数问题(discrete logarithm problem, DLP)。

给定一个大素数 p，$p-1$ 含另一大素数因子 q，则可构造一个乘法群 $\mathbb{Z}_p^*$，它是一个 $p-1$ 阶循环群。设 g 是 $\mathbb{Z}_p^*$ 的一个生成元，$1<g<p-1$。已知 x，求 $y\equiv g^x \bmod p$ 是容易的，而已知 y,g,p，求 x 使得 $y\equiv g^x \bmod p$ 成立则是困难的。

例7.6 给定一个循环群 $\mathbb{Z}_{11}^* = \{1,2,3,4,5,6,7,8,9,10\}$，其阶为 10。设 $g=2$，有

$$g^2 \equiv 4 \bmod 11 \quad g^3 \equiv 8 \bmod 11 \quad g^4 \equiv 5 \bmod 11$$
$$g^5 \equiv 10 \bmod 11 \quad g^6 \equiv 9 \bmod 11 \quad g^7 \equiv 7 \bmod 11$$
$$g^8 \equiv 3 \bmod 11 \quad g^9 \equiv 6 \bmod 11 \quad g^{10} \equiv 1 \bmod 11$$

即 $g=2$ 为该群的本原元(生成元)，它生成了群里的所有元素。对 7 的离散对数问题就是找到满足

$$2^x \equiv 7 \bmod 11$$

的整数 x。即使这么小的数，找到 x 也不是很容易。使用穷举攻击，可以确定 $x=7$。当然，在实际的密码算法中，使用的数字要大得多。

(3) 多项式求根问题(polynomial root problem)。

有限域 $GF(p)$ 上的一个多项式

$$y=f(x) \equiv x^n + a_{n-1}x^{n-1} + \cdots + a_1 x + a_0 \bmod p$$

已知 $a_0, a_1, \cdots, a_{n-1}, p$ 和 x，求 y 是容易的，而已知 $y, a_0, a_1, \cdots, a_{n-1}$，求 x 则是困

难的。

(4) Diffie-Hellman 问题(Diffie-Hellman problem, DHP)。

给定素数 p,令 g 是 $\mathbb{Z}_p^*$ 的一个生成元。已知 $a=g^x$ 和 $b=g^y$,求 $c=g^{xy}$ 就是 Diffie-Hellman 问题。

(5) 决策性 Diffie-Hellman 问题(decision Diffie-Hellman problem, DDHP)。

给定素数 p,令 g 是 $\mathbb{Z}_p^*$ 的一个生成元。已知 $a=g^x, b=g^y, c=g^z$,判断等式

$$z \equiv xy \bmod p$$

是否成立就是决策性 Diffie-Hellman 问题。

(6) 二次剩余问题(quadratic residue problem)。

给定一个合数 n 和整数 a,判断 a 是否为 $\bmod n$ 的二次剩余,这就是二次剩余问题。在 n 的分解未知时,求 $x^2 \equiv a \bmod n$ 的解也是一个困难问题。

(7) 背包问题(knapsack problem)。

给定向量 $A=(a_1, a_2, \cdots, a_n)$($a_i$ 为正整数)和 $x=(x_1, x_2, \cdots, x_n)$($x_i \in \{0,1\}$),求和式

$$S = f(x) = a_1 x_1 + a_2 x_2 + \cdots + a_n x_n$$

是容易的,而由 A 和 S 求 x 则是困难的,这就是背包问题,又称子集和问题。

7.6 RSA 公钥密码

RSA 是目前使用最广泛的公钥密码体制之一,它是由 Rivest, Shamir 和 Adleman 于 1977 年提出并于 1978 年发表的。RSA 算法的安全性基于 RSA 问题的困难性上,也是基于大整数因子分解的困难性上。但是 RSA 问题不会比因子分解问题更加困难,也就是说,在没有解决因子分解问题的情况下可能解决 RSA 问题,因此,RSA 算法并不是完全基于大整数因子分解的困难性上。

7.6.1 算法描述

(1) 密钥生成。

① 选取两个保密的大素数 p 和 q。

② 计算 $n=pq, \phi(n)=(p-1)(q-1)$,其中 $\phi(n)$ 是 n 的欧拉函数值。

③ 随机选取整数 $e, 1<e<\phi(n)$,满足 $\gcd(e, \phi(n))=1$。

④ 计算 d,满足 $de \equiv 1 \bmod \phi(n)$。

⑤ 公钥为 (e,n),私钥为 d。

条件 $\gcd(e, \phi(n))=1$ 保证了 e 模 $\phi(n)$ 的逆元肯定存在,即一定能够计算出 d。

（2）加密。

首先对明文进行比特串分组,使得每个分组对应的十进制数小于 n,其次依次对每个分组 m 做一次加密,所有分组的密文构成的序列即是原始消息的加密结果,即 m 满足 $0 \leq m < n$,则加密算法为

$$c \equiv m^e \bmod n$$

其中,c 为密文,且 $0 \leq c < n$。

（3）解密。

对于密文 $0 \leq c < n$,解密算法为

$$m \equiv c^d \bmod n$$

下面证明上述的解密过程是正确的。

因为 $de \equiv 1 \bmod \phi(n)$,所以存在整数 r,使得

$$de = 1 + r\phi(n)$$

有

$$c^d \bmod n = m^{ed} \bmod n = m^{1+r\phi(n)} \bmod n$$

下面分两种情况进行讨论：

① 当 $\gcd(m,n) = 1$ 时,由欧拉定理可知

$$m^{\phi(n)} \equiv 1 \bmod n$$

于是有

$$m^{1+r\phi(n)} \bmod n = m(m^{\phi(n)})^r \bmod n = m(1)^r \bmod n = m \bmod n$$

② 当 $\gcd(m,n) \neq 1$ 时,因为 $n = pq$ 并且 p 和 q 都是素数,所以 $\gcd(m,n)$ 一定为 p 或者 q。设 $\gcd(m,n) = p$,则 m 一定是 p 的倍数,设 $m = xp$,$1 \leq x < q$。由欧拉定理可知

$$m^{\phi(q)} \equiv 1 \bmod q$$

又因为 $\phi(q) = q-1$,于是有

$$m^{q-1} \equiv 1 \bmod q$$

所以

$$(m^{q-1})^{r(p-1)} \equiv 1 \bmod q$$

即

$$m^{r\phi(n)} \equiv 1 \bmod q$$

于是存在整数 b,使得

$$m^{r\phi(n)} = 1 + bq$$

对上式两边同乘 m,得到

$$m^{1+r\phi(n)} = m + mbq$$

又因为 $m = xp$,所以

$$m^{1+r\phi(n)} = m+xpbq = m+xbn$$

对上式取模 n 得

$$m^{1+r\phi(n)} \equiv m \bmod n$$

综上所述,对任意的 $0 \leq m < n$,都有

$$c^d \bmod n = m^{ed} \bmod n = m \bmod n$$

例 7.7 假设 Bob 和 Alice 想采用 RSA 算法进行保密通信。Bob 选取两个素数 $p=11, q=23$,则

$$n = pq = 11 \times 23 = 253$$
$$\phi(n) = (p-1)(q-1) = 10 \times 22 = 220$$

Bob 选取一个公钥 $e=139$,显然,$\gcd(139,220)=1$,计算 $d \equiv e^{-1} \bmod 220 = 19 \bmod 220$,则公钥为 $(e,n) = (139,253)$,私钥为 $d=19$。Bob 只需告诉 Alice 他的公钥 $(e,n) = (139,253)$。假设 Alice 想发送一个消息"Hi"给 Bob。在 ASCII 码中,这个消息可以表示为 0100100001101001。将此比特串分成两组,对应的十进制数为 72105,即明文 $m=(m_1,m_2)=(72,105)$。Alice 利用 Bob 的公钥加密这两个数:

$$c_1 \equiv 72^{139} \bmod 253 \equiv 2$$
$$c_2 \equiv 105^{139} \bmod 253 \equiv 101$$

密文 $c=(c_1,c_2)=(2,101)$。Bob 在收到密文 c 时,利用自己的私钥恢复明文:

$$m_1 \equiv 2^{19} \bmod 253 \equiv 72$$
$$m_2 \equiv 101^{19} \bmod 253 \equiv 105$$

将这两个数转换成二进制数并从 ASCII 码翻译成字符时,Bob 就可以得到实际的消息"Hi"。

7.6.2 RSA 的快速模指数运算

RSA 加密和解密算法都涉及模指数运算,即 $m^e \bmod n$ 和 $c^d \bmod n$。模指数运算最直接的方法就是依次做模乘运算。为了计算 $m^e \bmod n$,可以执行

$$\underbrace{m \times m \times \cdots \times m}_{e}$$

操作。但这样的效率很低,要进行 $e-1$ 次模乘运算。为了加快模指数运算,可以采用"平方-乘"算法。下面先举一个简单的例子来说明"平方-乘"算法的原理。

例 7.8 为了计算 m^{16},如果依次做模乘运算,则需要做 15 次。但是如果重复对每个部分结果做平方运算,即首先计算 $m^2 = m \times m$,其次计算 $m^4 = m^2 \times m^2$,再次计算 $m^8 = m^4 \times m^4$,最后计算 $m^{16} = m^8 \times m^8$,则只需要做 4 次模乘运算。

例7.8的方法只适合指数为2^i的形式。能否将其方法推广为任意指数形式呢？我们来看下面一个例子。

例7.9 为了计算m^{13}，可以首先计算$m^2=m\times m$, $m^3=m^2\times m$，其次计算$m^6=m^3\times m^3$，再次计算$m^{12}=m^6\times m^6$，最后计算$m^{13}=m^{12}\times m$，则只需要做5次模乘运算。

下面给出具体的"平方-乘"算法的伪代码。

```
输入：m, e = e_{k-1}2^{k-1} + e_{k-2}2^{k-2} + ⋯ + e_1 2^1 + e_0, n
输出：c ≡ m^e mod n
c = 1
for i = k-1 downto 0
{
    c ≡ c^2 mod n
    if e_i = 1  c ≡ cm mod n
}
return c
```

"平方-乘"算法中的$e=e_{k-1}2^{k-1}+e_{k-2}2^{k-2}+\cdots+e_1 2^1+e_0$是$e$的二进制表示。在$i=k-1$时，进入循环，总是满足条件$e_i=1$，则$c\equiv 1\times m \bmod n$。每次进入循环后先平方，如果该位$e_i$为1，则乘以$m$，否则不乘。在例7.9中，13可以表示成二进制1101，即

$$13 = 1\times 2^3 + 1\times 2^2 + 1$$

表7.1给出了利用"平方-乘"算法计算的具体过程。

表7.1 利用"平方-乘"算法计算m^{13}的具体过程

i	e_i	c
3	1	$c\equiv 1\times 1 \bmod n, c\equiv 1\times m \bmod n$
2	1	$c\equiv m^2 \bmod n, c\equiv m^2\times m \bmod n$
1	0	$c\equiv (m^3)^2 \bmod n$
0	1	$c\equiv (m^6)^2 \bmod n, c\equiv m^{12}\times m \bmod n$

7.6.3 RSA的安全性

RSA算法的安全性基于RSA问题的困难性上，RSA问题也许比因子分解问

题要容易些,但目前还不能确切回答出 RSA 问题究竟比因子分解问题容易多少。

对 RSA 算法的攻击方法有数学攻击、穷举攻击、计时攻击和选择密文攻击。

(1) 数学攻击。

用数学方法攻击 RSA 的途径有以下三种:

① 分解 n 为两个素因子。这样就可以计算 $\phi(n)=(p-1)(q-1)$,从而计算出私钥 $d\equiv e^{-1} \bmod \phi(n)$。

② 直接确定 $\phi(n)$ 而不先确定 p 和 q。这同样可以确定 $d\equiv e^{-1} \bmod \phi(n)$。

③ 直接确定 d 而不先确定 $\phi(n)$。

对 RSA 的密码分析主要集中于第一种攻击方法,即将 n 分解为两个素因子。给定 n,确定 $\phi(n)$ 等价于分解模数 n。从公钥 (e,n) 直接确定 d 不会比分解 n 更容易。

虽然大整数的素因子分解是十分困难的,但随着计算能力的不断增强和因子分解算法的不断改进,人们对大整数的素因子分解的能力在不断提高。如 RSA-129(即 n 为 129 位十进制数,约 428 位二进制数)已在网络上通过分布式计算历时 8 个月于 1994 年 4 月被成功分解,RSA-130 已于 1996 年 4 月被成功分解,RSA-160 已于 2003 年 4 月被成功分解。在分解算法方面,对 RSA-129 采用的是二次筛法,对 RSA-130 采用的是推广的数域筛法,该算法能分解比 RSA-129 更大的数,且计算代价仅是二次筛法的 20%,对 RSA-160 采用的是格筛法。将来可能还有更好的分解算法,因此在使用 RSA 算法时应采用足够大的大整数 n。目前,n 的长度在 1024~2048 位是比较合理的。

除了选取足够大的大整数外,为避免选取容易分解的整数 n,RSA 的发明人建议 p 和 q 还应满足下列限制条件:

① p 和 q 的长度应该仅相差几位。

② $(p-1)$ 和 $(q-1)$ 都应有一个大的素因子。

③ $\gcd(p-1,q-1)$ 应该较小。

④ 若 $e<n$ 且 $d<n^{1/4}$,则 d 很容易被确定。

(2) 穷举攻击。

像其他密码体制一样,RSA 抗穷举攻击的方法也是使用大的密钥空间,因此 e 和 d 的位数越大越好。但密钥生成和加密、解密过程都包含复杂的计算,故密钥越大,系统运行速度越慢。

(3) 计时攻击。

计时攻击是通过记录计算机解密消息所用的时间来确定私钥。它不仅可以用于攻击 RSA,还可以用于攻击其他的公钥密码系统。

(4) 选择密文攻击。

RSA 易受选择密文攻击。假设敌手想解密密文 c 得到对应的明文 m，并可以得到除了 c 之外的其他密文的解密服务。他可以从明文空间随机选择一个 x，计算

$$c' \equiv cx^e \bmod n$$

并得到 c' 的解密服务，即

$$m' \equiv mx \bmod n$$

敌手可以通过计算

$$m \equiv m'x^{-1} \bmod n$$

得到明文 m。

上述攻击是基于 RSA 算法具有同态性质。

定义 7.5 给定 m_0 和 m_1 的密文，如果能在不知道 m_0 或 m_1 的条件下确定 m_0m_1 的密文，则称该加密体制具有同态性质(homomorphic property)。如果加密算法满足

$$E(pk, m_0) + E(pk, m_1) = E(pk, m_0 + m_1)$$

则称该算法具有加法同态性质。如果加密算法满足

$$E(pk, m_0) \times E(pk, m_1) = E(pk, m_0 m_1)$$

则称该算法具有乘法同态性质。

由于 RSA 算法满足

$$(m_0 m_1)^e \bmod n = (m_0^e \bmod n)(m_1^e \bmod n) \bmod n$$

所以 RSA 算法具有乘法同态性质。选择密文攻击就是根据这个性质进行的。

7.7 ElGamal 公钥密码

ElGamal 公钥密码体制是由 ElGamal 于 1985 年提出的，是一种基于离散对数问题的公钥密码体制。该体制既可以用于加密，改造后还可以用于数字签名。

7.7.1 算法描述

(1) 密钥生成。

① 选取大素数 p，且要求 $p-1$ 有大素数因子。$g \in \mathbb{Z}_p^*$ 是一个生成元。

② 随机选取整数 x，$1 \leq x \leq p-2$，计算 $y \equiv g^x \bmod p$。

③ 公钥为 y，私钥为 x。

p 和 g 是公开参数,被所有用户所共享,这一点与 RSA 算法是不同的。另外,在 RSA 算法中,每个用户都需要生成两个大素数来建立自己的密钥对(这是很费时的工作),而 ElGamal 算法只需要生成一个随机数和执行一次模指数运算就可以建立密钥对。

(2) 加密。

对于明文 $m \in \mathbb{Z}_p^*$,首先随机选取一个整数 k,$1 \leq k \leq p-2$,其次计算

$$c_1 \equiv g^k \bmod p, \quad c_2 \equiv my^k \bmod p$$

则密文 $c = (c_1, c_2)$。

(3) 解密。

为了解密一个密文 $c = (c_1, c_2)$,计算

$$m \equiv \frac{c_2}{c_1^x} \bmod p$$

值得注意的是,ElGamal 体制是非确定性加密,又称为随机化加密(randomized encryption),它的密文依赖于明文 m 和所选的随机数 k,相同的明文加密两次得到的密文是不同的,这样做的代价是使数据扩展了一倍。RSA 体制没有引入随机数,相同的明文加密多次所得到的密文都相同。

下面证明上述的解密过程是正确的。

因为 $y \equiv g^x \bmod p$,所以

$$m \equiv \frac{c_2}{c_1^x} \equiv \frac{my^k}{g^{xk}} \equiv \frac{mg^{xk}}{g^{xk}} \bmod p$$

例 7.10 设 $p = 11, g = 2, x = 3$,计算

$$y \equiv g^x \bmod p = 2^3 \bmod 11 \equiv 8$$

则公钥为 $y = 8$,私钥为 $x = 3$。若明文 $m = 7$,随机选取整数 $k = 4$,计算

$$c_1 \equiv g^k \bmod p = 2^4 \bmod 11 \equiv 5, \quad c_2 \equiv my^k \bmod p = 7 \times 8^4 \bmod 11 \equiv 6$$

密文 $c = (c_1, c_2) = (5, 6)$。解密为

$$m \equiv \frac{c_2}{c_1^x} \equiv \frac{6}{5^3} \equiv 7 \bmod 11$$

7.7.2 ElGamal 的安全性

在 ElGamal 公钥密码体制中,$y \equiv g^x \bmod p$。从公开参数 g 和 y 求解私钥 x 需要求解离散对数问题。目前还没有找到一个有效算法来求解有限域上的离散对数问题。因此,ElGamal 公钥密码体制的安全性是基于有限域 $\mathbb{Z}_p$ 上离散对数问题的困难性。为了抵抗已知的攻击,p 应该选取 1024 位以上的大素数,并且 $p-1$

至少应该有一个大的素因子。

7.8 Rabin 公钥密码

Rabin 公钥密码体制是由 Rabin 于 1979 年提出的,它的安全性是基于大整数因子分解问题的困难性。事实上,它的安全性是基于在合数模下求解平方根的困难性。我们可以证明这两个问题是等价的。Rabin 公钥密码体制是 RSA 公钥密码体制的特例,在 RSA 公钥密码体制中,公钥 e 满足 $1<e<\phi(n)$ 且 $\gcd(e,\phi(n))=1$,而 Rabin 公钥密码体制则取 $e=2$。下面给出该体制的描述。

7.8.1 算法描述

(1) 密钥生成。

选取两个大素数 p 和 q,满足 $p \equiv q \equiv 3 \bmod 4$,计算 $n=pq$,则公钥为 n,私钥为 (p,q)。

(2) 加密。

对于明文 $m(0 \leq m < n)$,计算密文
$$c \equiv m^2 \bmod n$$

(3) 解密。

为了解密一个密文 c,利用中国剩余定理求解同余方程组,计算

$$M_1 \equiv c^{(p+1)/4} \bmod p, \quad M_2 \equiv p - c^{(p+1)/4} \bmod p$$
$$M_3 \equiv c^{(q+1)/4} \bmod q, \quad M_4 \equiv q - c^{(q+1)/4} \bmod q$$

然后计算整数 $a = q(q^{-1} \bmod p)$ 和 $b = p(p^{-1} \bmod q)$,4 个可能的解为

$$m_1 \equiv (aM_1 + bM_3) \bmod n, m_2 \equiv (aM_1 + bM_4) \bmod n$$
$$m_3 \equiv (aM_2 + bM_3) \bmod n, m_4 \equiv (aM_2 + bM_4) \bmod n$$

其中必有一个与 m 相同。若 m 是文字消息则易于识别,若 m 为随机数据流(如密钥生成),则无法确定哪一个 m_i 是正确的消息,解决这一问题的方法是在消息前加入某些信息,如发送者的身份信息、接收者的身份信息、日期等。

Rabin 加密为
$$c \equiv m^2 \bmod n$$

这是一个关于 m 的二次同余式,解密需要求出模 n 的平方根。这等价于求解同余方程组

$$\begin{cases} x^2 \equiv c \bmod p \\ x^2 \equiv c \bmod q \end{cases}$$

可以利用欧拉判别法则来判断 c 是否为模 p 和 q 的二次剩余。事实上,如果加密正确执行,则 c 就是模 p 和 q 的二次剩余。遗憾的是,欧拉判别法则不能帮我们找到 c 的平方根,它只能给出是否有解的答案。当 $p \equiv 3 \bmod 4$,有一个简单的公式来计算模 p 的平方根,即解为

$$\pm c^{\frac{p+1}{4}}$$

由于

$$(\pm c^{\frac{p+1}{4}})^2 \equiv c^{\frac{p+1}{2}} \equiv c^{\frac{p-1}{2}} c \equiv c \bmod p$$

所以

$$\pm c^{\frac{p+1}{4}}$$

是

$$x^2 \equiv c \bmod p$$

的解。同样,

$$\pm c^{\frac{q+1}{4}}$$

是

$$x^2 \equiv c \bmod q$$

的解。因此,Rabin 解密就是解下面 4 个同余方程组

$$\begin{cases} x \equiv c^{\frac{p+1}{4}} \bmod p \\ x \equiv c^{\frac{q+1}{4}} \bmod q \end{cases}, \begin{cases} x \equiv c^{\frac{p+1}{4}} \bmod p \\ x \equiv -c^{\frac{q+1}{4}} \bmod q \end{cases}, \begin{cases} x \equiv -c^{\frac{p+1}{4}} \bmod p \\ x \equiv c^{\frac{q+1}{4}} \bmod q \end{cases}, \begin{cases} x \equiv -c^{\frac{p+1}{4}} \bmod p \\ x \equiv -c^{\frac{q+1}{4}} \bmod q \end{cases}$$

可以利用中国剩余定理进行求解。

例 7.11 设 $p=7, q=11$,计算 $n=7 \times 11=77$,则公钥为 $n=77$,私钥为 $(p,q)=(7,11)$。若明文 $m=10$,计算密文

$$c \equiv 10^2 \bmod 77 \equiv 23$$

密文 $c=23$。解密时计算

$$M_1 \equiv 23^{(7+1)/4} \bmod 7 \equiv 4, \quad M_2 \equiv 7-23^{(7+1)/4} \bmod 7 \equiv 3$$

$$M_3 \equiv 23^{(11+1)/4} \bmod 11 \equiv 1, \quad M_4 \equiv 11-23^{(11+1)/4} \bmod 11 \equiv 10$$

计算整数 $a=11(11^{-1} \bmod 7)=22$ 和 $b=7(7^{-1} \bmod 11)=56$。然后计算可能的明文为

$$m_1 \equiv (22 \times 4 + 56 \times 1) \bmod 77 \equiv 67, \quad m_2 \equiv (22 \times 4 + 56 \times 10) \bmod 77 \equiv 32$$

$$m_3 \equiv (22 \times 3 + 56 \times 1) \bmod 77 \equiv 45, \quad m_4 \equiv (22 \times 3 + 56 \times 10) \bmod 77 \equiv 10$$

可见,原始消息 10 出现在可能的明文中。

7.8.2 Rabin 的安全性

在 Rabin 公钥密码体制中，$n=pq$。从公钥 n 求解私钥 p 和 q 需要求解大整数分解问题。目前还没有找到一个有效算法来求解大整数分解问题。因此，Rabin 公钥密码体制的安全性是基于大整数分解问题的困难性。为了抵抗已知的攻击，p 和 q 应该在 512 比特以上，n 应该在 1024 比特以上。从长远的安全考虑，n 应该取更大的数，如 2048 比特。

7.9 椭圆曲线公钥密码

1985 年，Koblitz 和 Miller 分别提出了利用椭圆曲线来开发公钥密码体制。椭圆曲线密码体制(elliptic curve cryptography,ECC)的安全性是基于椭圆曲线离散对数问题的困难性。目前普遍认为，椭圆曲线离散对数问题要比大整数因子分解问题和有限域上的离散对数问题难解得多。目前还没有找到求解椭圆曲线离散对数的亚指数算法，因此，椭圆曲线密码体制可以使用更短的密钥就能够获得相同的安全性。

7.9.1 实数域上的椭圆曲线

椭圆曲线并非椭圆，之所以称为椭圆曲线是因为它的曲线方程与计算椭圆周长的方程相似。椭圆曲线一般指的是由维尔斯特拉斯(Weierstrass)方程

$$y^2+axy+by=x^3+cx^2+dx+e$$

所确定的曲线，它是由方程的全体解 (x,y) 再加上一个无穷远点 O 构成的集合，其中 a,b,c,d,e 是满足一些简单条件的实数，x 和 y 也在实数集上取值。上述曲线方程可以通过坐标变换转化为下述形式

$$y^2=x^3+ax+b$$

由它确定的椭圆曲线常记为 $E(a,b)$，简记为 E。当 $4a^3+27b^2\neq 0$ 时，称 $E(a,b)$ 是一条非奇异椭圆曲线。对于非奇异椭圆曲线，可以基于集合 $E(a,b)$ 定义一个群。这是一个阿贝尔群，具有重要的"加法规则"属性。下面给出加法规则的几何描述和加法规则的代数描述。

(1) 加法规则的几何描述。

椭圆曲线上的加法运算定义如下：如果椭圆曲线上的 3 个点位于同一直线上，则它们的和为 O。从这个定义出发，可以定义椭圆曲线的加法规则：

① O 为加法的单位元，对于椭圆曲线上的任何一点 P，有 $P+O=P$。

② 对于椭圆曲线上的一点 $P=(x,y)$，它的逆元为 $-P=(x,-y)$。注意到这

里有 $P+(-P)=P-P=O$。

③ 设 P 和 Q 是椭圆曲线上 x 坐标不同的两点，$P+Q$ 的定义如下：作一条通过 P 和 Q 的直线 l 与椭圆曲线相交于 R（这一点是唯一的，除非这条直线在 P 点或 Q 点与该椭圆曲线相切，此时分别取 $R=P$ 或 $R=Q$），然后过 R 点作 y 轴的平行线 l'，l' 与椭圆曲线相交的另一点 S 就是 $P+Q$，如图 7.2 所示。

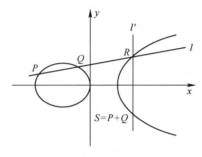

图 7.2 椭圆曲线上点的加法规则的几何描述

④ 上述几何描述也适用于具有相同 x 坐标的两个点 P 和 $-P$ 的情形。用一条垂直的线连接这两个点，可看作在无穷远点与椭圆曲线相交，因此有 $P+(-P)=O$。这与第②条叙述是一致的。

⑤ 为计算点 Q 的两倍，在 Q 点作一条切线并找到与椭圆曲线的另一个交点 T，则 $Q+Q=2Q=-T$。

以上定义的加法规则具有加法运算的一般性质，如交换律、结合律等。

（2）加法规则的代数描述。

对于椭圆曲线上不互为逆元的两点 $P=(x_1,y_1)$ 和 $Q=(x_2,y_2)$，$S=P+Q=(x_3,y_3)$ 由以下规则确定：

$$x_3=\lambda^2-x_1-x_2$$
$$y_3=\lambda(x_1-x_3)-y_1$$

其中

$$\lambda=\begin{cases}\dfrac{y_2-y_1}{x_2-x_1}, & P\neq Q \\ \dfrac{3x_1^2+a}{2y_1}, & P=Q\end{cases}$$

7.9.2 有限域上的椭圆曲线

椭圆曲线密码体制使用的是有限域上的椭圆曲线，即变量和系数均为有限

域中的元素。有限域 GF(p) 上的椭圆曲线是指满足方程
$$y^2 \equiv (x^3 + ax + b) \bmod p$$
的所有点 (x,y) 再加上一个无穷远点 O 构成的集合,其中,a,b,x 和 y 均在有限域 GF(p) 上取值,p 是素数。该椭圆曲线记为 $E_p(a,b)$。该椭圆曲线只有有限个点,其个数 N 由 Hasse 定理确定。

定理 7.6(Hasse 定理) 设 E 是有限域 GF(p) 上的椭圆曲线,N 是 E 上点的个数,则
$$p + 1 - 2\sqrt{p} \leq N \leq p + 1 + 2\sqrt{p}$$

当 $4a^3 + 27b^2 (\bmod p) \neq 0$ 时,基于集合 $E_p(a,b)$ 可以定义一个阿贝尔群,其加法规则与实数域上描述的代数方法一致。设 $P, Q \in E_p(a,b)$,则

(1) $P + O = P$。

(2) 如果 $P = (x, y)$,则 $(x, y) + (x, -y) = O$,即点 $(x, -y)$ 是 P 的加法逆元,表示为 $-P$。

(3) 设 $P = (x_1, y_1)$ 和 $Q = (x_2, y_2)$,$P \neq -Q$,则 $S = P + Q = (x_3, y_3)$ 由以下规则确定:
$$x_3 \equiv (\lambda^2 - x_1 - x_2) \bmod p$$
$$y_3 \equiv [\lambda(x_1 - x_3) - y_1] \bmod p$$

其中

$$\lambda \equiv \begin{cases} \dfrac{y_2 - y_1}{x_2 - x_1} \bmod p, & P \neq Q \\ \dfrac{3x_1^2 + a}{2y_1} \bmod p, & P = Q \end{cases}$$

(4) 点乘运算定义为重复加法,如 $4P = P + P + P + P$。

例 7.12 设 $p = 11, a = 1, b = 6$,即椭圆曲线方程为
$$y^2 \equiv (x^3 + x + 6) \bmod 11$$
要确定椭圆曲线上的点,可以对每个 $x \in$ GF(11),首先计算 $z \equiv (x^3 + x + 6) \bmod 11$,其次再判定 z 是否是模 11 的平方剩余(方程 $y^2 \equiv z \bmod 11$ 是否有解),如果不是,则椭圆曲线上没有与这一 x 相对应的点;如果是,则求出 z 的两个平方根。该椭圆曲线上的点如表 7.2 所示。

表 7.2 椭圆曲线 $y^2 \equiv (x^3 + x + 6) \bmod 11$ 上的点

x	0	1	2	3	4	5	6	7	8	9	10
$(x^3 + x + 6) \bmod 11$	6	8	5	3	8	4	8	4	9	7	4

续表

x	0	1	2	3	4	5	6	7	8	9	10
是否是模11的平方剩余	否	否	是	是	否	是	否	是	是	否	是
y			4	5		2		2	3		2
			7	6		9		9	8		9

只有当 $x=2,3,5,7,8,10$ 时才有点在椭圆曲线上，$E_{11}(1,6)$ 是由表 7.2 中的点再加上一个无穷远点 O 构成。即

$$E_{11}(1,6) = \{O,(2,4),(2,7),(3,5),(3,6),(5,2),$$
$$(5,9),(7,2),(7,9),(8,3),(8,8),(10,2),(10,9)\}$$

将这些点画在坐标系上，如图 7.3 所示。椭圆曲线密码体制实际上就是在这些点上进行一定的运算。

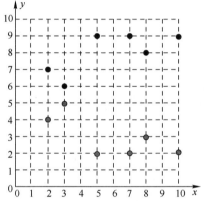

图 7.3 椭圆曲线 $y^2 \equiv (x^3+x+6) \bmod 11$ 上的点

设 $P=(2,7)$，计算 $2P=P+P$。首先计算

$$\lambda \equiv \frac{3 \times 2^2 + 1}{2 \times 7} \bmod 11 = \frac{2}{3} \bmod 11 \equiv 8$$

于是

$$x_3 \equiv (8^2 - 2 - 2) \bmod 11 \equiv 5$$
$$y_3 \equiv [8 \times (2-5) - 7] \bmod 11 \equiv 2$$

所以 $2P=(5,2)$。同样可以算出

$P=(2,7), 2P=(5,2), 3P=(8,3), 4P=(10,2), 5P=(3,6), 6P=(7,9), 7P=(7,2), 8P=(3,5), 9P=(10,9), 10P=(8,8), 11P=(5,9), 12P=(2,4), 13P=O$。

由此可以看出，$E_{11}(1,6)$ 是一个循环群，其生成元是 $P=(2,7)$。

7.9.3 椭圆曲线密码体制

为了使用椭圆曲线来构造密码体制,需要找到类似大整数因子分解或离散对数这样的困难问题。

定义 7.6 椭圆曲线 $E_p(a,b)$ 上点 P 的阶是指满足
$$nP = \underbrace{P+P+\cdots+P}_{n} = O$$
的最小正整数,记为 $\text{ord}(P)$,其中 O 是无穷远点。

定义 7.7 设 G 是椭圆曲线 $E_p(a,b)$ 上的一个循环子群,P 是 G 的一个生成元,$Q \in G$。已知 P 和 Q,求满足
$$mP = Q$$
的整数 $m, 0 \leq m \leq \text{ord}(P)-1$,称为椭圆曲线上的离散对数问题(elliptic curve discrete logarithm problem,ECDLP)。

(1) 椭圆曲线上的 ElGamal 密码体制。

在使用一个椭圆曲线密码体制时,首先需要将发送的明文 m 编码为椭圆曲线上的点 $P_m = (x_m, y_m)$,其次再对点 P_m 做加密变换,在解密后还要将 P_m 逆向译码才能获得明文。下面介绍椭圆曲线上的 ElGamal 密码体制。

① 密钥生成:在椭圆曲线 $E_p(a,b)$ 上选取一个阶为 n(n 为一个大素数)的生成元 P。随机选取整数 $x, 1 \leq x \leq n-1$,计算 $Q = xP$。公钥为 Q,私钥为 x。

② 加密:为了加密 P_m,随机选取一个整数 $k, 1 \leq k \leq n-1$,计算
$$C_1 = kP, C_2 = P_m + kQ$$
则密文 $c = (C_1, C_2)$。

③ 解密:为了解密一个密文 $c = (C_1, C_2)$,计算
$$C_2 - xC_1 = P_m + kQ - xkP = P_m + kxP - xkP = P_m$$

攻击者要想从 $c = (C_1, C_2)$ 计算出 P_m,就必须知道 k。而要从 P 和 kP 中计算出 k 将面临求解椭圆曲线上的离散对数问题。

例 7.13 设采用例 7.12 中的椭圆曲线,生成元是 $P = (2,7)$。接收者的私钥为 $x = 7$,则公钥 $Q = 7P = (7,2)$。若明文 $m = 9P = (10,9)$,随机选取整数 $k = 3$,计算
$$C_1 = 3P = (8,3), C_2 = 9P + 3 \times 7P = 30P = 4P = (10,2)$$
密文 $c = (C_1, C_2) = ((8,3),(10,2))$。解密为
$$C_2 - xC_1 = 4P - 7 \times 3P = -17P = 9P = (10,9)$$

(2) 将明文编码成椭圆曲线上的点。

椭圆曲线密码体制要求明文是椭圆曲线上的一个点。有很多种方法可以将

一个明文整数编码成椭圆曲线上的一个点。设要对明文整数 m 进行编码,可以按照下列方法计算一系列 x

$$x=\{mk+j, j=0,1,2,\cdots\}$$

直到 $(x^3+ax+b) \bmod p$ 是二次剩余。这时可以将 m 编码成椭圆曲线上的点 $(x, \sqrt{x^3+ax+b})$。由于模 p 的二次剩余的个数与二次非剩余的个数相等,所以 k 次找到 x,使得 $(x^3+ax+b) \bmod p$ 是二次剩余的概率不小于 $1-2^{-k}$。反过来,通过计算

$$m=\left\lfloor \frac{x}{k} \right\rfloor$$

就可以从椭圆曲线上的点 (x,y) 得到明文 m。实际中,k 可以取 30~50 的整数。

例 7.14 设采用例 7.12 中的椭圆曲线。当 $m=2, k=3$ 时,

$$x=\{2\times 3+j, j=0,1,2,\cdots\}$$

当 $j=0$ 时,$x=6$,$(6^3+6+6) \bmod 11 = 8 \bmod 11$。从表 7.2 可知 8 是二次非剩余。当 $j=1$ 时,$x=7$,$(7^3+7+6) \bmod 11 = 4 \bmod 11$。从表 7.2 可知 4 是二次剩余,可以将 $m=2$ 编码成 $(7,2)$ 或者 $(7,9)$。如果要从点恢复出消息 $m=2$,则可以计算

$$m=\left\lfloor \frac{7}{3} \right\rfloor = \lfloor 2.333 \rfloor = 2$$

(3)点乘的快速运算。

椭圆曲线密码体制的一个重要操作是点乘运算 nP,也称为标量乘。为了加快计算速度,可以采用 7.4.2 节中的"平方-乘"算法。唯一区别在于,由于椭圆曲线上的点构成的是一个加法群,平方变成了点加倍,乘法变成了 P 的加法。因此可以称之为"倍数-和"算法。下面给出具体的伪代码。

```
输入:P, n=n_{k-1}2^{k-1}+n_{k-2}2^{k-2}+⋯+n_1 2^1+n_0
输出:T=nP
T=O
for i=k-1 downto 0
{
  T=T+T
  if n_i=1   T=T+P
}
return T
```

例 7.15 对于点乘运算 $13P$,可以将 13 表示成二进制 1101,即
$$13 = 1\times 2^3 + 1\times 2^2 + 1$$
表 7.3 给出了具体的计算过程。

表 7.3 利用"倍数-和"算法计算 $13P$ 的具体过程

i	n_i	T
3	1	$T=O+O, T=O+P=P$
2	1	$T=P+P=2P, T=2P+P=3P$
1	0	$T=3P+3P=6P$
0	1	$T=6P+6P=12P, T=12P+P=13P$

(4) 椭圆曲线密码体制的优点。

与基于有限域上的离散对数问题的公钥密码体制相比,椭圆曲线密码体制有如下优点:

① 安全性高:攻击有限域上的离散对数问题可以用指数积分法,其运算复杂度为
$$O(\exp\sqrt[3]{(\log_2 p)(\log_2(\log_2 p)^2)})$$
其中,p 是模数(为素数)。而目前攻击椭圆曲线上的离散对数问题只有大步小步法,其运算复杂度为
$$O(\exp(\log\sqrt{p_{\max}}))$$
其中,$p_{\max}$ 是椭圆曲线所形成的阿贝尔群的阶的最大素因子。因此,椭圆曲线密码体制比基于有限域上的离散对数问题的公钥密码体制更加安全。

② 密钥长度小:从攻击两类密码体制的算法复杂度可知,在实现相同的安全性条件下,椭圆曲线密码体制所需的密钥长度远小于基于有限域上的离散对数问题的公钥密码体制的密钥长度,也小于基于大整数分解问题的公钥密码体制的密钥长度。表 7.4 给出了安全性大致相同时各种密码体制的密钥长度。

表 7.4 各种密码体制的密钥长度比较　　　　　(单位:比特)

分组密码的密钥 (如 AES)	Hash 函数 (Hash 值长度)	大整数分解的模数 (如 RSA 的 n)	离散对数		ECC (如阶 n)
			密钥 (如 DSA 的 q)	群(如 ElGamal 的 p)	
80	160	1024	160	1024	160
112	224	2048	224	2048	224
128	256	3072	256	3072	256
192	384	7680	384	7680	384

续表

分组密码的密钥（如 AES）	Hash 函数（Hash 值长度）	大整数分解的模数（如 RSA 的 n）	离散对数		ECC（如阶 n）
			密钥（如 DSA 的 q）	群（如 ElGamal 的 p）	
256	512	15360	512	15360	512

③ 算法灵活性好：在有限域 GF(p) 确定的情况下，其上的循环群就定了。而 GF(p) 上的椭圆曲线则可以通过改变曲线参数（$y^2 \equiv (x^3+ax+b) \bmod p$ 中的 a 和 b）得到不同的曲线，形成不同的循环群。因此，椭圆曲线具有丰富的群结构和多选择性。也正因如此，椭圆曲线密码体制能够在保持与 RSA、DSA 体制相同安全强度的情况下大大缩短密钥长度。

因此，椭圆曲线密码体制具有广阔的应用前景。

习题七

1. 解释为什么对于长消息来说，最好是先采用公钥密码算法来传输一个对称密钥，然后再用该对称密钥来传递消息？
2. RSA 公钥密码体制、ElGamal 公钥密码体制、Rabin 公钥密码体制和椭圆曲线公钥密码体制的安全性依据是什么？
3. 在 RSA 密码体制中，已知素数 $p=3, q=11$，公钥 $e=7$，试计算私钥 d 并给出对明文 $m=5$ 的加密和解密过程。
4. 在 ElGamal 密码体制中，设素数 $p=71$，本原元 $g=7$。
   （1）如果接收者 B 的公钥为 $y_B=3$，发送者 A 随机选择整数 $k=2$，求明文 $m=30$ 所对应的密文。
   （2）如果发送者 A 选择另一个随机整数 k，使得明文 $m=30$ 加密后的密文为 $c=(59, c_2)$，求 c_2。
5. 在 Rabin 密码体制中，$p=127, q=131$，试求明文 $m=4410$ 的密文。
6. 在椭圆曲线上的 ElGamal 密码体制中，设椭圆曲线为 $E_{11}(1,6)$，生成元 $P=(2,7)$，接收者的私钥 $x=4$。
   （1）求接收者的公钥 Q。
   （2）发送者欲发送消息 $P_m=(7,9)$，选择随机数 $k=2$，求密文 c。
   （3）给出接收者从密文 c 恢复消息 P_m 的过程。

第8章 数字签名

数字签名(digital signature)在信息安全,包括身份认证、数据完整性、不可否认性以及匿名性等方面有着重要应用,是现代密码学的一个重要分支。本章首先介绍数字签名的基本概念,其次介绍几种重要的数字签名方案,包括 RSA 签名方案、ElGamal 签名方案和数字签名标准等,最后介绍具有特殊用途的数字签名,包括盲签名、群签名和代理签名。

8.1 数字签名的基本概念

政治、军事、外交、商业以及日常事务中经常遇到需要签名的场合。传统的方式是采用手写签名或印章,以便在法律上能认证、核准、生效。在电子世界里,人们希望通过某种方法来代替手写签名,以实现对数字信息的签名。

数字签名应具有以下特性:

(1) 不可伪造性:除了签名者外,任何人都不能伪造签名者的合法签名。

(2) 认证性:接收者相信这个签名来自签名者。

(3) 不可重复使用性:一个消息的签名不能用于其他消息。

(4) 不可修改性:一个消息在签名后不能被修改。

(5) 不可否认性:签名者事后不能否认自己的签名。

一个数字签名体制(也称数字签名方案)一般包含两个组成部分,即签名算法(signature algorithm)和验证算法(verification algorithm)。签名算法输入的是签名者的私钥 sk 和消息 m,输出是对 m 的数字签名,记为 $s=\mathrm{Sig}(sk,m)$。验证算法输入的是签名者的公钥 pk,消息 m 和签名 s,输出是真或伪,记为

$$\mathrm{Ver}(pk,m,s)=\begin{cases}真, & s=\mathrm{Sig}(sk,m) \\ 伪, & s\neq\mathrm{Sig}(sk,m)\end{cases}$$

算法的安全性在于从 m 和 s 难以推出私钥 sk 或伪造一个消息 m' 的签名 s' 使得 (m',s') 可被验证为真。

数字签名可按以下几种方式进行分类:

(1) 按用途来分,数字签名可分为普通数字签名和具有特殊用途的数字签名(如盲签名(blind signature)、不可否认签名(undeniable signature)、群签名

(group signature)、代理签名(proxy signature)等)。

(2) 按是否具有消息恢复功能来分,数字签名可分为具有消息恢复功能的数字签名和不具有消息恢复功能的数字签名。

(3) 按是否使用随机数来分,数字签名可分为确定性数字签名和随机化数字签名(randomized digital signature)。

8.2 RSA 数字签名

RSA 密码体制既可以用于加密又可以用于数字签名。下面介绍 RSA 的数字签名功能。

(1) 参数与密钥生成。

① 选取两个保密的大素数 p 和 q。
② 计算 $n=pq, \phi(n)=(p-1)(q-1)$,其中 $\phi(n)$ 是 n 的欧拉函数值。
③ 随机选取整数 $e, 1<e<\phi(n)$,满足 $\gcd(e,\phi(n))=1$。
④ 计算 d,满足 $de \equiv 1 \bmod \phi(n)$。
⑤ 公钥为 (e,n),私钥为 d。

(2) 签名。

对于消息 $m \in \mathbb{Z}_n$,签名为

$$s \equiv m^d \bmod n$$

(3) 验证。

对于消息签名对 (m,s),如果

$$m \equiv s^e \bmod n$$

则 s 是 m 的有效签名。

值得注意的是,在生成一个数字签名时,用的是签名者的私钥,在验证一个签名时,用的是签名者的公钥。这跟公钥加密恰恰相反。在对一个消息进行加密时,用的是接收者的公钥,在对一个密文进行解密时,用的是接收者的私钥。

例 8.1 假设 Alice 想对 $m=5$ 进行签名并发送给 Bob。她首先选取两个素数 $p=3, q=11$ 并计算

$$n=pq=3\times11=33$$
$$\phi(n)=(p-1)(q-1)=2\times10=20$$

其次选取一个公钥 $e=7$ 并计算 $d \equiv e^{-1} \bmod 20 = 3 \bmod 20$,则公钥为 $(e,n)=(7,33)$,私钥为 $d=3$。为了生成 $m=5$ 的签名,Alice 计算

$$s \equiv 5^3 \bmod 33 \equiv 26$$

当 Bob 收到对于消息签名对 $(m,s)=(5,26)$ 时,验证
$$s^e \bmod n = 26^7 \bmod 33 \equiv 5$$
说明该消息签名是有效的。

上述 RSA 数字签名方案存在以下缺陷:

(1) 任何人都可以伪造某签名者对于随机消息 m 的签名 s。其方法是先选取 s,再用该签名者的公钥 (e,n) 计算 $m \equiv s^e \bmod n$。s 就是该签名者对消息 m 的签名。

(2) 如果敌手知道消息 m_1 和 m_2 的签名分别是 s_1 和 s_2,则可以伪造 $m_1 m_2$ 的签名 $s_1 s_2$,这是因为在 RSA 签名方案中,存在以下同态性质:
$$(m_1 m_2)^d \equiv m_1^d m_2^d \bmod n$$

(3) 由于在 RSA 签名方案中,要签名的消息 $m \in \mathbb{Z}_n$,所以每次只能对 $\lfloor \log_2 n \rfloor$ 位长的消息进行签名。然而,实际需要签名的消息可能比 n 大,解决的办法是先对消息进行分组,再对每组消息分别进行签名。这样做的缺点是签名长度变长,运算量增大。

克服上述缺陷的方法之一是在对消息进行签名前先对消息做 Hash 变换,再对变换后的消息进行签名,即签名为
$$s \equiv h(m)^d \bmod n$$
验证时,先计算 $h(m)$,再检查等式
$$h(m) \equiv s^e \bmod n$$
是否成立。

8.3 ElGamal 数字签名

ElGamal 密码体制既可以用于加密又可以用于数字签名,其安全性是基于有限域上离散对数问题的困难性。ElGamal 数字签名方案的变体已被 NIST 作为数字签名标准。它是一个随机化数字签名方案,即对一个消息,由于选择不同的随机数而会产生不同的合法签名。

(1) 参数与密钥生成。

① 选取大素数 p,$g \in \mathbb{Z}_p^*$ 是一个本原元,公开 p 和 g。

② 随机选取整数 x,$1 \leqslant x \leqslant p-2$,计算 $y \equiv g^x \bmod p$。从数学的角度,虽然可以选择 $x=1$,但这时候 y 和 g 相等,安全性不能保证。

③ 公钥为 y,私钥为 x。

（2）签名。

对于消息 m，首先随机选取一个整数 k，$1 \leq k \leq p-2$ 且 $\gcd(k,p-1)=1$，其次计算
$$r \equiv g^k \bmod p, \quad s \equiv (h(m)-xr)k^{-1} \bmod (p-1)$$
则 m 的签名为 (r,s)，其中 h 为 Hash 函数。

（3）验证。

对于消息签名对 $(m,(r,s))$，如果
$$y^r r^s \equiv g^{h(m)} \bmod p$$
则 (r,s) 是 m 的有效签名。

下面证明上述的算法是正确的。

因为
$$s \equiv (h(m)-xr)k^{-1} \bmod (p-1)$$
有
$$sk+xr \equiv h(m) \bmod (p-1)$$
所以
$$g^{h(m)} \equiv g^{(sk+xr)} \equiv g^{sk} g^{xr} \equiv y^r r^s \bmod p$$

值得注意的是，在签名时选择的随机数 k 需要满足 $\gcd(k,p-1)=1$，主要是为了保证 k 有逆元。此外，在计算 s 时使用的模数是 $p-1$，而不是 p。主要是因为验证等式为
$$g^{sk+xr} \equiv g^{h(m)} \bmod p$$

根据费马定理（$g^{p-1} \equiv 1 \bmod p$）可知，如果将等式两边的指数都同时模 $p-1$，则上式也成立，即
$$sk+xr \equiv h(m) \bmod (p-1)$$
进而可以得到
$$s \equiv (h(m)-xr)k^{-1} \bmod (p-1)$$

ElGamal 数字签名在生成签名时会选择一个整数 k，同一个消息签名两次得到的结果通常是不同的，所以是一个随机化数字签名。如果在两次签名时选择相同的随机数则是不安全的。因为
$$s_1 \equiv (h(m_1)-xr)k^{-1} \bmod (p-1), s_2 \equiv (h(m_2)-xr)k^{-1} \bmod (p-1)$$
可以将两式相减，得
$$s_1-s_2 \equiv (h(m_1)-h(m_2))k^{-1} \bmod (p-1)$$
进而得
$$k \equiv \frac{h(m_1)-h(m_2)}{s_1-s_2} \bmod (p-1)$$

在得到随机数 k 后,可以很容易地根据 $s_1 \equiv (h(m_1)-xr)k^{-1} \mod (p-1)$ 求出私钥,即

$$x \equiv \frac{h(m_1)-s_1 k}{r} \mod (p-1)$$

例 8.2 设 $p=29, g=2, x=7$,计算 $y=2^7 \mod 29 = 12$,则公钥为 $y=12$,私钥为 $x=7$。假设消息 m 的 Hash 值为 8,即 $h(m)=8$,随机选取整数 $k=5$,计算

$$r \equiv 2^5 \mod 29 \equiv 3, s \equiv (8-7 \times 3) \times 5^{-1} \mod 28 \equiv 3$$

签名为 $(r,s)=(3,3)$。

验证者在收到消息 m 和签名 (r,s) 时,先计算 $h(m)=8$,再计算

$$12^3 \times 3^3 \equiv 24 \mod 29, \quad 2^8 \equiv 24 \mod 29$$

验证等式成立,验证者应该相信该签名是合法的。注意这里计算 s 时使用的模数为 28。如果使用的模数为 29,则

$$s \equiv (8-7 \times 3) \times 5^{-1} \mod 29 \equiv 9$$

验证者在收到消息 m 和签名 $(r,s)=(3,9)$ 时,先计算 $h(m)=8$,再计算

$$12^3 \times 3^9 \equiv 9 \mod 29, 2^8 \equiv 24 \mod 29$$

验证等式不能成立。

8.4 数字签名标准

数字签名标准(digital signature standard,DSS)是由 NIST 公布的联邦信息处理标准 FIPS PUB 186,它是在 ElGamal 和 Schnorr 数字签名的基础上设计的。DSS 中的算法称为数字签名算法(digital signature algorithm,DSA),其安全性是基于离散对数问题的困难性。与 RSA 不同的是,DSS 只能用于签名,不能用于加密。

(1) 参数与密钥生成。
① 选取大素数 p,满足 $2^{L-1} < p < 2^L$,其中 $512 \leqslant L \leqslant 1024$ 且 L 是 64 的倍数。
② 选取大素数 q,q 是 $p-1$ 的一个素因子且 $2^{159} < q < 2^{160}$,即 q 是 160 位的素数且是 $p-1$ 的素因子。
③ 选取一个生成元 $g = h^{(p-1)/q} \mod p$,其中 h 是一个整数,满足 $1 < h < p-1$ 并且 $h^{(p-1)/q} \mod p > 1$。
④ 随机选取整数 x,$0 < x < q$,计算 $y \equiv g^x \mod p$。
⑤ p,q 和 g 是公开参数,y 为公钥,x 为私钥。

(2) 签名。
对于消息 m,首先随机选取一个整数 k,$0 < k < q$,其次计算

$$r \equiv (g^k \bmod p) \bmod q, \quad s \equiv k^{-1}(h(m)+xr) \bmod q$$

则 m 的签名为 (r,s),其中 h 为 Hash 函数,DSS 规定 Hash 函数为 SHA-1。

(3) 验证。

对于消息签名对 $(m,(r,s))$,首先计算

$$w \equiv s^{-1} \bmod q, \quad u_1 \equiv h(m)w \bmod q$$

$$u_2 \equiv rw \bmod q, \quad v \equiv (g^{u_1} y^{u_2} \bmod p) \bmod q$$

其次验证

$$v = r$$

如果等式成立,则 (r,s) 是 m 的有效签名;否则签名无效。

下面证明上述的算法是正确的。

因为

$$s \equiv k^{-1}(h(m)+xr) \bmod q$$

所以

$$ks \equiv (h(m)+xr) \bmod q$$

于是有

$$\begin{aligned}
v &\equiv (g^{u_1} y^{u_2} \bmod p) \bmod q \\
&\equiv (g^{h(m)w} y^{rw} \bmod p) \bmod q \\
&\equiv (g^{h(m)w} g^{xrw} \bmod p) \bmod q \\
&\equiv (g^{(h(m)+xr)w} \bmod p) \bmod q \\
&\equiv (g^{ksw} \bmod p) \bmod q \\
&\equiv (g^{kss^{-1}} \bmod p) \bmod q \\
&\equiv (g^k \bmod p) \bmod q \\
&= r
\end{aligned}$$

DSS 的框图如图 8.1 所示,其中的 4 个函数分别为

$$s = f_1(h(m),k,x,r,q) \equiv k^{-1}(h(m)+xr) \bmod q$$

$$r = f_2(k,p,q,g) \equiv (g^k \bmod p) \bmod q$$

$$w = f_3(s,q) \equiv s^{-1} \bmod q$$

$$v = f_4(y,q,g,h(m),w,r) \equiv (g^{h(m)w \bmod q} y^{rw \bmod q} \bmod p) \bmod q$$

值得注意的是,签名时使用的 $r \equiv (g^k \bmod p) \bmod q$ 与消息无关,因此可以被预先计算,这样就可以大大提高 DSS 签名的速度。

最初,DSS 的模数 p 固定在 512 位,受到了业界的批评。后来 NIST 对标准进行了修改,允许使用不同大小的模数。表 8.1 是 NIST 指定的 p 和 q 的长度以及对应的安全等级。值得注意的是,Hash 函数安全等级也必须与离散对数问题

的安全等级相匹配。以目前的密码分析能力,1024 位的 p 是比较安全的,2048 位和 3072 位的 p 可以提供长期的安全性。

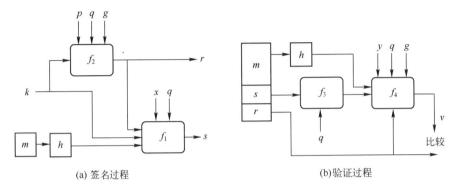

图 8.1 DSS 的框图

表 8.1 DSS 的标准参数 （单位：比特）

安全等级 （分组密码的密钥长度）	Hash 函数 （Hash 值长度）	q	p	签名长度
80	160	160	1024	320
112	224	224	2048	448
128	256	256	3072	512

例 8.3 设 $q=101, p=78\times101+1=7879, h=3, g\equiv3^{78} \bmod 7879 \equiv 170$。设用户私钥为 $x=75$,用户公钥为 $y\equiv170^{75} \bmod 7879 \equiv 4567$。设待签消息 m 的 Hash 值为 1234,即 $h(m)=1234$,随机选取整数 $k=50$,计算

$$r\equiv(170^{50} \bmod 7879) \bmod 101 \equiv 94, \quad s\equiv50^{-1}\times(1234+75\times94) \bmod 101 \equiv 97$$

消息 m 的签名为 $(r,s)=(94,97)$。

验证者在收到消息 m 和签名 (r,s) 时,先计算 $h(m)=1234$,再计算

$$w\equiv97^{-1} \bmod 101 \equiv 25, \quad u_1\equiv1234\times25 \bmod 101 \equiv 45$$

$$u_2\equiv94\times25 \bmod 101 \equiv 27, \quad v\equiv(170^{45}\times4567^{27} \bmod 7879) \bmod 101 \equiv 94$$

验证等式 $v=r$ 成立,验证者应该相信该签名是合法的。

DSA 算法也可以扩展到椭圆曲线中,就变成了椭圆曲线数字签名算法 (elliptic curve digital signature algorithm, ECDSA)。下面描述其细节。

(1) 参数与密钥生成。

在椭圆曲线 $E_p(a,b)$ 上选取一个阶为 n(n 为一个大素数）的生成元 P。随机选取整数 $x, 1\leq x\leq n-1$,计算 $Q=xP$。公钥为 Q,私钥为 x。

(2) 签名。

对于消息 m,首先随机选取一个整数 k, $1 \leq k \leq n-1$,其次计算

$$(x_1, y_1) = kP, r \equiv \bar{x}_1 \bmod n, s \equiv k^{-1}(h(m) + xr) \bmod n$$

如果 $r = 0$ 或者 $s = 0$,则重新开始整个签名过程。其中,$\bar{x}_1$ 是将域元素 x_1 转换成一个整数,h 为 Hash 函数。消息 m 的签名为 (r, s)。

(3) 验证。

对于消息签名对 $(m, (r, s))$,首先检查 r 和 s 是否在 $[1, n-1]$,计算

$$w \equiv s^{-1} \bmod n, \quad u_1 \equiv h(m)w \bmod n$$
$$u_2 \equiv rw \bmod n, \quad (x_1, y_1) = u_1 P + u_2 Q$$

其次将 x_1 转换成整数 $v \equiv \bar{x}_1 \bmod n$ 并验证

$$v = r$$

如果等式成立,则 (r, s) 是 m 的有效签名;否则,签名无效。

下面证明上述的算法是正确的。

因为

$$s \equiv k^{-1}(h(m) + xr) \bmod n$$

所以

$$ks \equiv (h(m) + xr) \bmod n$$

于是有

$$u_1 P + u_2 Q = h(m)wP + rwxP$$
$$= (h(m) + rx)wP$$
$$= (h(m) + rx)s^{-1}P$$
$$= kss^{-1}P$$
$$= kP$$

例 8.4 设采用例 7.12 中的椭圆曲线,生成元是 $P = (2, 7)$。接收者的私钥为 $x = 7$,则公钥 $Q = 7P = (7, 2)$。设待签消息 m 的 Hash 值为 6,即 $h(m) = 6$,随机选取整数 $k = 3$,计算

$$(x_1, y_1) = 3P = (8, 3), \quad r \equiv 8 \bmod 13, \quad s \equiv 9(6 + 7 \times 8) \bmod 13 \equiv 12$$

消息 m 的签名为 $(r, s) = (8, 12)$。

验证者在收到消息 m 和签名 (r, s) 时,先计算 $h(m) = 6$,再计算

$$w \equiv 12^{-1} \bmod 13 \equiv 12, u_1 \equiv 6 \times 12 \bmod 13 \equiv 7$$
$$u_2 \equiv 8 \times 12 \bmod 13 \equiv 5, (x_1, y_1) = u_1 P + u_2 Q = 7P + 5 \times 7P = 3P = (8, 3)$$

由于 $v \equiv \bar{x}_1 \bmod 13 \equiv 8$,验证等式 $v = r$ 成立,验证者应该相信该签名是合法的。

8.5 其他数字签名

8.5.1 基于离散对数问题的数字签名

基于离散对数问题的数字签名方案是数字签名方案中最为常用的一类,其中包括 ElGamal 签名方案、DSA 签名方案和 Schnorr 签名方案等。

1. 离散对数签名方案

ElGamal 签名方案、DSA 签名方案、Schnorr 签名方案都可以归结为离散对数签名方案的特例。

(1) 参数与密钥生成。

p:大素数。

q:$p-1$ 或 $p-1$ 的大素因子。

g:$g \in_R \mathbb{Z}_p^*$ 且 $g^q \equiv 1 \bmod p$,其中 $g \in_R \mathbb{Z}_p^*$ 表示 g 是从 $\mathbb{Z}_p^*$ 中随机选取的,这里的 $\mathbb{Z}_p^* = \mathbb{Z}_p - \{0\}$。

x:签名者的私钥,$1 \leq x \leq q-1$。

y:签名者的公钥,$y \equiv g^x \bmod p$。

(2) 签名。

对于消息 m,签名者执行以下步骤:

① 计算 m 的 Hash 值 $h(m)$。

② 随机选择整数 k,$1 \leq k \leq q-1$。

③ 计算 $r \equiv g^k \bmod p$。

④ 从签名方程

$$ak \equiv (b+cx) \bmod q$$

中解出 s,其中方程的系数 a,b,c 有多种选择,表 8.2 给出了一部分可能的选择。对消息 m 的签名为 (r,s)。

表 8.2 系数 a,b,c 可能的选择

$\pm r'$	$\pm s$	$h(m)$
$\pm r'h(m)$	$\pm s$	1
$\pm r'h(m)$	$\pm h(m)s$	1
$\pm h(m)r'$	$\pm r's$	1
$\pm h(m)s$	$\pm r's$	1

注:表中 $r' \equiv r \bmod q$。

(3) 验证。

验证者在收到消息 m 和签名 (r,s) 后,可以按照以下验证方程检查签名的合法性:

$$r^a \equiv g^b y^c \mod p$$

表 8.2 中每一行的三个值都可以对 a,b,c 进行不同的组合,所以每一行都有 24 种不同的组合方式,总共可以得到 120 种基于离散对数问题的数字签名方案。当然,其中一些方案可能是不安全的。

表 8.3 给出了当

$$\{a,b,c\} = \{r',s,h(m)\}$$

时的签名方程和验证方程。表中的④其实就是 DSA 的情况,这时 $a=s,b=h(m),c=r'$。

表 8.3 一些基于离散对数问题的签名方案

序 号	签名方程	验证方程
①	$r'k \equiv s+h(m)x \mod q$	$r^{r'} \equiv g^s y^{h(m)} \mod p$
②	$r'k \equiv h(m)+sx \mod q$	$r^{r'} \equiv g^{h(m)} y^s \mod p$
③	$sk \equiv r'+h(m)x \mod q$	$r^s \equiv g^{r'} y^{h(m)} \mod p$
④	$sk \equiv h(m)+r'x \mod q$	$r^s \equiv g^{h(m)} y^{r'} \mod p$
⑤	$mk \equiv s+r'x \mod q$	$r^m \equiv g^s y^{r'} \mod p$
⑥	$mk \equiv r'+sx \mod q$	$r^m \equiv g^{r'} y^s \mod p$

2. Schnorr 签名方案

(1) 参数与密钥生成。

p:大素数且 $p \geq 2^{512}$。

q:大素数且 $q \mid (p-1)$,$q \geq 2^{160}$。

g:$g \in_R \mathbb{Z}_p^*$ 且 $g^q \equiv 1 \mod p$。

x:签名者的私钥,$1 \leq x \leq q-1$。

y:签名者的公钥,$y \equiv g^x \mod p$。

(2) 签名。

对于消息 m,签名者执行以下步骤:

① 随机选择整数 k,$1 \leq k \leq q-1$。

② 计算 $r \equiv g^k \mod p$。

③ 计算 $e = h(r,m)$。

④ 计算 $s \equiv (xe+k) \mod q$。

对消息 m 的签名为 (e,s)。

(3) 验证。

验证者在收到消息 m 和签名 (e,s) 后,通过以下步骤来验证签名的合法性:

① 计算 $r' \equiv g^s y^{-e} \bmod p$。

② 按照以下方程进行验证:
$$h(r',m) = e$$

Schnorr 签名的正确性可由下式证明:
$$r' \equiv g^s y^{-e} \equiv g^{xe+k-xe} \equiv g^k \equiv r \bmod p$$

3. Nyberg-Rueppel 签名方案

Nyberg-Rueppel 签名方案是一个具有消息恢复功能的数字签名方案,即验证算法不需要输入原始消息,原始消息可以从签名自身恢复出来,适合短消息的签名。

(1) 参数与密钥生成。

p:大素数。

q:大素数且 $q \mid (p-1)$。

g:$g \in_R \mathbb{Z}_p^*$ 且 $g^q \equiv 1 \bmod p$。

x:签名者的私钥,$1 \leqslant x \leqslant q-1$。

y:签名者的公钥,$y \equiv g^x \bmod p$。

(2) 签名。

对于消息 m,签名者执行以下步骤:

① 计算 $\widetilde{m} = R(m)$,其中 R 是从消息空间到签名空间的一个单一映射,并且容易求逆,称为冗余函数。

② 随机选择整数 k,$1 \leqslant k \leqslant q-1$。

③ 计算 $r \equiv g^{-k} \bmod p$。

④ 计算 $e \equiv \widetilde{m} r \bmod p$。

⑤ 计算 $s \equiv (xe+k) \bmod q$。

对消息 m 的签名为 (e,s)。

(3) 验证。

验证者在收到消息 m 和签名 (e,s) 后,通过以下步骤来验证签名的合法性:

① 验证是否有 $0<e<p$ 成立,如果不成立,则拒绝该签名。

② 验证是否有 $0 \leqslant s<q$ 成立,如果不成立,则拒绝该签名。

③ 计算 $v \equiv g^s y^{-e} \bmod p$ 和 $\widetilde{m} \equiv ve \bmod p$。

④ 验证是否有 $\widetilde{m} \in M_R$,如果 $\widetilde{m} \notin M_R$,则拒绝该签名,其中 M_R 表示 R 的值域。

⑤ 恢复消息 $m = R^{-1}(\widetilde{m})$。

下面证明 Nyberg-Rueppel 签名方案的正确性。

因为
$$v \equiv g^s y^{-e} \equiv g^{xe+k-xe} \equiv g^k \bmod p$$

所以
$$ve \equiv g^k \widetilde{m} g^{-k} \equiv \widetilde{m} \bmod p$$

8.5.2 基于大整数分解问题的数字签名

1. Feige-Fiat-Shamir 签名方案

(1) 参数与密钥生成。

n：$n = pq$，其中 p 和 q 是两个保密的大素数。

k：固定的正整数。

$x_1, x_2, \cdots, x_k$：签名者的私钥，$x_i \in \mathbb{Z}_n^* (1 \leq i \leq k)$。

$y_1, y_2, \cdots, y_k$：签名者的公钥，$y_i \equiv x_i^{-2} \bmod n (1 \leq i \leq k)$。

(2) 签名。

对于消息 m，签名者执行以下步骤：

① 随机选择整数 r，$1 \leq r \leq n-1$。

② 计算 $u \equiv r^2 \bmod n$。

③ 计算 $e = (e_1, e_2, \cdots, e_k) = h(m, u)$，$e_i \in \{0,1\}$。

④ 计算 $s \equiv r \prod_{i=1}^{k} x_i^{e_i} \bmod n$。

对消息 m 的签名为 (e, s)。

(3) 验证。

验证者在收到消息 m 和签名 (e, s) 后，通过以下步骤来验证签名的合法性：

① 计算 $u' \equiv s^2 \prod_{i=1}^{k} y_i^{e_i} \bmod n$。

② 按照以下方程进行验证：
$$h(m, u') = e$$

Feige-Fiat-Shamir 签名的正确性可由下式证明：
$$u' \equiv s^2 \prod_{i=1}^{k} y_i^{e_i} \equiv r^2 \prod_{i=1}^{k} x_i^{2e_i} \prod_{i=1}^{k} y_i^{e_i} \equiv r^2 \prod_{i=1}^{k} (x_i^2 y_i)^{e_i} \equiv r^2 \equiv u \bmod n$$

2. Guillou-Quisquater 签名方案

(1) 参数与密钥生成。

n：$n = pq$，其中 p 和 q 是两个保密的大素数。

k：$k \in \{1, 2, \cdots, n-1\}$ 且 $\gcd(k, (p-1)(q-1)) = 1$。

x：签名者的私钥，$x \in_R \mathbb{Z}_n^*$。

y：签名者的公钥，$y \in \mathbb{Z}_n^*$ 且 $x^k y \equiv 1 \bmod n$。

（2）签名。

对于消息 m，签名者执行以下步骤：

① 随机选择整数 $r \in \mathbb{Z}_n^*$。

② 计算 $u \equiv r^k \bmod n$。

③ 计算 $e = h(m, u)$。

④ 计算 $s \equiv rx^e \bmod n$。

对消息 m 的签名为 (e, s)。

（3）验证。

验证者在收到消息 m 和签名 (e, s) 后，通过以下步骤来验证签名的合法性：

① 计算 $u' \equiv s^k y^e \bmod n$。

② 按照以下方程进行验证：
$$h(m, u') = e$$

Guillou-Quisquater 签名的正确性可由下式证明：
$$u' \equiv s^k y^e \equiv (rx^e)^k y^e \equiv r^k (x^k y)^e \equiv r^k \equiv u \bmod n$$

8.5.3 具有特殊用途的数字签名

1. 盲签名

1982年，Chaum 首次提出了盲签名的概念。盲签名允许使用者获得一个消息的签名，而签名者既不知道该消息的内容，也不知道该消息的签名。盲签名可用于需要提供匿名性的密码协议中，如电子投票和电子现金。

一个盲签名方案由以下三部分组成：

（1）消息盲化：使用者利用盲因子对要签名的消息进行盲化处理，然后将盲化后的消息发送给签名者。

（2）盲消息签名：签名者对盲化后的消息进行签名，因此他并不知道真实消息的具体内容。

（3）恢复签名：使用者除去盲因子，得到真实消息的签名。

下面给出一个利用 RSA 数字签名构造的盲签名方案。

（1）参数与密钥生成。

① 选取两个保密的大素数 p 和 q。

② 计算 $n = pq$，$\phi(n) = (p-1)(q-1)$，其中 $\phi(n)$ 是 n 的欧拉函数值。

③ 随机选取整数 e，$1<e<\phi(n)$，满足 $\gcd(e,\phi(n))=1$。

④ 计算 d，满足 $de\equiv 1 \bmod \phi(n)$。

⑤ 公钥为 (e,n)，私钥为 d。

(2) 消息盲化。

对于消息 $m\in\mathbb{Z}_n$，随机选择 $0\leqslant k\leqslant n-1$ 且 $\gcd(n,k)=1$，消息盲化为

$$m^* \equiv k^e m \bmod n$$

其中，盲因子是 k，盲化后的消息为 m^*。根据 m^* 推出原始消息 m 是比较困难的。

(3) 盲消息签名。

对于盲化后的消息 m^*，签名为

$$s^* \equiv (m^*)^d \bmod n$$

(4) 恢复签名。

对于签名 s^*，去盲化为

$$s \equiv k^{-1} s^* \bmod n$$

则 s 是 m 的真正签名，其验证过程与普通 RSA 数字签名验证一致。

由于

$$s^* \equiv (m^*)^d \bmod n = (k^e m)^d \bmod n = km^d \bmod n$$

所以

$$s \equiv k^{-1} s^* \bmod n = k^{-1} km^d \bmod n = m^d \bmod n$$

2. 群签名

1991 年，Chaum 和 Van Heyst 首次提出了群签名的概念。群签名允许一个群体中的任意一个成员以匿名的方式代表整个群体对消息进行签名。它具有以下特点：

(1) 只有群体中的合法成员才能代表整个群体进行签名。

(2) 验证者可以用群公钥验证群签名的合法性，但不知道该群签名是由群体中的哪个成员所签。

(3) 在发生争议时，群管理员（权威机构）可以识别出实际的签名者。

群签名可以用于隐藏组织结构。例如，一个公司的职员可以利用群签名方案代表公司进行签名，验证者（可能是公司的顾客）只需要利用公司的群公钥进行签名的合法性验证，而并不知道该签名是由哪个职员所签的。当发生争议时，群管理员（可能是公司总经理）可以识别出实际的签名者。群签名还可以应用于电子投票、电子投标和电子现金等。

一个群签名方案由以下几部分组成：

（1）建立(setup)：一个用以产生群公钥和私钥的多项式概率算法。

（2）加入(join)：一个用户和群管理员之间的交互式协议。执行该协议可以使用户成为群成员，群管理员得到群成员的秘密的成员管理密钥，并产生群成员的私钥和成员证书。

（3）签名(sign)：一个概率算法，当输入一个消息、一个群成员的私钥和一个群公钥后，输出对该消息的签名。

（4）验证(verify)：给定一个消息的签名和一个群公钥后，判断该签名相对于该群公钥是否有效。

（5）打开(open)：给定一个签名、群公钥和群私钥的条件下确定签名者的身份。

一个好的群签名方案应该满足以下几个性质：

（1）正确性(correctness)：由群成员使用群签名算法产生的群签名，必须为验证算法所接受。

（2）不可伪造性(unforgeability)：只有群成员才能代表群体进行签名。

（3）匿名性(anonymity)：给定一个合法的群签名，除了群管理员外，任何人要识别出签名者的身份在计算上是困难的。

（4）不可关联性(unlinkability)：除了群管理员外，任何人要确定两个不同的群签名是否为同一群成员所签在计算上是困难的。

（5）可跟踪性(traceability)：群管理员总能打开一个群签名以识别出签名者的身份。

（6）可开脱性(exculpability)：群管理员和群成员都不能代表另一个群成员产生有效的群签名，群成员不必为他人产生的群签名承担责任。

（7）抗联合攻击(coalition-resistance)：即使一些群成员串通在一起也不能产生一个合法的群签名，使得群管理员不能跟踪该签名。

3. 代理签名

1996年，Mambo等首次提出了代理签名的概念。在代理签名方案中，允许原始签名者把他的签名权力委托给代理签名者，然后代理签名者就可以代表原始签名者进行签名。代理签名可用于需要委托权力的密码协议中，如电子现金、移动代理和移动通信等。

一个代理签名方案由以下几部分组成：

（1）系统建立：选定代理签名方案的系统参数、用户的密钥等。

（2）签名权力的委托：原始签名者将自己的签名权力委托给代理签名者。

（3）代理签名的产生：代理签名者代表原始签名者产生代理签名。

（4）代理签名的验证：验证人验证代理签名的有效性。

根据签名权力委托的方式不同,代理签名可以分为以下几类:

(1) 完全代理(full delegation):原始签名者直接把自己的私钥发送给代理签名者,代理签名者所产生的签名与原始签名者所产生的签名是不可区分的。

(2) 部分代理(partial delegation):原始签名者利用自己的私钥计算出一个代理签名密钥并发送给代理签名者。出于安全考虑,要求从代理签名密钥不能求出原始签名者的私钥。

(3) 具有证书的代理(delegation by warrant):原始签名者使用普通的签名方案对代理信息(如原始签名者和代理签名者的身份、代理签名的有效期等)进行签名,然后把产生的证书发送给代理签名者。此证书可以用来证明代理签名者身份的合法性。

(4) 具有证书的部分代理(partial delegation with warrant):原始签名者利用自己的私钥计算出一个代理签名密钥并连同一个证书一起发送给代理签名者。这里同样要求从代理签名密钥不能求出原始签名者的私钥。与其他三类代理签名相比,具有证书的部分代理签名结合了部分代理签名和具有证书的代理签名的优点,更加安全和有效。

根据原始签名者能否产生同代理签名者一样的签名,代理签名又可分为两类:

(1) 代理非保护(proxy-unprotected):原始签名者能够产生有效的代理签名。

(2) 代理保护(proxy-protected):原始签名者不能够产生有效的代理签名。

一个强代理签名方案应满足以下几个性质:

(1) 可区分性(distinguishability):任何人都可区分代理签名和正常的原始签名者的签名。

(2) 可验证性(verifiability):从代理签名中,验证者能够相信原始签名者认同了这份签名消息。

(3) 强不可伪造性(strong unforgeability):只有指定的代理签名者能够产生有效代理签名,原始签名者和没有被指定为代理签名者的第三方都不能产生有效代理签名。

(4) 强可识别性(strong identifiability):任何人都能够从代理签名中确定代理签名者的身份。

(5) 强不可否认性(strong undeniability):一旦代理签名者代替原始签名者产生了有效的代理签名,他就不能向任何人否认他所签的有效代理签名。

(6) 防止滥用(prevention of misuse):确保代理密钥不能用于除产生有效代理签名以外的其他目的,即代理签名者不能签没有被原始签名者授权的消息。

下面给出一个由 Mambo 等提出的代理签名方案。

(1) 参数与密钥生成。

p:大素数且 $p \geq 2^{512}$。

q:大素数且 $q \mid (p-1)$, $q \geq 2^{160}$。

g: $g \in {}_R\mathbb{Z}_p^*$ 且 $g^q \equiv 1 \bmod p$。

x:原始签名者的私钥,$1 \leq x \leq q-1$。

y:原始签名者的公钥,$y \equiv g^x \bmod p$。

a:代理签名者的私钥,$1 \leq a \leq q-1$。

b:代理签名者的公钥,$b \equiv g^a \bmod p$。

(2) 签名权力的委托。

① 原始签名者随机选取整数 k, $1 \leq k \leq q-1$, 计算
$$K \equiv g^k \bmod p, s \equiv (x+kK) \bmod q$$
并发送 (K,s) 给代理签名者。

② 代理签名者验证
$$g^s \equiv yK^K \bmod p$$
是否成立。如果不成立,则拒绝该委托请求;否则,计算代理密钥 $z \equiv s + ab \bmod q$。

(3) 代理签名的产生。

对于消息 m,代理签名者可以采用通常的数字签名算法(如 Schnorr、DSA)进行签名,得到
$$v = \text{Sig}(z, m)$$
值得注意的是,这里用的签名私钥是 z,而不是 a。消息 m 的签名为
$$(v, K, y, b)$$

(4) 代理签名的验证。

验证者在收到消息 m 和签名 (v,K,y,b) 后,首先计算代理公钥
$$yK^K b^b \bmod p \, (= g^z \bmod p)$$
其次利用该代理公钥执行通常的签名验证算法进行验证,即验证
$$\text{Ver}(g^z, m, v) = \text{"真"或者"伪"}$$

习题八

1. 在 RSA 签名方案中,设 $p=7$, $q=17$, 公钥 $e=5$, 消息 m 的 Hash 值为 19, 试计算私钥 d 并给出对该消息的签名和验证过程。

2. 在 ElGamal 签名方案中,设 $p=19, g=2$,私钥 $x=9$,则公钥 $y \equiv 2^9 \bmod 19 \equiv 18$。若消息 m 的 Hash 值为 152,试给出选取随机数 $k=5$ 时的签名和验证过程。

3. 在 DSA 签名算法中,如果一个签名者在对两个不同的消息签名时使用了相同的随机整数 k,试显示攻击者可以恢复出该签名者的私钥。

4. 在 DSS 中,设 $q=13, p=4q+1=53, g=16$,签名者的私钥 $x=3$,公钥 $y \equiv 16^3 \bmod 53 \equiv 15$,消息 m 的 Hash 值为 5,试给出选取随机数 $k=2$ 时的签名和验证过程。

5. 简述盲签名、群签名、代理签名的用途。

第9章 密码协议

协议(protocol)是一系列步骤,它包括两方或多方,设计它的目的是要完成一项任务。"一系列步骤"意味着协议是从开始到结束的一个序列,每一步必须依次执行,在前一步完成之前,后面的步骤都不能执行;"包括两方或多方"意味着完成这个协议至少需要两个人,单独一个人不能构成协议;"设计它的目的是要完成一项任务"意味着协议必须实现某种功能。协议还具有下述特点:

(1) 协议中的每个人都必须了解协议,并且事先知道所要完成的所有步骤。
(2) 协议中的每个人都必须同意并遵循它。
(3) 协议必须是清楚的,每一步必须明确定义,并且不会引起误解。
(4) 协议必须是完整的,对每种可能的情况必须规定具体的动作。

密码协议(cryptographic protocol)就是利用密码技术构造的协议。协议的参与者可能是朋友和完全信任的人,也可能是敌人和互相不信任的人。在协议中使用密码的目的是防止或发现窃听者和欺骗等行为。

本章首先介绍密钥分配和密钥协商协议,其次介绍秘密共享和身份识别协议,最后介绍零知识证明协议和签密技术。这些协议在网络安全中都有着重要的应用价值。

9.1 密钥分配

为了使用对称加密算法,需要为通信双方建立一个共享密钥。密钥可分为如下两类:

(1) 静态密钥(长期密钥):这类密钥使用的周期比较长,确切的周期取决于具体的应用,从几小时到几年。妥协一个静态密钥将产生灾难性的后果。

(2) 会话密钥(短期密钥):这类密钥的生命周期比较短,只有几分钟或几天。会话密钥通常用于在某一时间段内加密数据。妥协一个会话密钥只会影响这一时间段内的隐私,而不会对系统的长期安全造成影响。

密钥分配(key distribution)是密码学中的一个基本问题。通过密钥分配协议,可以使通信双方在一个不安全的信道建立一个共享密钥。密钥分配的方法有如下几种:

(1) 物理分配:使用信使通过物理手段进行分配。这种方法的主要缺陷是系统的安全性不再取决于密钥,而取决于信使。如果能够贿赂、绑架或杀死信使,就可以攻破这个系统。

(2) 使用对称密码技术分配:一旦在用户和信任权威之间建立了密钥,就可以使用信任权威帮助任何两个用户产生共享密钥。这种方法需要信任权威和这两个用户同时在线,并且也需要一种物理的手段建立初始密钥。

(3) 使用公钥密码技术分配:使用公钥密码技术,两个互不认识或信任的用户可以建立一个共享密钥。我们可以使用密钥交换(key exchange)协议来实现。事实上,这是公钥密码技术最普通的一个应用。通常不用公钥密码技术去加密大量数据,而是先使用公钥密码技术分配一个密钥,然后再利用这个密钥使用对称密码体制来加密这些数据。

如果有 n 个用户,每个用户都需要与其他用户进行保密通信,则共需要

$$\frac{n(n-1)}{2}$$

个密钥,每个用户都需要存储 $n-1$ 个密钥。当 n 很大时,这将导致一个庞大的密钥管理问题。通常的解决办法是每个用户只保存一个与信任权威通信的静态密钥,这样就只需要 n 个密钥。当两个用户需要通信时,他们在信任权威的帮助下产生一个会话密钥,该会话密钥只适用于这次通信。

下面介绍两种利用对称密码技术来分配会话密钥,在 9.2 节,将介绍利用公钥密码技术来分配会话密钥。

9.1.1 Needham-Schroeder 协议

假设 A 和 B 分别与信任权威 T 建立了一个共享的静态密钥 K_{at} 和 K_{bt}。图 9.1 显示了 A 和 B 建立会话密钥的具体过程,其消息流描述如下:

$$A \to T: A, B, N_a$$
$$T \to A: \{N_a, B, K_{ab}, \{K_{ab}, A\}_{K_{bt}}\}_{K_{at}}$$
$$A \to B: \{K_{ab}, A\}_{K_{bt}}$$
$$B \to A: \{N_b\}_{K_{ab}}$$
$$A \to B: \{N_b - 1\}_{K_{ab}}$$

(1) A 向 T 发送一个会话密钥请求,请求中包括了 A 和 B 的身份及一个随机数 N_a,使用随机数的目的是防止假冒。

(2) T 为 A 的请求发出应答。应答包括了随机数 N_a,B 的身份,会话密钥

K_{ab},发送给 B 的消息 $\{K_{ab},A\}_{K_{bt}}$。$\{K_{ab},A\}_{K_{bt}}$ 表示用 K_{bt} 加密消息 K_{ab} 和 A。T 将应答用 K_{at} 加密后发送给 A。

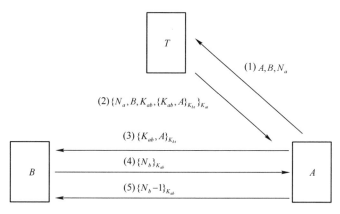

图 9.1　Needham-Schroeder 协议

(3) A 向 B 转发 $\{K_{ab},A\}_{K_{bt}}$。因为转发的是由 K_{bt} 加密后的密文,所以转发过程中不会被窃听。B 收到后,可得到会话密钥 K_{ab} 并且知道建立会话密钥的对方是 A。

(4) B 用会话密钥加密另一个随机数 N_b,并将加密结果发送给 A。这样做的目的是使 B 相信第(3)步收到的消息不是一个重放。

(5) A 对 B 的随机数 N_b 做一个简单的变换(如减 1),并用会话密钥加密后发送给 B。

从上述描述可以看出,第(3)步就完成了密钥分配,第(4)步和第(5)步执行的是认证功能。

9.1.2　Kerberos

Kerberos 用于提供两个实体之间的认证并分配会话密钥,其基本思想来源于 Needham-Schroeder 协议。Kerberos 维护一个中心数据库,该数据库保存每个用户的口令。Kerberos 拥有一个认证服务器(authentication server,AS),用于对用户的认证。此外,Kerberos 还引入一个票据许可服务器(ticket granting server,TGS),用于对服务和资源的访问控制。

假设 A 希望访问资源 B。首先 A 使用口令登录到认证服务器,认证服务器用口令加密一个票据并发送给 A,这个票据包括了一个密钥 K_{at}。其次 A 利用 K_{at} 从 TGS 获得另一个访问资源 B 的票据,这个票据包括了会话密钥 K_{ab}、时戳 T_t 和有效期 L。图 9.2 显示了 A 和 B 建立会话密钥的具体过程,其消息流描述如下:

$A \rightarrow T : A, B$

$T \rightarrow A : \{T_t, L, K_{ab}, B, \{T_t, L, K_{ab}, A\}_{K_{bt}}\}_{K_{at}}$

$A \rightarrow B : \{T_t, L, K_{ab}, A\}_{K_{bt}}, \{A, T_A\}_{K_{ab}}$

$B \rightarrow A : \{T_A + 1\}_{K_{ab}}$

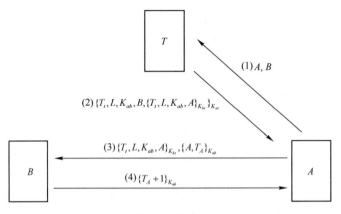

图 9.2　Kerberos

(1) A 向 T 发送一个希望访问资源 B 的请求。

(2) 如果 T 允许 A 访问资源 B，则生成一个票据 $\{T_t, L, K_{ab}, A\}$ 并将该票据用 K_{bt} 加密。这个票据随后由 A 转发给 B。A 也得到一个只有他才能阅读的会话密钥 K_{ab}。

(3) A 向 B 转发 $\{T_t, L, K_{ab}, A\}_{K_{bt}}$。因为转发的是由 K_{bt} 加密后的密文，所以转发过程中不会被窃听。B 收到后，可得到会话密钥 K_{ab} 并且知道建立会话密钥的对方是 A。同时，A 向 B 发送一个时戳 T_A，这个 T_A 是用会话密钥 K_{ab} 加密的。

(4) B 用会话密钥加密 T_A+1，并将加密结果发送给 A。这样做的目的是使 A 知道 B 已经收到了会话密钥。

9.2　密钥协商

密钥协商(key agreement)协议可以使两个用户在一个公开信道生成一个会话密钥，这个会话密钥是双方输入消息的一个函数。

9.2.1　Diffie-Hellman 密钥交换协议

Diffie-Hellman 密钥交换协议是由 Diffie 和 Hellman 在 1976 年提出的，它是

一个典型的密钥协商协议。通信双方利用该协议可以安全地建立一个共享密钥。

设 p 是一个大素数，$g \in \mathbb{Z}_p$ 是一个本原元，用户 A 和 B 执行以下步骤：

（1）A 随机选取 $a(2 \leqslant a \leqslant p-2)$，计算 $y_A \equiv g^a \bmod p$，并将 y_A 发送给 B。

（2）B 随机选取 $b(2 \leqslant b \leqslant p-2)$，计算 $y_B \equiv g^b \bmod p$，并将 y_B 发送给 A。

（3）A 计算 $k \equiv y_B^a \bmod p$。

（4）B 计算 $k \equiv y_A^b \bmod p$。

这样用户 A 和 B 就建立了一个共享密钥 $k \equiv g^{ab} \bmod p$，接下来他们就可以使用对称密码体制以 k 为密钥进行保密通信了。

例 9.1 假设 $p=19, g=13, A$ 和 B 分别选取随机数 $a=3$ 和 $b=5$。A 计算

$$y_A \equiv 13^3 \bmod 19 \equiv 12$$

并将 y_A 发送给 B。B 计算

$$y_B \equiv 13^5 \bmod 19 \equiv 14$$

并将 y_B 发送给 A。然后，A 计算

$$k \equiv 14^3 \bmod 19 \equiv 8$$

B 计算

$$k \equiv 12^5 \bmod 19 \equiv 8$$

因此 A 和 B 就获得了共享密钥 $k=8$。

Diffie-Hellman 密钥交换协议的安全性并不是基于离散对数问题的困难性，而是基于 Diffie-Hellman 问题的困难性，求解 Diffie-Hellman 问题要比求解离散对数问题容易些。此外，Diffie-Hellman 密钥交换协议还易受到中间人攻击，如图 9.3 所示。

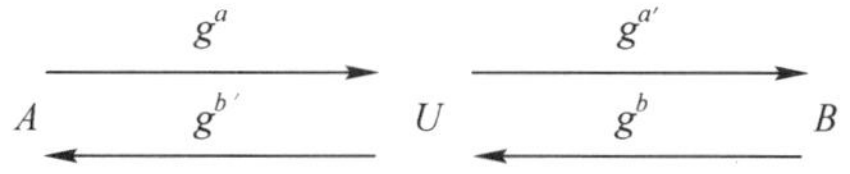

$$A \xrightarrow{g^a} \xleftarrow{g^{b'}} U \xrightarrow{g^{a'}} \xleftarrow{g^b} B$$

图 9.3 Diffie-Hellman 密钥交换协议的中间人攻击

假设 U 是一个主动攻击者，他在 A 和 B 之间，截获 A 和 B 传送的消息并替换成自己的消息。当协议结束时，A 与 U 建立了一个共享密钥 $g^{ab'}$，但 A 却误认为是与 B 建立的共享密钥，B 与 U 建立了一个共享密钥 $g^{ba'}$，但 B 却误认为是与 A 建立的共享密钥。实际上 A 和 B 之间并没有建立一个共享密钥。当 A 发送机密信息给 B 时，A 用密钥 $g^{ab'}$ 加密信息，U 可以截获并进行解密，然后把自己伪造的另一个消息用密钥 $g^{ba'}$ 加密后发送给 B。这样 U 就可以成功欺骗 A 和 B，而 A 和 B 根本不知道。为了抵抗中间人攻击，需要对密钥协商协议加上认证措施，以

便双方能够相互确认对方的身份。

Diffie-Hellman 密钥交换协议也可以扩展到椭圆曲线中,就变成了椭圆曲线 Diffie-Hellman 密钥交换协议(elliptic curve Diffie-Hellman, ECDH)。首先在椭圆曲线 $E_p(a,b)$ 上选取一个阶为 n(n 为一个大素数)的生成元 P,其次用户 A 和 B 执行以下步骤:

(1) A 随机选取 $a(2 \leq a \leq n-1)$,计算 $Q_A = aP$,并将 Q_A 发送给 B。

(2) B 随机选取 $b(2 \leq b \leq n-1)$,计算 $Q_B = bP$,并将 Q_B 发送给 A。

(3) A 计算 $k = aQ_B$。

(4) B 计算 $k = bQ_A$。

这样用户 A 和 B 就建立了一个共享密钥 $k = aQ_B = bQ_A = abP$,接下来他们就可以使用对称密码体制以 k 为密钥进行保密通信了。

例 9.2 设采用例 7.12 中的椭圆曲线,生成元是 $P = (2,7)$。A 和 B 分别选取随机数 $a = 3$ 和 $b = 5$。A 计算
$$Q_A = 3P = (8,3)$$
并将 Q_A 发送给 B。B 计算
$$Q_B = 5P = (3,6)$$
并将 Q_B 发送给 A。然后,A 计算
$$k = aQ_B = 3(3,6) = (5,2)$$
B 计算
$$k = bQ_A = 5(8,3) = (5,2)$$
因此 A 和 B 就获得了共享密钥 $k = (5,2)$。

9.2.2 端到端协议

1992 年,Diffie, Oorschot 和 Wiener 提出了一个端到端协议(station-to-station protocol),该协议是 Diffie-Hellman 密钥交换协议的一个改进,增加了实体间的相互认证和密钥的相互确认,如图 9.4 所示。因此,它可以抵抗中间人攻击。

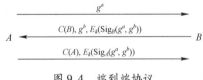

图 9.4 端到端协议

设 p 是一个大素数,$g \in \mathbb{Z}_p$ 是一个本原元。每个用户 U 都有一个签名方案,签名算法为 Sig_U,签名验证算法为 Ver_U。可信中心 TA 也有一个签名方案,签名

算法为 Sig_{TA},签名验证算法为 Ver_{TA}。每个用户 U 拥有一个证书:
$$C(U)=(\text{ID}_U,pk_U,\text{Sig}_{TA}(\text{ID}_U,pk_U))$$
其中,ID_U 为用户的身份信息,pk_U 为用户的公钥,证书 $C(U)$ 由 TA 事先签发。

端到端协议的具体步骤如下:

(1) A 随机选取 $a(2 \leq a \leq p-2)$,计算 $y_A \equiv g^a \bmod p$,并将 y_A 发送给 B。

(2) B 随机选取 $b(2 \leq b \leq p-2)$,计算 $y_B \equiv g^b \bmod p$,$k \equiv y_A^b \bmod p$ 和 $E_B = E_k(\text{Sig}_B(y_A,y_B))$。

(3) B 将 $(C(B),y_B,E_B)$ 发送给 A。

(4) A 首先验证 $C(B)$ 的有效性,计算 $k \equiv y_B^a \bmod p$,其次用 k 解密 E_B 得到 B 的签名 $\text{Sig}_B(y_A,y_B)$,最后验证 B 的签名的有效性。

(5) A 计算 $E_A = E_k(\text{Sig}_A(y_A,y_B))$。

(6) A 将 $(C(A),E_A)$ 发送给 B。

(7) B 首先验证 $C(A)$ 的有效性,其次用 k 解密 E_A 得到 A 的签名 $\text{Sig}_A(y_A,y_B)$,最后验证 A 的签名的有效性。

端到端协议用签名算法实现了实体间的相互认证,从而可以抵抗中间人攻击。此外,通过用 k 把签名进行加密来实现密钥的相互确认。

9.3 秘密共享

秘密共享是现代密码学的一项重要技术,是指将一个秘密分成许多份额,然后秘密地分配给一群用户,使得这群用户中有足够多的人提供出份额才能重建原来的秘密,单个用户根据自身的份额不可能重建原来的秘密。

(k,n) 门限方案(threshold scheme)是指将一个秘密 s 分成 n 个秘密份额 s_1,s_2,$\cdots$,s_n,然后秘密分配给 n 个用户,使得:

(1) 由 k 个或多于 k 个用户持有的秘密份额 s_i 可恢复秘密 s。

(2) 由 $k-1$ 个或更少的用户持有的秘密份额 s_i 不能获得关于秘密 s 的任何信息。

其中,k 称为门限值,且满足 $1 \leq k \leq n$。

下面介绍三种最具代表性的秘密共享方案。

9.3.1 Shamir 门限方案

1979 年,Shamir 提出了一个基于多项式拉格朗日插值的 (k,n) 门限方案。设 p 为一个素数,$p \geq n+1$,共享秘密为 $s \in \mathbb{Z}_p$。假设由一个可信中心 T 来给这 n

个用户分配秘密份额,Shamir 门限方案由份额分配算法和恢复算法构成。

(1) 份额分配算法。

① T 随机选择 $k-1$ 个独立的系数 $a_1,a_2,\cdots,a_{k-1}\in\mathbb{Z}_p$,定义 $a_0=s$,建立一个多项式

$$f(x)=a_0+a_1x+\cdots+a_{k-1}x^{k-1}$$

② T 选择 n 个互不相同的元素 $x_1,x_2,\cdots,x_n\in\mathbb{Z}_p$,并计算 $y_i\equiv f(x_i)\bmod p$,$1\leq i\leq n$。最直接的方法是令 $x_i=i$。

③ 将 (x_i,y_i) 分配给用户 U_i,$1\leq i\leq n$,其中 x_i 公开,y_i 为 U_i 的秘密份额。

(2) 恢复算法。

任何 k 个或更多的用户将他们的份额集中起来。这些份额提供了 k 个不同的点 (x_i,y_i),可以通过拉格朗日插值计算出 $f(x)$ 的系数 a_i,$0\leq i\leq k-1$。秘密 s 就可以通过计算 $f(0)=a_0=s$ 得到。

对于一个次数小于 k 的未知多项式 $f(x)$ 来说,给定 k 个点 (x_i,y_i),$1\leq i\leq k$,可以根据拉格朗日插值公式进行重建

$$f(x)=\sum_{i=1}^{k}y_i\prod_{j=1,j\neq i}^{k}\frac{x-x_j}{x_i-x_j}$$

当 $f(0)=a_0=s$,共享的秘密可以表示为

$$s=\sum_{i=1}^{k}c_iy_i,\quad c_i=\prod_{j=1,j\neq i}^{k}\frac{-x_j}{x_i-x_j}$$

当 c_i 是公开的,这 k 个用户都可以计算出秘密信息 s。

例9.3 设 $k=3,n=5,p=13,s=10$,选取 $a_1=5,a_2=2$,建立多项式

$$f(x)\equiv(10+5x+2x^2)\bmod 13$$

5 个份额计算如下:

$$y_1=f(1)=10+5+2\equiv 4\bmod 13$$
$$y_2=f(2)=10+10+8\equiv 2\bmod 13$$
$$y_3=f(3)=10+15+18\equiv 4\bmod 13$$
$$y_4=f(4)=10+20+32\equiv 10\bmod 13$$
$$y_5=f(5)=10+25+50\equiv 7\bmod 13$$

任意取出 3 个份额就可以恢复秘密信息 $s=10$。如取出 $(1,4),(2,2),(5,7)$,秘密信息 s 可以通过下式计算

$$s\equiv 4\times\frac{(-2)(-5)}{(1-2)(1-5)}+2\times\frac{(-1)(-5)}{(2-1)(2-5)}+7\times\frac{(-1)(-2)}{(5-1)(5-2)}\bmod 13=10\bmod 13$$

Shamir 门限方案存在两方面的弱点:一方面,该方案不能检测可信中心分配

假的份额给用户,也不能检测妥协的用户提供假的份额;另一方面,该方案需要一个可信中心来分配秘密份额给用户。为了检测假的份额,Chor 等在 1985 年提出了可验证秘密共享(verifiable secret sharing)的概念。可验证秘密共享方案利用单向函数为每个秘密份额生成一些额外的公开信息,这些公开信息可以在不泄露秘密份额的前提下验证份额的正确性。为了解决 Shamir 门限方案的第二个弱点,Pedersen 在 1991 年提出了一个不需要可信中心的秘密共享方案。下面两小节介绍这两种秘密共享方案。

9.3.2 可验证秘密共享

本节介绍一个由 Feldman 在 1987 年提出的可验证秘密共享方案。

(1)参数生成。

① 选取大素数 p 和 q,q 是 $p-1$ 的一个素因子。

② g 是 $\mathbb{Z}_p^*$ 中的一个 q 阶元素。

③ k 是门限值,n 是用户个数。

(2)份额分配算法。

假设可信中心 T 欲将秘密 $s \in \mathbb{Z}_q$ 在 n 个用户 $U_i (1 \leqslant i \leqslant n)$ 之间进行分配,其步骤如下:

① T 随机选择 $k-1$ 个独立的系数 $a_1, a_2, \cdots, a_{k-1} \in \mathbb{Z}_q$,定义 $a_0 = s$,建立一个多项式

$$f(x) = a_0 + a_1 x + \cdots + a_{k-1} x^{k-1}$$

② T 计算 $y_i \equiv f(i) \bmod q, 1 \leqslant i \leqslant n$,并将 (i, y_i) 分配给用户 U_i,其中 i 公开,y_i 为 U_i 的秘密份额。

③ 广播 $b_i \equiv g^{a_i} \bmod p, i = 0, 1, \cdots, k-1$。

(3)份额验证算法。

对于份额 $y_i (1 \leqslant i \leqslant n)$,$U_i$ 可以验证是否有

$$g^{y_i} \equiv \prod_{j=0}^{k-1} b_j^{i^j} \bmod p$$

如果等式不成立,则说明 U_i 收到的份额 y_i 是无效的,U_i 就可以广播一个对 T 的抱怨。

(4)恢复算法。

当 k 个用户 $U_1, U_2, \cdots, U_k$ 合作恢复秘密时,每个 U_i 向其他合作者广播自己的份额 y_i,每个合作者都可以通过下式

$$g^{y_i} \equiv \prod_{j=0}^{k-1} b_j^{i^j} \bmod p$$

来验证 y_i 的有效性。当所有的 $y_i(1 \leq i \leq k-1)$ 都被验证为有效时，每个合作者都可以通过拉格朗日插值法计算出秘密 s。

9.3.3 无可信中心的秘密共享

本节介绍一个由 Pedersen 在 1991 年提出的无可信中心的秘密共享方案。

(1) 参数生成。

① 选取大素数 p 和 q，q 是 $p-1$ 的一个素因子。

② g 是 $\mathbb{Z}_p^*$ 中的一个 q 阶元素。

③ k 是门限值，n 是用户个数。

(2) 份额分配算法。

① 每个用户 U_i 选择一个秘密 s_i 和一个在 $\mathbb{Z}_q$ 上的次数为 $k-1$ 的多项式 $f_i(x)$，使得 $f_i(0) = a_{i0} = s_i$。

$$f_i(x) = a_{i0} + a_{i1}x + \cdots + a_{i,k-1}x^{k-1}$$

② U_i 计算 $b_{ij} \equiv g^{a_{ij}} \bmod p, j = 0, 1, \cdots, k-1$ 并广播 $\{b_{ij}\}_{j=0,1,\cdots,k-1}$。

③ U_i 计算 $y_{ij} \equiv f_i(j) \bmod q, 1 \leq i \leq n$，并将 y_{ij} 秘密发送给 $U_j, j = 1, 2, \cdots, n$，U_i 自己保留 y_{ii}。

(3) 份额验证算法。

对于从 U_j 收到的份额 y_{ji}，U_i 可以验证是否有

$$g^{y_{ji}} \equiv \prod_{l=0}^{k-1} b_{jl}^{i^l} \bmod p$$

如果等式不成立，则说明 U_i 收到的份额 y_{ji} 是无效的，U_i 就可以广播一个对 U_j 的抱怨。

(4) 恢复算法。

① U_i 计算自己的秘密份额

$$y_i = \sum_{j=1}^{n} y_{ji}$$

② 当 k 个用户 $U_1, U_2, \cdots, U_k$ 合作恢复秘密时，每个 U_i 向其他合作者广播自己的份额 y_i，每个合作者都可以通过下式

$$g^{y_i} \equiv \prod_{j=1}^{n} \prod_{l=0}^{k-1} b_{jl}^{i^l} \bmod p$$

来验证 y_i 的有效性。当所有的 $y_i(1 \leq i \leq k-1)$ 都被验证为有效时，每个合作者都可以通过拉格朗日插值法计算出秘密 s。

设

$$f(x) = f_1(x) + \cdots + f_n(x)$$

U_i 得到的秘密份额 $y_i = f(i)$，$i = 1, 2, \cdots, n$，共享的秘密

$$s = f(0) = \sum_{i=1}^{n} f_i(0) = \sum_{i=1}^{n} s_i = \sum_{i=1}^{n} a_{i0}$$

9.4 身份识别

9.4.1 身份识别的概念

在很多情况下，我们都需要证明自己的身份，如登录计算机系统、从银行的自动取款机(automatic teller machine,ATM)取款等。身份识别(identification)就是让验证者相信正在与之通信的另一方就是所声称的那个实体，其目的是防止假冒。身份识别协议涉及一个证明者 P(prover)和一个验证者 V(verifier)。P 要让 V 相信"他是 P"。一个安全的身份识别协议应该满足以下三个条件：

(1) P 能向 V 证明他的确是 P。

(2) P 向 V 证明他的身份后，V 没有获得任何有用的信息，即 V 不能冒充 P，向第三方证明他就是 P。

(3) 除了 P 以外的第三者 C 以 P 的身份执行该协议，能够让 V 相信他是 P 的概率可以忽略不计。

以上三个条件说明了 P 能向 V 证明他的身份，但又没有向 V 泄露他的识别信息，任何第三者都不能冒充 P 向 V 证明他是 P。

身份识别是一个实时过程，有时间限制，即协议执行时证明者确实在实际的参与并自始至终地执行协议规定的动作，仅在成功完成协议时验证者才确信证明者的身份，但之后又要重新识别。这点与消息认证(message authentication)不同。例如，签名者 A 对消息 m 的签名为 $s = \text{Sig}_A(m)$，不论什么时候，只要通过验证 $\text{Ver}_A(m, s) =$ "真"就能确认 s 是 A 对消息 m 的签名，这里没有时间限制。

身份识别分为弱识别和强识别两种类型：

(1) 弱识别：使用口令(password)、口令段(passphrase)、口令驱动的密钥等。

(2) 强识别：通过向验证者展示与证明者实体有关的秘密信息来证明自己的身份。这种类型的识别常常采用挑战—应答(challenge-response)的方式进行。挑战是指一方随机地选取一个秘密数发送给另一方，而应答是对挑战的回答。应答应该与实体的秘密信息及对方挑战有关系。

9.4.2 Guillou-Quisquater 身份识别方案

1988 年,Guillou 和 Quisquater 提出了基于 RSA 密码体制安全性的身份识别方案。

(1) 系统初始化。

Guillou-Quisquater 身份识别方案需要一个信任权威 TA。TA 选择两个大素数 p 和 q,计算 $n=pq$,确定自己的签名算法 Sig_{TA} 和 Hash 函数 h。TA 还要选取一个长度为 40 比特的素数 b 作为自己的公钥,计算私钥 $a \equiv b^{-1} \bmod \varphi(n)$。公开参数为 n,b,h。

(2) TA 向 P 颁发身份证书。

① TA 为 P 建立身份信息 ID_P。

② P 秘密选取一个整数 $u,0 \leqslant u \leqslant n-1$ 且 $\gcd(u,n)=1$,计算
$$v \equiv (u^{-1})^b \bmod n$$
并将 v 发送给 TA。

③ TA 计算签名 $s=\text{Sig}_{TA}(\text{ID}_P,v)$,将证书 $C(P)=(\text{ID}_P,v,s)$ 发送给 P。

(3) P 向 V 证明其身份。

① P 随机选取整数 $k,1 \leqslant k \leqslant n-1$,计算
$$\gamma \equiv k^b \bmod n$$
并将证书 $C(P)$ 和 γ 发送给 V。

② V 验证 s 是否是 TA 对 (ID_P,v) 的签名。如果是,则 V 随机选取整数 $r,0 \leqslant r \leqslant b-1$,并把它发送给 P。

③ P 计算
$$y = ku^r \bmod n$$
并将 y 发送给 V。

④ V 验证是否有
$$\gamma \equiv v^r y^b \bmod n$$
成立。如果成立,则 V 就接受 P 的身份证明;否则,拒绝 P 的身份证明。

在 Guillou-Quisquater 身份识别方案中,由于 P 掌握了秘密信息 u,对于任何挑战 r,P 都可以在步骤③中计算 y,使得
$$v^r y^b \equiv (u^{-b})^r (ku^r)^b \equiv k^b \equiv \gamma \bmod n$$
成立。如果一个攻击者 C 能够猜测出 V 随机选取的整数 r,则 C 可以任意选取一个 y,计算
$$\gamma \equiv v^r y^b \bmod n$$

在步骤①中,C 将 γ 发送给 V,在步骤③中,C 将 y 发送给 V。最后在步骤④中,V 一定能够验证

$$\gamma \equiv v^r y^b \bmod n$$

成立,V 接受 C 的身份证明,从而 C 成功地冒充了 P。攻击者 C 能够猜测出随机数 r 的概率为 $1/b$。因为 b 是一个很大的整数,所以 C 想成功冒充 P 的概率非常小。

9.4.3 简化的 Fiat-Shamir 身份识别方案

设 p 和 q 是两个不同的大素数,$n=pq$,x 是模 n 的二次剩余,y 是 x 的平方根,即 $y^2 \equiv x \bmod n$。公开 n 和 x,保密 p,q 和 y。在 n 的分解未知时,求 $y^2 \equiv x \bmod n$ 的解是一个困难问题。P 通过向 V 证明他知道秘密值 y 来证明自己的身份。简化的 Fiat-Shamir 身份识别方案有如下 4 个步骤:

(1) P 随机选择 $r \in \mathbb{Z}_n^*$ 并发送 $a \equiv r^2 \bmod n$ 给 V。

(2) V 随机选取 $e \in \{0,1\}$ 并将其发送给 P。

(3) P 计算 $b \equiv ry^e \bmod n$ 并将其发送给 V。当 $e=0$ 时,$b \equiv r \bmod n$;当 $e=1$ 时,$b \equiv ry \bmod n$。

(4) V 验证是否有

$$b^2 \equiv ax^e \bmod n$$

成立。如果成立,则 V 就接受 P 的身份证明;否则,拒绝 P 的身份证明。

在简化的 Fiat-Shamir 身份识别方案中,步骤(1)的消息是一个承诺,表示 P 知道 a 的平方根;步骤(2)的消息是 V 发起的一个挑战,如果 $e=0$,则 P 需要打开承诺并展示 r,如果 $e=1$,则 P 需要以加密的形式展示所知道的秘密值 y,即展示 ry;步骤(3)的消息是 P 的一个应答。由于 P 掌握了秘密值 y,对于任何挑战 e,P 都可以在步骤(3)中计算 b,使得

$$b^2 \equiv (ry^e)^2 \equiv (r^2 y^{2e}) \equiv ax^e \bmod n$$

成立。如果一个攻击者 C 能够猜测出 V 随机选取的 e,则 C 可以任意选取 $r \in \mathbb{Z}_n^*$,计算

$$a \equiv \frac{r^2}{x^e} \bmod n$$

在步骤(1)中,C 将 a 发送给 V,在步骤(3)中,C 将 r 发送给 V。最后在步骤(4)中,V 一定能够验证

$$b^2 \equiv ax^e \bmod n$$

成立,V 接受 C 的身份证明,从而 C 成功地冒充了 P。攻击者 C 能够猜测出 e 的

概率为1/2。可以通过多次执行该协议来降低欺骗的概率。如执行10次后欺骗的概率就为

$$\frac{1}{2^{10}} = \frac{1}{1024} = 0.098\%$$

9.5 零知识证明

设 P 为示证者，V 为验证者，P 可以通过两种方法向 V 证明他知道某些秘密信息。一种方法是 P 向 V 说出该秘密信息，但这样 V 就知道了该秘密。另一种方法是采用交互证明方法，它以一种高效的数学方法，使 V 相信 P 知道该秘密信息，但又不向 V 泄露这些秘密信息，这就是所谓的零知识证明(zero knowledge proof)。

Quisquater 和 Guillou 给出了一个非常通俗的例子来解释零知识证明。有一个洞穴，如图9.5所示，在洞穴深处的位置 C 和 D 之间有一道门，只有知道秘密咒语的人才能打开此门。假设 P 知道打开此门的秘密咒语，他想向 V 证明自己知道该咒语，但又不想向 V 泄露该咒语。P 和 V 执行如下的过程：

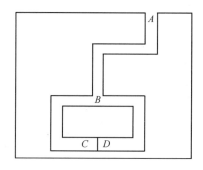

图9.5 零知识洞穴

(1) V 停留在位置 A。
(2) P 从位置 A 走到位置 B，然后随机选择从左通道走到位置 C 或从右通道走到位置 D。
(3) P 消失后，V 走到位置 B。
(4) V 命令 P 从左通道出来或从右通道出来返回至位置 B。
(5) P 服从 V 的命令，必要时可利用咒语打开 C 和 D 之间的门。
(6) P 和 V 重复执行第(1)步到第(5)步 n 次。

在上述协议中，如果 P 不知道秘密咒语，他就只能从来路返回到位置 B，而

不能从另一条路返回到位置 B。P 每次猜对 V 要求他走哪一条路的概率为 $1/2$。因此,P 在每一轮中能够欺骗 V 的概率为 $1/2$。当协议中的第(1)步到第(5)步重复执行 n 次后,P 能够欺骗 V 的概率为 $1/2^n$。当 n 增大时,这个概率将变得非常小。因此,如果 P 每次都能按照 V 的命令从洞穴深处返回到位置 B,则 V 就可以相信 P 知道打开 C 和 D 之间的门的咒语。显然,V 没有从上述协议中得到关于咒语的任何信息。

零知识证明协议可以通过前面章节学习的密码技术来构造,如第 2 章学习的加法密码。

设有一个 $\mathbb{Z}_n$ 上的函数 $f(x)$,它满足下面两个性质:

(1) 单向性:给定 $x \in \mathbb{Z}_n$,计算 $y = f(x)$ 是比较容易的;但给定 y,找到满足 $f(x) = y$ 的 x 在计算上是不可行的。

(2) 同态性:对所有的 $x_1, x_2 \in \mathbb{Z}_n, f(x_1 + x_2) = f(x_1) \times f(x_2)$ 成立。

满足上述两个性质的密码算法有很多,如第 7 章学习的离散对数问题。

下面给出利用加法密码和函数 $f(x)$ 构造的零知识证明协议,如图 9.6 所示。设 P 为示证者,知道一个秘密 s 且 $z = f(s)$,V 为验证者,协议的步骤如下:

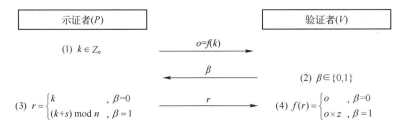

图 9.6 利用加法密码和函数 $f(x)$ 构造的零知识证明协议

(1) P 随机选择 $k \in \mathbb{Z}_n$,计算承诺值 $o = f(k)$ 并发送给 V。

(2) V 随机选择一个挑战值 $\beta \in \{0, 1\}$ 并发送给 P。

(3) 如果挑战值 $\beta = 0$,则 P 返回 $r = k$;如果挑战值 $\beta = 1$,则 P 返回 $r \equiv (k+s) \bmod n$。值得注意的是,$r \equiv (k+s) \bmod n$ 实际上是一个加密密码操作,其中,k 是密钥,s 是明文。

(4) V 验证等式

$$f(r) = \begin{cases} o, & \beta = 0 \\ o \times z, & \beta = 1 \end{cases}$$

如果成立,则 V 相信 P 知道秘密 s;否则,P 并不知道秘密 s。

该协议的正确性很容易验证。如果挑战值 $\beta = 0, r = k$,有

$$f(r) = f(k) = o$$

如果挑战值 $\beta=1$，$r \equiv (k+s) \bmod n$，有
$$f(r)=f(k+s)=f(k)\times f(s)=o\times z$$

例 9.4 设 $\mathbb{Z}_{11}$ 上的函数 $f(x) \equiv 2^x \bmod 11$，该函数满足要求的单向性和同态性。P 知道一个秘密 $s=5$ 且 $z \equiv 2^5 \bmod 11 \equiv 10$。$P$ 希望向 V 证明他知道 $s=5$ 但又不希望泄露该秘密。P 随机选择 $k=8$ 并将承诺值 $o \equiv 2^8 \bmod 11 \equiv 3$ 发送给 V。设 V 选择的挑战值 $\beta=1$，P 返回 $r \equiv (8+5) \bmod 10 \equiv 3$。$V$ 验证 $f(3) \equiv 2^3 \bmod 11 \equiv 8 \equiv 3 \times 10 \bmod 11$。需要说明的是，在计算 r 时模数为 $n-1=11-1=10$，而不是 11，其原因与 8.3 节计算 ElGamal 的签名元素 s 时用的模数是 $p-1$，而不是 p 的道理相同。

例 9.5 汉密尔顿(Hamilton)回路。

图中的回路是指始点和终点相重合的路径，若回路通过图的每个顶点一次且仅一次，则称为汉密尔顿回路。构造图的汉密尔顿回路是一类困难问题。假设 P 知道图 G 的汉密尔顿回路，并想向 V 证明这一事实，他们执行如下协议：

(1) P 将 G 进行随机置换，对其顶点进行移动，并改变其标号得到一个新图 H。由于 G 和 H 同构，所以 G 上的汉密尔顿回路与 H 上的汉密尔顿回路一一对应。已知 G 上的汉密尔顿回路很容易找出 H 上的汉密尔顿回路。

(2) P 将 H 交给 V。

(3) V 随机地要求 P 做下述两件工作之一。

① 证明图 G 和图 H 同构(证明两个图的同构也是一类困难问题)。

② 指出图 H 中的一条汉密尔顿回路。

(4) P 按照要求做下述两件工作之一。

① 证明图 G 和图 H 同构，但不指出图 H 中的汉密尔顿回路。

② 指出图 H 中的汉密尔顿回路，但不证明图 G 和图 H 同构。

(5) P 和 V 重复执行第(1)步到第(4)步 n 次。

在上述协议中，如果 P 知道图 G 上的汉密尔顿回路，则总能完成第(4)步中的两件工作。如果 P 不知道图 G 上的汉密尔顿回路，则不能建立一个图能够同时满足第(4)步中①和②的要求，他最多能完成第(4)步中的一件工作，即只有 1/2 的机会能正确应对 V 的挑战。当该协议执行 n 次后，P 能够欺骗 V 的概率非常小。一方面，已知图 G 和图 H 同构，在图 H 中找一条汉密尔顿回路和在图 G 中找一条汉密尔顿回路一样困难。另一方面，已知图 H 中的汉密尔顿回路，要证明图 G 和图 H 同构同样是一个困难问题。因此，V 得不到关于图 G 的汉密尔顿回路的任何信息。上述协议是一类零知识证明。

9.6 签密

保密和认证是密码学中两个重要的安全目标。以往,这两个安全目标是分开研究的。在公钥密码体制中,用加密体制来提供消息的保密性,用数字签名体制来提供消息的认证性。然而在许多密码应用中,如安全电子邮件和电子现金支付,这两个安全目标需要同时取得。同时取得这两个目标的传统方法是"先签名后加密",其计算量和通信成本是加密和签名代价之和,效率较低。1997年,Zheng 提出了一个新的密码原语来同时取得这两个安全目标,他称这一密码原语为签密(signcryption)。比起传统的"先签名后加密",签密具有以下优点:

(1) 签密在计算量和通信成本上都要低于传统的"先签名后加密"。
(2) 签密允许并行计算一些昂贵的密码操作。
(3) 合理设计的签密方案可以取得更高的安全水平。
(4) 签密可以简化设计同时需要保密和认证的密码协议。

1997 年,Zheng 提出了两个非常相似的签密方案,称为 SCS1 和 SCS2。

1. SCS1

(1) 参数与密钥生成。

① 选择大素数 p 和 q,$q \mid (p-1)$。

② g 是 $\mathbb{Z}_p^*$ 中的一个 q 阶元素。

③ h 是 Hash 函数,KH_k 是一个带密钥的 Hash 函数。

④ E 和 D 分别表示一个对称密码体制(如 AES)的加密和解密算法。

⑤ x_a 为用户 A 的私钥,$1 < x_a < q$;y_a 为用户 A 的公钥,$y_a \equiv g^{x_a} \bmod p$;$x_b$ 为用户 B 的私钥,$1 < x_b < q$;y_b 为用户 B 的公钥,$y_b \equiv g^{x_b} \bmod p$。

(2) 签密。

对于消息 m,发送者 A 执行以下步骤:

① 随机选择整数 x,$1 \leq x \leq q$。

② 计算 $k \equiv y_b^x \bmod p$,将 k 分成适当长度的 k_1 和 k_2。

③ 计算 $r = KH_{k_2}(m)$,对于普通的 Hash 函数,可以计算 $r = h(k_2, m)$。

④ 计算 $s \equiv x/(r+x_a) \bmod q$。

⑤ 计算 $c = E_{k_1}(m)$。

对消息 m 的签密密文为 (c, r, s)。

(3) 解签密(unsigncryption)。

当收到签密密文 (c, r, s) 时,接收者 B 执行以下步骤:

① 计算 $k \equiv (y_a g^r)^{sx_b} \bmod q$,将 k 分成适当长度的 k_1 和 k_2。
② 计算 $m = D_{k_1}(c)$。
③ 如果
$$KH_{k_2}(m) = r$$
接受 m。

2. SCS2

SCS2 与 SCS1 非常相似,只是在签密阶段 s 改变为 $s \equiv x/(1+rx_a) \bmod q$,在解签密阶段 k 改变为 $k \equiv (gy_a^r)^{sx_b} \bmod q$。

签密同时提供了保密性和不可伪造性。在效率方面,当取模数为 1536 比特时,与基于离散对数困难问题的"先签名后加密"方法相比,签密节省 50% 的计算量和 85% 的通信成本;与基于大整数分解困难问题的"先签名后加密"方法相比,签密节省 31% 的计算量和 91% 的通信成本。

习题九

1. 在 Diffie-Hellman 密钥交换协议中,设 $p=97, g=5$,A 和 B 分别选取随机数 $a=36$ 和 $b=58$。试计算 A 和 B 之间建立的共享密钥 k。

2. 在 Guillou-Quisquater 身份识别方案中,$n=199543, b=523, v=146152$。试验证
$$v^{456}101360^b \equiv v^{257}36056^b \bmod n$$
并由此求解 u。

3. 在 Shamir 门限方案中,设 $k=3, n=5, p=17, s=13$,选取 $a_1=10, a_2=2$,建立多项式
$$f(x) = (13+10x+2x^2) \bmod 17$$
分别取 $x=1,2,3,4,5$,试计算出对应的 5 个秘密份额,并根据这 5 个份额中的任意 3 个份额恢复出秘密 s。

第 10 章　可证明安全性理论

长期以来,密码学都面临着这样的尴尬处境:一种密码体制提出后,如果在很长时间内不能被攻破,人们就认为该体制是安全的,如果发现了该体制存在安全漏洞,人们就对它进行修补,然后再使用,这一过程可能周而复始。是否存在一种方法,在密码体制提出时就可以得出其安全性结论呢? 可证明安全性(provable security)正面回答了这一问题。可证明安全性是指这样一种"归约"方法:首先确定密码体制的安全目标,如加密体制的安全目标是信息的机密性,签名体制的安全目标是签名的不可伪造性;其次根据敌手的能力构建一个形式化的安全模型;最后指出如果敌手能成功攻破密码体制,则存在一种算法在多项式时间内解决一个公认的数学困难问题。由于这个数学问题是公认困难的,因此可以推断敌手攻破密码体制是不可能的。也就是说,可证明安全性理论是在一定的安全模型下证明密码体制能够达到特定的安全目标。因此,定义合适的安全目标、建立适当的安全模型是可证明安全性的前提条件。

10.1　可证明安全性理论的基本概念

10.1.1　公钥加密体制的安全性

一个公钥加密方案通常由以下三个多项式时间算法组成:

(1) 密钥生成:该算法输入 1^k,输出一个公钥/私钥对 (pk,sk)。其中,k 是一个安全参数。

(2) 加密:该算法输入一个公钥 pk 和一个消息 m,输出一个密文 c。该算法可以表示为 $c=E(pk,m)$。

(3) 解密:该算法输入一个私钥 sk 和一个密文 c,输出一个相应的消息 m。该算法可以表示为 $m=D(sk,c)$。

这些算法必须满足公钥加密体制的一致性约束,即如果 $c=E(pk,m)$,则 $m=D(sk,c)$。

公钥加密体制有三种安全性概念(安全目标):完美安全性(perfect security)、语义安全性(semantic security)和多项式安全性(polynomial security)。

(1) 完美安全性:如果一个具有无限计算能力的敌手从给定的密文中不能获取明文的任何有用信息,则称这个加密体制具有完美安全性或信息论安全性。根据 Shannon 理论知道,要达到完美安全性,密钥必须和明文一样长,并且相同的密钥不能使用两次。然而在公钥密码体制中,假设加密密钥可以用来加密很多消息并且通常是很短的。因此,完美安全性对于公钥密码体制来说是不现实的。

(2) 语义安全性:语义安全性与完美安全性类似,只允许敌手具有多项式有界的计算能力。形式上说,无论敌手在多项式时间内能从密文中计算出关于明文的什么信息,他(她)都可以在没有密文的条件下计算出这些信息。换句话说,拥有密文并不能帮助敌手找到关于明文的任何有用信息。

(3) 多项式安全性:我们很难显示一个加密体制具有语义安全性,然而却可以比较容易显示一个加密方案具有多项式安全性。多项式安全性也称为密文不可区分性。幸运的是,如果一个加密方案具有多项式安全性,则可以显示该方案也具有语义安全性。因此,为了显示一个加密方案是语义安全的,只需要显示该方案是多项式安全的。

如果没有一个敌手能以大于一半的概率赢得以下游戏,则称这个加密方案具有密文不可区分性,或具有多项式安全性。一个挑战者 $\mathcal{C}$ 告诉敌手 $\mathcal{A}$ 加密函数 E。敌手 $\mathcal{A}$ 进行以下三个阶段:

初始阶段:$\mathcal{A}$ 被告知公钥 pk。

寻找阶段:$\mathcal{A}$ 选择两个明文 m_0 和 m_1。

猜测阶段:$\mathcal{A}$ 被告知其中一个明文 m_γ 的加密结果,其中 $\gamma=0$ 或 $\gamma=1$ 是保密的。$\mathcal{A}$ 的目标是以大于一半的概率猜对 γ 的值。

从这个游戏可以看出,一个具有多项式安全性的加密体制一定是一个概率性加密体制。否则,$\mathcal{A}$ 在猜测阶段就可以计算

$$c_1 = E(pk, m_1)$$

并测试是否有 $c_1 = c_\gamma$ 成立。如果成立,$\mathcal{A}$ 就可以成功推断 $\gamma=1$,否则 $\gamma=0$。既然敌手 $\mathcal{A}$ 总能简单地猜测 γ 的值,$\mathcal{A}$ 的优势定义为

$$\mathrm{Adv}(\mathcal{A}) = \left| \Pr(\mathcal{A}(c_\gamma, pk, m_0, m_1) = \gamma) - \frac{1}{2} \right|$$

如果

$$\mathrm{Adv}(\mathcal{A}) \le \frac{1}{p(k)}$$

则称这个加密体制是多项式安全的,其中 $p(k)$ 是一个多项式函数,k 是一个足够大的安全参数。

除了知道公钥加密体制的安全目标,还需要知道公钥加密体制的攻击模型。这里有三种基本的攻击模型:选择明文攻击、选择密文攻击和适应性选择密文攻击。

(1) 选择明文攻击:在选择明文攻击中,敌手被告知各种各样的密文。敌手可以访问一个黑盒,这个黑盒只能执行加密,不能进行解密。在公钥密码体制中任何人都可以访问加密函数,即任何人都可以自己产生一些明文/密文对,选择明文攻击模拟了一种非常弱的攻击模型。

(2) 选择密文攻击:选择密文攻击也称为午餐时间攻击(lunchtime attack),是一种比选择明文攻击稍强的攻击模型。在选择密文攻击中,敌手可以访问一个黑盒,这个黑盒能进行解密。在午餐时间,敌手可以选择多项式个密文来询问解密盒,解密盒把解密后的明文发送给敌手。在下午时间,敌手被告知一个目标密文,要求敌手在没有解密盒帮助的情况下解密目标密文,或者找到关于明文的有用信息。在上面给出的多项式安全性的攻击游戏中,选择密文攻击允许敌手在寻找阶段询问解密盒,但是在猜测阶段不能询问解密盒。

(3) 适应性选择密文攻击:适应性选择密文攻击是一种非常强的攻击模型。除了目标密文外,敌手可以选择任何密文对解密盒进行询问。目前普遍认为,任何新提出的公钥加密算法都应该在适应性选择密文攻击下达到多项式安全性。在多项式安全性的攻击游戏中,除了目标密文 c_γ 外,适应性选择密文攻击允许敌手在寻找阶段和猜测阶段询问解密盒来解密任何密文。

有了安全目标和攻击模型,就可以给出公钥加密体制的安全性定义。

定义 10.1 如果一个公钥加密方案在适应性选择密文攻击下是语义安全的(indistinguishability against adaptive chosen ciphertext attack, IND-CCA2),则称该方案是安全的。

如果一个加密方案具有多项式安全性,则可以显示该方案也具有语义安全性。所以有下面的定义。

定义 10.2 如果一个公钥加密方案在适应性选择密文攻击下是多项式安全的,则称该方案是安全的。

下面正式给出公钥加密体制的安全性定义。这是一个挑战者 $\mathcal{C}$ 和敌手 $\mathcal{A}$ 之间的交互游戏。

游戏 10.1 公钥加密体制的适应性选择密文攻击游戏由下面五个阶段组成:

初始阶段:$\mathcal{C}$ 运行密钥生成算法生成一个公钥/私钥对 (pk, sk)。$\mathcal{C}$ 将 pk 发送给 $\mathcal{A}$ 并且保密 sk。

阶段 1:$\mathcal{A}$ 执行多项式有界的解密询问。在这种询问中,$\mathcal{A}$ 提交一个密文 c

给挑战者 $\mathcal{C}$。如果这个密文是合法的，则 $\mathcal{C}$ 运行解密预言机并返回消息 m 给 $\mathcal{A}$，否则返回错误符号"⊥"。

挑战阶段：$\mathcal{A}$ 决定阶段 1 什么时候停止并进入挑战阶段。$\mathcal{A}$ 产生两个相同长度的明文 m_0 和 m_1 并将它们发送给 $\mathcal{C}$。$\mathcal{C}$ 随机选择一个比特 $\gamma \in \{0,1\}$ 并计算 m_γ 的密文 $c^* = E(pk, m_\gamma)$。$\mathcal{C}$ 发送 c^* 给 $\mathcal{A}$ 作为挑战密文。

阶段 2：$\mathcal{A}$ 可以像阶段 1 那样执行多项式有界的适应性询问。但是在这一阶段，$\mathcal{A}$ 不能询问挑战密文 c^* 的解密询问。

猜测阶段：$\mathcal{A}$ 输出一个比特 γ'。如果 $\gamma' = \gamma$，则 $\mathcal{A}$ 赢得了这个游戏。

$\mathcal{A}$ 的优势被定义为 $\mathrm{Adv}(\mathcal{A}) = |\Pr[\gamma' = \gamma] - 1/2|$，其中 $\Pr[\gamma' = \gamma]$ 表示 $\gamma' = \gamma$ 的概率。

图 10.1 总结了游戏 10.1 的整个过程。如果没有任何多项式有界的敌手以一个不可忽略的优势赢得游戏 10.1，则称一个公钥加密方案在适应性选择密文攻击下具有不可区分性(IND-CCA2)。下面给出正式的定义。

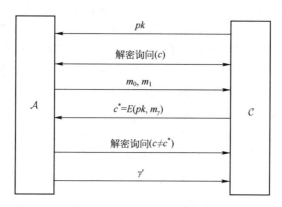

图 10.1　公钥加密体制的适应性选择密文攻击游戏

定义 10.3　如果没有任何多项式有界的敌手在 t 时间内，在经过 q_d 次解密询问后，以至少 ε 的优势赢得游戏 10.1，则称这个公钥加密方案是 (ε, t, q_d)-IND-CCA2 安全的。

公钥加密体制还有一个安全概念称为不可展性(non-malleability)。给定一个明文/密文对 (m, c)，如果在不知道 m 的条件下不能确定一个相关明文 m' 的合法密文 c'，则称这个加密体制是不可展的。

引理 10.1　一个可展的加密体制在适应性选择密文攻击下是不安全的。

证明：假设一个加密体制是可展的，当给定一个目标密文 c^* 时，首先可以把它修改成一个相关的密文 $c^{*'}$。这种相关的关系也应该存在于 m'_γ 和 m_γ。其次敌手利用解密预言机(解密盒)来获得 $c^{*\prime}$ 的明文 m'_γ。最后敌手根据 m'_γ 来恢复 m_γ。

第7章给出的加密体制基本上都是可展的。如果一个加密体制在适应性选择密文攻击下是不可展的,则该体制在适应性选择密文攻击下也是多项式安全的,反之亦然。因此,一个不可展的加密体制将满足关于公钥加密体制的安全性定义。

10.1.2 数字签名体制的安全性

一个数字签名方案通常由以下三个多项式时间算法组成:

(1) 密钥生成:该算法输入 1^k,输出一个公钥/私钥对 (pk, sk)。其中,k 是一个安全参数。

(2) 签名:该算法输入一个私钥 sk 和一个消息 m,输出一个签名 σ。该算法可以表示为 $\sigma = \text{Sig}(sk, m)$。

(3) 验证:该算法输入一个公钥 pk、一个消息 m 和一个签名 σ,输出"真"(表示签名相对于消息和公钥是合法的)或者"伪"(表示签名相对于消息和公钥是不合法的)。该算法可以表示为"真"或者"伪" $= \text{Ver}(pk, m, \sigma)$。

这些算法必须满足数字签名体制的一致性约束,即如果 $\sigma = \text{Sig}(sk, m)$,则"真" $= \text{Ver}(pk, m, \sigma)$ 一定成立。

对于数字签名体制,存在以下四种伪造类型:

(1) 完全攻破(total break):敌手能够产生与私钥持有者相同的签名,这相当于恢复出了私钥。

(2) 通用性伪造(universal forgery):敌手能够伪造任意消息的签名。

(3) 选择性伪造(selective forgery):敌手能够伪造一个他(她)选择的消息的签名。

(4) 存在性伪造(existential forgery):敌手能够伪造一个消息的签名,这个消息可能仅仅是一个随机比特串。

在上述四种伪造中,完全攻破是最困难的,存在性伪造是最容易的。通常只需要一个数字签名方案能够抵抗选择性伪造。然而我们并不知道这个签名方案在实际上是怎样使用的,比如,这个签名方案可能用于多方都在对一个随机比特串进行签名的挑战/应答协议中。因此,任何签名方案都应该抵抗存在性伪造。

对于数字签名体制,这里有三种基本的攻击模型:唯密钥攻击(key-only attack)、已知消息攻击(known message attack)和适应性选择消息攻击(adaptive chosen message attack)。

(1) 唯密钥攻击:敌手被告知一个公钥,要求产生一个伪造。这是一种比较弱的攻击模型。

(2) 已知消息攻击:敌手除了知道一个公钥外,还知道一些消息/签名对,但是敌手不能选择这些消息/签名对。

(3) 适应性选择消息攻击:敌手可以访问一个签名预言机,选择消息并让这个签名预言机产生合法的签名。敌手的目标是产生一个消息的签名,当然这个消息不能是已经询问过签名预言机的消息。这是一种非常强的攻击模型。

有了安全目标和攻击模型,就可以给出数字签名体制的安全性定义。

定义 10.4 如果一个数字签名方案在适应性选择消息攻击下能够抵抗存在性伪造(existential unforgeability against adaptive chosen messages attack,EUF-CMA),则称该方案是安全的。

下面正式给出数字签名体制的安全性定义。这是一个挑战者 C 和敌手 $\mathcal{F}$ 之间的交互游戏。

游戏 10.2 数字签名体制的适应性选择消息攻击游戏由下面三个阶段组成:

初始阶段:C 运行密钥生成算法生成一个公钥/私钥对(pk,sk)。C 将 pk 发送给 $\mathcal{F}$ 并且保密 sk。

攻击阶段:$\mathcal{F}$ 执行多项式有界的签名询问。在签名询问中,$\mathcal{F}$ 提交一个消息 m 给挑战者 C,C 运行签名预言机并返回签名结果 $\sigma=\mathrm{Sig}(sk,m)$ 给 $\mathcal{F}$。

伪造阶段:$\mathcal{F}$ 产生一个新消息 m 的签名 σ^*。当下列两个条件成立时,$\mathcal{F}$ 赢得这个游戏。

(1) σ^* 对于消息 m 和公钥 pk 是一个合法的签名,即 $\mathrm{Ver}(pk,m,\sigma)$ 不会返回"伪"。

(2) $\mathcal{F}$ 没有询问过消息 m 的签名询问。

$\mathcal{F}$ 的优势为他(她)胜利的概率。

图 10.2 总结了适应性选择消息攻击游戏的整个过程。如果没有任何多项式有界的敌手以一个不可忽略的优势赢得游戏 10.2,则称一个数字签名方案在适应性选择消息攻击下具有存在不可伪造性(EUF-CMA)。下面给出正式的定义。

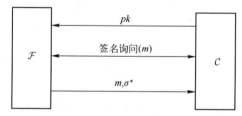

图 10.2 数字签名体制的适应性选择消息攻击游戏

定义 10.5 如果没有任何多项式有界的敌手在 t 时间内,在经过 q_s 次签名询问后,以至少 ε 的优势赢得游戏 10.2,则称这个数字签名方案是 (ε,t,q_s)-EUF-CMA 安全的。

10.1.3 随机预言模型与标准模型

显示一个密码协议安全的现代方法是可证明安全性。可证明安全性的目的在于证明:如果一个敌手能够攻破一个密码方案的某个安全概念,则可以利用该敌手解决某个公认的数学困难问题。例如,如果一个敌手能够在选择密文攻击下攻破 RSA 的语义安全性,则可以利用该敌手分解大整数;如果一个敌手能够在选择密文攻击下攻破 ElGamal 的语义安全性,则可以利用该敌手解决离散对数问题。既然大整数分解问题和离散对数问题都是公认困难的,那么就可以推断敌手攻破 RSA 和 ElGamal 是不可能的。

下面通过一个具体的例子来解释可证明安全技术。假设一个敌手(一个概率算法)能够以一个不可忽略的概率攻破 ElGamal 的某个安全概念(如语义安全性)。对于一个安全参数(安全参数用于测量密钥长度的大小,比如在 ElGamal 中,安全参数可能是素数 p 的比特数)为 k 的密码体制,如果敌手成功的概率大于 $1/p(k)$,则称这个敌手以一个不可忽略的概率成功,其中,$p(k)$ 是一个以 k 为变量的多项式。

假设敌手 $\mathcal{A}$ 是一个被动攻击敌手,即对于 ElGamal 加密,他(她)不进行解密询问。现在希望能够提出一个新算法 $\mathcal{C}$,它能够在输入一个 $y \equiv g^x \bmod p$ 和调用多项式次敌手 $\mathcal{A}$ 的情况下,以一个不可忽略的概率输出 x,如图 10.3 所示。算法 $\mathcal{C}$ 说明了如果存在敌手 $\mathcal{A}$,就存在一个多项式时间求解离散对数算法,能够以一个不可忽略的概率解决离散对数问题。既然目前并不相信存在这样的求解离散对数算法,也就可以断定这样的敌手 $\mathcal{A}$ 是不存在的。

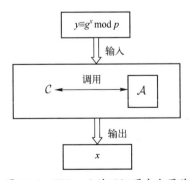

图 10.3 ElGamal 的可证明安全思路

从上面的例子可以看出,可证明安全的思路就是给定一个算法 $\mathcal{A}$,提出一个新算法 $\mathcal{C}$,$\mathcal{C}$ 把 $\mathcal{A}$ 作为子程序。输入给 $\mathcal{C}$ 的是希望解决的困难问题,输入给 $\mathcal{A}$ 的是某个密码算法。然而,如果 $\mathcal{A}$ 是一个积极攻击敌手,即 $\mathcal{A}$ 可以对输入的公钥进行解密预言询问或签名预言询问,算法 $\mathcal{C}$ 要想使用 $\mathcal{A}$ 作为子程序,就得对 $\mathcal{A}$ 的询问提供回答。算法 $\mathcal{C}$ 需要应对以下四个问题:

(1) 它的回答应该看起来是合法的。因为加密应该能够解密,签名应该能够被验证,否则,算法 $\mathcal{A}$ 就知道它的预言机在撒谎。算法 $\mathcal{C}$ 就不能再确保算法 $\mathcal{A}$ 是以一个不可忽略的概率成功。

(2) 它的回答应该与如果预言机是真正的解密/签名预言机时 $\mathcal{A}$ 期望的回答具有相同的概率分布。

(3) 自始至终,预言机的回答应该是一致的。

(4) 算法 $\mathcal{C}$ 需要在不知道私钥的情况下提供这些回答。

最后一个问题是尤为关键的。必须让 $\mathcal{C}$ 在不知道私钥的情况下能够解密或者签名,但既然体制是安全的,这一点就意味着是不可能的。

为了回避这个问题,通常使用随机预言模型。随机预言是一个理想的 Hash 函数。对于每一个新的询问,随机预言产生一个随机值作为回答,如果问两次相同的询问,回答仍然相同。在随机预言模型中,假设敌手并不使用密码算法中定义的那个 Hash 函数。也就是说,即使将随机预言换成真实的 Hash 函数时,敌手 $\mathcal{A}$ 也是成功的。对于 $\mathcal{A}$ 的解密预言询问和签名预言询问,算法 $\mathcal{C}$ 是通过欺骗随机预言的回答来适合自身的需要。

随机预言模型为证明密码体制的安全性提供了一个很好的方法,但是随机预言模型并不反应真实世界的计算。在随机预言模型下安全的密码体制只能说是可能在真实的世界是安全的,不能确保一定在真实的世界是安全的。Bellare,Boldyreva 和 Palacio 给出了在随机预言模型下安全的密码体制在真实的世界中不安全的例子。许多密码学研究者开始设计在标准模型(不依赖随机预言模型)下安全的密码体制。移除随机预言模型是需要代价的,通常需要更强的困难问题假设,而且在标准模型下的密码体制通常效率较低。

10.2 可证明安全的公钥加密体制

10.2.1 实际加密算法的安全性

我们将显示 RSA 和 ElGamal 都不能满足关于公钥加密体制的安全性定义。也许您会感到惊讶,虽然我们已经说过 RSA 是目前使用最广泛的公钥密码体制之一,但是并没有说明在真实世界里 RSA 是如何使用的。在第 7 章,我们仅仅是给出了 RSA 的简单数学描述。

(1) RSA 的安全性。

引理 10.2 RSA 不是多项式安全的。

证明:假设敌手知道用户只加密了 m_0 和 m_1 中的一个消息。敌手还知道用户的公钥,即 e 和 n。当敌手被告知一个密文 c^*,要求判断 c^* 对应的明文是 m_0 还是 m_1 时,敌手只需要计算

$$c' \equiv m_0^e \bmod n$$

如果 $c' = c^*$,则敌手知道 $m = m_0$;如果 $c' \neq c^*$,则敌手知道 $m = m_1$。

除了以上的攻击外,RSA 在适应性选择密文攻击下也是不安全的,这主要是因为 RSA 具有同态性质,满足

$$(m_0 m_1)^e \bmod n = (m_0^e \bmod n)(m_1^e \bmod n) \bmod n$$

引理 10.3 RSA 不是 CCA2 安全的。

证明:假设敌手想解密

$$c \equiv m^e \bmod n$$

敌手首先生成一个相关的密文 $c' \equiv 2^e c \bmod n$ 并询问解密预言机,得到 c' 的明文 m'。其次计算

$$\frac{m'}{2} = \frac{c'^d}{2} = \frac{(2^e c)^d}{2} = \frac{2^{ed} c^d}{2} = \frac{2m}{2} = m$$

因此,敌手获得了密文 c 对应的明文 m。

(2) ElGamal 的安全性。

引理 10.4 如果 DDHP 是困难的,则 ElGamal 加密体制在选择明文攻击下是多项式安全的。

证明:为了显示 ElGamal 是多项式安全的,首先假设存在一个能够攻破 ElGamal 多项式安全性的多项式时间算法 $\mathcal{A}$,其次给出一个使用算法 $\mathcal{A}$ 作为子程序的算法 $\mathcal{C}$ 来解决 DDHP。

首先来回忆多项式安全性的攻击游戏:

在寻找阶段,输入一个公钥和输出两个消息。

在猜测阶段,输入一个挑战密文、一个公钥和两个消息,猜测挑战密文对应的明文是哪个消息。

ElGamal 密文为

$$(c_1, c_2) = (g^k, m y^k)$$

其中,k 是一个随机整数,$y \equiv g^x \bmod p$ 是公钥。

给定 g^a、g^b 和 g^c，解决 DDHP 的算法 $\mathcal{C}$ 执行如下步骤：

① 令 $y=g^a$。
② $(m_0,m_1)=\mathcal{A}(寻找阶段,y)$。
③ 设置 $c_1=g^b$。
④ 从 $\{0,1\}$ 中随机选择一个数 γ。
⑤ 设置 $c_2=m_\gamma g^c$。
⑥ $\gamma'=\mathcal{A}(猜测阶段,(c_1,c_2),y,m_0,m_1)$。
⑦ 如果 $\gamma=\gamma'$，则输出"真"，否则输出"伪"。

下面解释为什么算法 $\mathcal{C}$ 解决了 DDHP。

当 $c=ab$，在猜测阶段输入给算法 $\mathcal{A}$ 的将是 m_γ 的一个合法加密。如果算法 $\mathcal{A}$ 真正能够攻破 ElGamal 的语义安全性，则输出的 γ' 将是正确的，算法 $\mathcal{C}$ 将输出"真"。

当 $c\neq ab$，在猜测阶段输入给算法 $\mathcal{A}$ 的几乎不可能是合法的密文，即不是 m_0 或 m_1 的加密，在猜测阶段输出的 γ' 与 γ 将是独立的。因此，算法 $\mathcal{C}$ 将以相等的概率输出"真"或"伪"。

如果重复做几次上述算法，就获得了一个解决 DDHP 的概率多项式时间算法。但是已经假设这样的算法是不存在的，也就意味着算法 $\mathcal{A}$ 也同样是不存在的。因此，DDHP 假设意味着在选择明文攻击下攻破 ElGamal 的多项式安全性的敌手是不存在的。

虽然 ElGamal 加密体制在选择明文攻击下是多项式安全的，但它却是可展的。

引理 10.5　ElGamal 是可展的。

证明：给定密文
$$(c_1,c_2)=(g^k,my^k)$$
敌手可以在不知道 m，随机数 k 和私钥 x 的情况下产生消息 $2m$ 的合法密文
$$(c_1,2c_2)=(g^k,2my^k)$$

引理 10.6　ElGamal 不是 CCA2 安全的。

证明：假设敌手想解密
$$c=(c_1,c_2)=(g^k,my^k)$$
敌手首先生成一个相关的密文 $c'=(c_1,2c_2)$ 并询问解密预言机，得到 c' 的明文 m'。其次计算
$$\frac{m'}{2}=\frac{2c_2c_1^{-x}}{2}=\frac{2mh^kg^{-xk}}{2}=\frac{2mg^{xk}g^{-xk}}{2}=\frac{2m}{2}=m$$

因此,敌手获得了密文 c 对应的明文 m。

10.2.2 RSA-OAEP

即使对于被动攻击敌手,RSA 也不能提供一个语义安全的加密体制。为了使一个系统安全,需要在加密前对明文增加冗余信息,或者是对密文增加冗余信息。这里的填充应该是随机性的,以便产生一个非确定性加密算法。

目前使用最多的填充方法是由 Bellare 和 Rogaway 提出的最优非对称加密填充(optimized asymmetric encryption padding,OAEP)方法。OAEP 可以用于任何陷门单向置换函数,尤其是 RSA 函数。OAEP 用于 RSA 时称为 RSA-OAEP。在随机预言模型中,可以显示 RSA-OAEP 在适应性选择密文攻击下是语义安全的。

首先来描述 OAEP。设 f 是任何 k 比特到 k 比特的陷门单向置换函数。比如,$k=1024$ 时,f 可以是 RSA 函数 $c=m^e$。设 k_0 和 k_1 表示 2^{k_0} 和 2^{k_1} 是足够安全的数(如 $k_0,k_1>128$)。设 $n=k-k_0-k_1$ 和两个 Hash 函数为

$$G:\{0,1\}^{k_0}\to\{0,1\}^{n+k_1}$$
$$H:\{0,1\}^{n+k_1}\to\{0,1\}^{k_0}$$

设 m 是 n 比特的消息,使用下面的函数来加密消息 m:

$$E(m)=f(\{m\|0^{k_1}\oplus G(R)\}\|\{R\oplus H(m\|0^{k_1}\oplus G(R))\})$$

其中,$m\|0^{k_1}$ 表示 k_1 个 0 跟随着 m,R 是长度为 k_0 的随机比特串,$\|$ 表示连接。可以把 OAEP 看成是两轮 Feistel 网络,如图 10.4 所示。

为了解密 $E(m)$,可以计算

$$A=\{T\|T\oplus H(T)\}=\{\{m\|0^{k_1}\oplus G(R)\}\|\{R\oplus H(m\|0^{k_1}\oplus G(R))\}\}$$

因此知道

$$T=m\|0^{k_1}\oplus G(R)$$

所以可以计算 $H(T)$ 并从 $R\oplus H(T)$ 恢复出 R,从而可以计算 $G(R)$ 并恢复出消息 m。在这里需要检查 $T\oplus G(R)$ 的末端是否为 k_1 个 0,如果不是,则认为这个密文是不合法的。

下面给出 RSA-OAEP 的主要结果。

定理 10.1 在随机预言模型中,将 G 和 H 模拟成随机预言机。假设 RSA 问题是一个困难问题,RSA-OAEP 加密方案在适应性选择密文攻击下是语义安全的。

证明:首先将 RSA 函数 f 写成:

$$f:\begin{cases}\{0,1\}^{n+k_1}\times\{0,1\}^{k_0}\to\mathbb{Z}_n^*\\(s,t)\to(s\|t)^e \bmod n\end{cases}$$

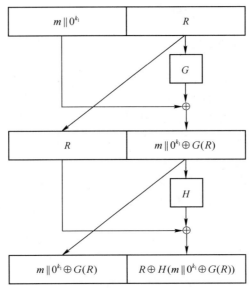

图 10.4 OAEP

其次将 RSA-OAEP 定义为

$$s=(m\|0^{k_1})\oplus G(r), t=r\oplus H(s)$$

可以证明 RSA 问题与函数 f 的单向性是等价的,且从 $f(s,t)$ 恢复出 s 与从 $f(s,t)$ 恢复出 (s,t) 是同样困难的。接下来的任务就是如何利用攻破 RSA-OAEP 的敌手 $\mathcal{A}$ 来构造一个能够解决 RSA 函数单向性的算法 $\mathcal{C}$,即对于固定的 RSA 模数 n,给定 $c^*=f(s^*,t^*)$,要求算法 $\mathcal{C}$ 计算出 s^*。

初始阶段:$\mathcal{C}$ 将公钥 (e,n) 发送给 $\mathcal{A}$。

阶段 1:$\mathcal{A}$ 执行多项式有界的 Hash 询问(包括 Hash 函数 G 的询问和 Hash 函数 H 的询问)和解密询问。为了保持一致性,$\mathcal{C}$ 维护两个列表 L_1 和 L_2。这两个列表开始都为空,L_1 用于跟踪 $\mathcal{A}$ 对预言机 G 的询问,L_2 用于跟踪 $\mathcal{A}$ 对预言机 H 的询问。下面详细解释 $\mathcal{C}$ 是如何回答这些询问的。

$G(\lambda)$ 询问:对于列表 L_2 中的任何询问 δ,$\mathcal{C}$ 检查是否有下式成立:

$$c^*=f(\delta,\lambda\oplus H(\delta))$$

如果成立,则完成了对 f 在 c^* 求逆的任务,继续模拟 G 并设置

$$G(\lambda)=\delta\oplus(m_\gamma\|0^{k_1})$$

如果对于任何的 δ 上式都不成立,则 $\mathcal{C}$ 在 G 的值域上随机选择一个数来回答 $\mathcal{A}$ 并将该数记录到列表 L_1 中。

$H(\delta)$ 询问:$\mathcal{C}$ 在 H 的值域上随机选择一个数来回答 $\mathcal{A}$ 并将该数记录到列表

L_2 中。对于列表 L_1 中的任何询问 λ，$\mathcal{C}$ 检查是否有下式成立：
$$c^* = f(\delta, \lambda \oplus H(\delta))$$
如果成立，则完成了对 f 在 c^* 求逆的任务。

解密询问：给定一个密文 c，$\mathcal{C}$ 查找列表 L_1 和 L_2 使其满足对于一对 λ 和 δ，如果
$$\sigma = \delta, \tau = \lambda \oplus H(\delta), \mu = G(\lambda) \oplus \delta$$
则 $c = f(\sigma, \tau)$ 且 μ 的尾部至少有 k_1 个比特为 0。如果上述情况成立，则 $\mathcal{C}$ 返回 μ 的首部的 n 个比特，否则 $\mathcal{C}$ 返回该密文是不合法的。

挑战阶段：$\mathcal{A}$ 决定阶段 1 什么时候停止并进入挑战阶段。$\mathcal{A}$ 产生两个相同长度的明文 m_0 和 m_1 并将它们发送给 $\mathcal{C}$。$\mathcal{C}$ 随机选择一个比特 $\gamma \in \{0,1\}$ 并假设 c^* 是 m_γ 的加密密文。$\mathcal{C}$ 发送 c^* 给 $\mathcal{A}$ 作为挑战密文。

阶段 2：$\mathcal{A}$ 可以像阶段 1 那样执行多项式有界的适应性询问。但是在这一阶段，$\mathcal{A}$ 不能询问挑战密文 c^* 的解密询问。$\mathcal{C}$ 按照阶段 1 的方法进行回答。

猜测阶段：$\mathcal{A}$ 输出一个比特 γ'。

我们需要显示上述的解密预言机能够"欺骗"敌手 $\mathcal{A}$。如果敌手 $\mathcal{A}$ 能够以一个不可忽略的优势攻破 RSA-OAEP 的语义安全性，算法 $\mathcal{C}$ 就能够以一个不可忽略的概率对 f 求逆。

$\mathcal{C}$ 已经假设 $c^* = f(s^*, t^*)$ 是 m_γ 的加密密文。因此，这里应该存在一个 r^* 满足
$$r^* = H(s^*) \oplus t^*$$
$$G(r^*) = s^* \oplus (m_\gamma \| 0^{k_1})$$
首先要显示模拟解密预言失败的概率是可以忽略的，其次显示只要敌手 $\mathcal{A}$ 能够以一个不可忽略的概率猜对 γ，那么 s^* 被提交给 H 预言机进行询问的概率就是不可忽略的。只要 s^* 被提交给 H 预言机进行了询问，就可以攻破 f 的单向性。

下面对 $G(\lambda)$ 询问、$H(\delta)$ 询问和解密询问做进一步解释。假设列表 L_1 和 L_2 已经有一些记录，分别如表 10.1 和 10.2 所示。对于一个 $G(\lambda_4)$ 询问，$\mathcal{C}$ 会逐一检查列表 L_2 中的每一条记录，即查看
$$c^* = f(\delta_1, \lambda_4 \oplus h_1)$$
$$c^* = f(\delta_2, \lambda_4 \oplus h_2)$$
$$c^* = f(\delta_3, \lambda_4 \oplus h_3)$$
是否成立。假设表 10.2 中的第 2 行记录成立，即 $c^* = f(\delta_2, \lambda_4 \oplus h_2)$，$\mathcal{C}$ 就找到了答案，即 $s^* = \delta_2$。这时，$t^* = \lambda_4 \oplus h_2$。对于函数 f 来说，这里的 s^* 和 t^* 一定是一对合法的输入，否则 $c^* = f(\delta_2, \lambda_4 \oplus h_2)$ 不可能成立。当然，有可能表 10.2 中的

所有记录都不满足等式 $c^*=f(\delta,\lambda\oplus H(\delta))$,即
$$c^*\ne f(\delta_i,\lambda_4\oplus h_i), i=1,2,3$$
$\mathcal{C}$ 就会在 G 的值域上随机选择一个数 $g_4\in\{0,1\}^{n+k_1}$ 来回答 $\mathcal{A}$ 并将该数记录到列表 L_1 中。这时候列表 L_1 就从表 10.1 变成了表 10.3。

表 10.1　列表 L_1

行　号	λ	$G(\lambda)$
1	λ_1	g_1
2	λ_2	g_2
3	λ_3	g_3

表 10.2　列表 L_2

行　号	δ	$H(\delta)$
1	δ_1	h_1
2	δ_2	h_2
3	δ_3	h_3

表 10.3　更新后的列表 L_1

行　号	λ	$G(\lambda)$
1	λ_1	g_1
2	λ_2	g_2
3	λ_3	g_3
4	λ_4	g_4

对于 $H(\delta_4)$ 询问,$\mathcal{C}$ 在 H 的值域上随机选择一个数 $h_4\in\{0,1\}^{k_0}$ 来回答 $\mathcal{A}$ 并将该数记录到列表 L_2 中,如表 10.4 所示。然后 $\mathcal{C}$ 逐一检查列表 L_1 中的每一条记录(这里采用更新后的表 10.3),即查看
$$c^*=f(\delta_4,\lambda_1\oplus h_4)$$
$$c^*=f(\delta_4,\lambda_2\oplus h_4)$$
$$c^*=f(\delta_4,\lambda_3\oplus h_4)$$
$$c^*=f(\delta_4,\lambda_4\oplus h_4)$$
是否成立。假设表 10.3 中的第 3 行记录成立,即 $c^*=f(\delta_4,\lambda_3\oplus h_4)$,$\mathcal{C}$ 同样找到了答案,即 $s^*=\delta_4$。这时,$t^*=\lambda_3\oplus h_4$。对于函数 f 来说,这里的 s^* 和 t^* 一定是一对合法的输入,否则 $c^*=f(\delta_4,\lambda_3\oplus h_4)$ 不可能成立。当然,有可能表 10.3 中

的所有记录都不满足等式 $c^* = f(\delta, \lambda \oplus H(\delta))$,即
$$c^* \neq f(\delta_4, \lambda_i \oplus h_4), i = 1,2,3,4$$

表 10.4 更新后的列表 L_2

行　号	δ	$H(\delta)$
1	δ_1	h_1
2	δ_2	h_2
3	δ_3	h_3
4	δ_4	h_4

对于一个密文 c 的解密询问,$\mathcal{C}$ 逐一检查列表 L_1 和 L_2(这里采用更新后的表 10.3 和表 10.4)。首先检查 λ_1 和 δ_1,设置
$$\sigma = \delta_1, \tau = \lambda_1 \oplus h_1, \mu = g_1 \oplus \delta_1$$
如果 μ 的尾部至少有 k_1 个比特为 0,则 $\mathcal{C}$ 返回 μ 的首部的 n 个比特。否则,$\mathcal{C}$ 检查 λ_1 和 δ_2,设置
$$\sigma = \delta_2, \tau = \lambda_1 \oplus h_2, \mu = g_1 \oplus \delta_2$$
如果 μ 的尾部至少有 k_1 个比特为 0,则 $\mathcal{C}$ 返回 μ 的首部的 n 个比特。否则继续检查 $(\lambda_1, \delta_3), (\lambda_1, \delta_4), (\lambda_2, \delta_1), (\lambda_2, \delta_2), (\lambda_2, \delta_3), (\lambda_2, \delta_4), (\lambda_3, \delta_1), (\lambda_3, \delta_2), (\lambda_3, \delta_3), (\lambda_3, \delta_4), (\lambda_4, \delta_1), (\lambda_4, \delta_2), (\lambda_4, \delta_3), (\lambda_4, \delta_4)$。如果检查完毕都没有一对 (λ, δ) 成立,则 $\mathcal{C}$ 返回该密文是不合法的。

10.2.3 将 CPA 体制变成 CCA2 体制

假设有一个在选择明文攻击下是语义安全的公钥加密体制,如 ElGamal。这样的体制应该是非确定性的,可以将加密函数写为
$$E(pk, m, k)$$
其中,pk 是公钥,m 是需要加密的消息,k 是输入的随机数。解密函数用 $D(sk, c)$ 表示。对于 ElGamal 加密体制来说,有
$$E(pk, m, k) = (c_1, c_2) = (g^k, my^k)$$
其中,$y \equiv g^x \bmod p$ 是公钥。Fujisaki 和 Okamoto 显示了如何将在选择明文攻击下是语义安全的体制转变成在适应性选择密文攻击下是语义安全的体制。他们的结论只适用于随机预言模型。这里只给出转变方法,详细的证明请参考相关文献。

将上述的加密函数变为
$$E'(pk, m, k) = E(pk, m \| k, H(m \| k))$$

其中，H 是 Hash 函数，解密函数变为
$$m' = D(sk, c)$$
需要检查是否有下式成立：
$$c = E(pk, m', H(m'))$$
如果成立，则恢复消息 $m' = m \| k$，否则，返回该密文是不合法的。

对于 ElGamal 体制来说，加密算法变为
$$(c_1, c_2) = (g^{H(m \| k)}, (m \| k) y^{H(m \| k)})$$
这个算法的效率比原始算法要稍低一些。解密算法变为
$$(m \| k) \equiv \frac{c_2}{c_1^x} \bmod p$$

10.3 可证明安全的数字签名体制

10.3.1 实际签名算法的安全性

首先介绍一下分叉引理，它适用于下面类型的数字签名算法。

为了对消息 m 签名，签名者执行如下步骤：

(1) 签名者产生一个承诺 σ_1。

(2) 签名者计算 $u = h(\sigma_1 \| m)$。

(3) 签名者计算 σ_2，它是关于 σ_1 和 u 的"签名"。

签名算法的输出为 $(\sigma_1, h(\sigma_1 \| m), \sigma_2)$。

在 DSA 中，$\sigma_1 = \emptyset, u = h(m), \sigma_2 = (r, k^{-1}(u+xr) \bmod q)$，其中，$r = (g^k \bmod p) \bmod q$。

在 Schnorr 签名方案中，$\sigma_1 = g^k, u = h(\sigma_1 \| m), \sigma_2 = (xu+k) \bmod q$。

在随机预言模型中，假设敌手 $\mathcal{F}$ 能以一个不可忽略的概率产生一个存在性伪造，即敌手 $\mathcal{F}$ 输出 $(m, \sigma_1, u, \sigma_2)$。假设敌手 $\mathcal{F}$ 进行了 $u = h(\sigma_1 \| m)$ 这个关键的 Hash 询问，否则，可以替敌手 $\mathcal{F}$ 进行这个询问。

算法 $\mathcal{C}$ 使用相同的随机磁带和稍微不同的随机预言运行敌手 $\mathcal{F}$ 两次。敌手 $\mathcal{F}$ 运行多项式时间并且进行多项式次 Hash 询问。如果前后两次对所有的 Hash 询问都给与相同的回答，则敌手 $\mathcal{F}$ 将输出相同的签名。然而，算法 $\mathcal{C}$ 在前后两次对随机预言都给与相同的回答，只是对一个随机的 Hash 询问给与不同的回答。这个 Hash 询问将以一个不可忽略的概率等于这个关键的 Hash 询问，即算法 $\mathcal{C}$ 将以一个不可忽略的概率获得一个消息 m 的两个签名，这个消息 m 具有

不同的Hash询问回答。换句话说，获得
$$(m,\sigma_1,u,\sigma_2)和(m,\sigma_1,u',\sigma_2')$$
试图利用敌手$\mathcal{F}$的两个输出解决困难问题,这就是算法$\mathcal{C}$的目标。

下面利用分叉引理来证明Schnorr签名方案的安全性,首先证明敌手是个被动攻击敌手的情况,其次证明敌手是个积极攻击敌手的情况。

定理10.2 在随机预言模型中,假设离散对数问题是一个困难问题,Schnorr签名方案在适应性选择消息攻击下具有存在不可伪造性。

证明:使用分叉引理来证明这个方案的安全性。为了应用分叉引理,需要显示Schnorr方案适合应用分叉引理(上面已经显示了),在模拟步骤中签名可以在不知道签名者私钥的情况下被模拟,并且能够利用伪造来解决一个困难问题(这里是离散对数问题)。

初始阶段:$\mathcal{C}$将公钥$y \equiv g^x \bmod p$发送给$\mathcal{F}$。

攻击阶段:$\mathcal{F}$执行多项式有界的Hash询问和签名询问。为了回答签名询问,我们利用了随机预言模型和算法$\mathcal{C}$能够选择Hash函数输出的能力。这意味着在消息被签之前,我们都不知道输入给Hash函数的消息是什么。如果Hash函数只应用于消息m而没有其他量(如σ_1),算法$\mathcal{F}$可能在签名创造之前就对消息m进行了Hash预言询问,算法$\mathcal{C}$就不能改变回答。在没有私钥的情况下,算法$\mathcal{C}$给出签名的过程称为签名询问的模拟。下面给出具体方法。

$\mathcal{C}$维护L列表,用于跟踪$\mathcal{F}$对预言机h的询问,这些回答是随机产生的,但要维持一致性并避免冲突。

$h(\lambda)$询问:当$\mathcal{F}$询问这个Hash值时,$\mathcal{C}$首先检查列表L是否已经存在这个询问的条目,如果存在,则返回相同的回答;否则返回一个随机生成的值u。询问和回答都将存进列表中。

签名询问:$\mathcal{F}$提交一个消息m进行签名询问,$\mathcal{C}$执行以下步骤:

(1) 选择随机数s和u,$1 \leq s, u < q$。

(2) 计算$r = g^s y^{-u} \bmod p$。

(3) 如果$(r\|m, u') \in L, u' \neq u$,则模拟器返回到步骤(1)。

(4) 设置$L = L \cup (r\|m, u)$,即当输入$(r\|m)$进行Hash询问时,Hash预言总是回答u。

(5) 输出签名(u, s)。

以上过程确实生成了一个合法签名。按照验证算法,首先计算
$$r = g^s y^{-u} \bmod p$$
验证等式
$$h(r\|m) = u$$

一定会成立。也就是说,假设 h 是一个随机预言,对于算法 $\mathcal{F}$ 来说,上述的模拟与一个真实的签名算法是不可区分的。

伪造阶段:根据分叉引理,如果 $\mathcal{F}$ 能够伪造一个签名,则可以以一个不可忽略的概率获得两个签名:

$$(m,\sigma_1=g^k,u,\sigma_2=(xu+k) \bmod q) \text{ 和 } (m,\sigma_1'=g^{k'},u',\sigma_2'=(xu'+k') \bmod q)$$

其中,$u=h(\sigma_1\|m)$ 是第一次运行敌手 $\mathcal{F}$ 时的预言询问,$u'=h(\sigma_1'\|m)$ 是第二次运行敌手 $\mathcal{F}$ 时的预言询问。

算法 $\mathcal{C}$ 的目标是恢复出 x。既然有 $\sigma_1=\sigma_1'$,一定有 $k=k'$。所以有

$$Ax \equiv B \bmod q$$

其中

$$A \equiv (u-u') \bmod q$$
$$B \equiv (\sigma_2-\sigma_2') \bmod q$$

既然 $u \neq u'$,则 $A \neq 0$。算法 $\mathcal{C}$ 就能够通过下式求解要求的离散对数问题:

$$x \equiv A^{-1}B \bmod q$$

10.3.2 RSA-PSS

第 8 章介绍的 RSA 数字签名方案是不安全的,一个解决办法是使用称为 RSA-PSS(probabilistic signature scheme)的系统。在 RSA 问题是困难的假设下,RSA-PSS 在随机预言模型中被证明是安全的。

与第 8 章介绍的 RSA 数字签名方案一样,首先生成一个模数 n、一个公钥 e 和一个私钥 d。假设安全参数为 k(n 是 k 比特的数),定义两个整数 k_0 和 k_1 并且满足

$$k_0+k_1 \leq k-1$$

其次定义两个 Hash 函数:一个扩展数据,一个压缩数据。

$$G:\{0,1\}^{k_1} \to \{0,1\}^{k-k_1-1}$$
$$H:\{0,1\}^* \to \{0,1\}^{k_1}$$

设

$$G_1:\{0,1\}^{k_1} \to \{0,1\}^{k_0}$$

表示返回 $G(w)$ ($w \in \{0,1\}^{k_1}$) 的前 k_0 个比特的函数,设

$$G_2:\{0,1\}^{k_1} \to \{0,1\}^{k-k_0-k_1-1}$$

表示返回 $G(w)$ ($w \in \{0,1\}^{k_1}$) 的后 $k-k_0-k_1-1$ 个比特的函数。

为了对一个消息 m 进行签名,签名者执行以下步骤:

(1) 生成一个随机数 $r \in \{0,1\}^{k_0}$。

(2) 计算 $w=H(m\|r)$。
(3) 设置 $y=0\|w\|(G_1(w)\oplus r)\|G_2(w)$。
(4) 计算 $s=y^d \bmod n$。
(5) 消息 m 的签名为 s。

为了验证一个签名 (m,s)，验证者执行以下步骤：
(1) 计算 $y=s^e \bmod n$。
(2) 将 y 分解成
$$b\|w\|\alpha\|\gamma$$
其中，b 的长度为 1 比特，w 的长度为 k_1 比特，α 的长度为 k_0 比特，γ 的长度为 $k-k_0-k_1-1$ 比特。
(3) 计算 $r=\alpha\oplus G_1(w)$。
(4) 当且仅当下列等式成立时，接受该签名
$$b=0 \text{ 且 } G_2(w)=\gamma \text{ 且 } H(m\|r)=w$$

如果把 G 和 H 看成是随机预言，则可以显示上述的签名算法是安全的。如果有一个算法能够存在性伪造一个消息的签名，就能构造一个算法来解决 RSA 问题。这里省略其证明细节，有兴趣的读者可参考有关资料。

习题十

1. 什么是完美安全性？什么是语义安全性？
2. 敌手攻击数字签名体制的四个主要目标是什么？
3. 具有同态性质的加密算法一定不能达到 CCA2 安全性吗？
4. 随机预言模型的作用是什么？

第 11 章 基于身份的密码体制

本章首先介绍公钥认证方法,其次介绍基于身份的加密体制和签名体制,最后介绍基于身份的密钥协商协议和签密体制。

11.1 公钥认证方法

1976 年,Diffie 和 Hellman 提出了公钥密码体制,解决了单钥密码体制中最难解决的两个问题:密钥分配和数字签名。在公钥密码体制中,每个用户拥有两个密钥:私钥和公钥,其中只有私钥由用户秘密保存,公钥可以由一个证书权威(certificate authority,CA)保存在一个公钥目录中。然而,公钥密码体制易受到"公钥替换"攻击,即攻击者用自己选定的假公钥替换一个公钥目录中真实的公钥。当一个用户用这个假公钥加密一个消息时,这个攻击者就可以正确地解密。因此,需要让用户的公钥以一种可验证和可信的方式与用户的身份信息关联起来。目前,认证用户的公钥有三种方法:基于证书的方法、基于身份的方法和基于自证明的方法。根据公钥认证方法的不同,公钥密码体制分为基于证书的公钥密码体制、基于身份的公钥密码体制和基于自证明的公钥密码体制。

(1) 基于证书的公钥密码体制。

每个用户的公钥都附带一个公钥证书,这个公钥证书由 CA 签发。公钥证书是一个结构化的数据记录,它包括用户的身份信息、公钥参数和 CA 的签名。任何人都可以通过验证证书的合法性(CA 的签名)来认证公钥。如果一个用户信任 CA,则在他验证了另一个用户的证书的有效性后,就应该相信公钥的真实性,他就可以利用该公钥加密消息了。这就是我们常说的公钥基础设施(public key infrastructure,PKI),如图 11.1 所示。这种方法有以下缺点:

① 使用任何公钥前都需要先验证公钥证书的合法性,增加了用户的计算量。

② CA 需要管理大量的证书,包括证书的撤销、存储和颁发。

(2) 基于身份的公钥密码体制。

为了简化密钥管理,Shamir 于 1984 年首次提出了基于身份的密码体制(identity-based cryptography)的概念。在基于身份的密码体制中,用户的公钥可以根据用户的身份信息(姓名、身份证号码、电话号码、E-mail 地址等)直接计算出来,用户的私钥则是由一个称为私钥生成中心(private key generator,PKG)的可信方生成,如图 11.2 所示。基于身份的密码体制取消了公钥证书,减少了公钥证书的存储和合法性验证。但是,基于身份的密码体制有一个致命的缺点,所有用户的私钥都由 PKG 生成。PKG 知道所有用户的私钥不可避免地引起密钥托管问题,因此,PKG 可以容易地冒充任何用户,且不被发现。在一个基于身份的加密方案中,PKG 可以解密任何密文,在一个基于身份的签名方案中,PKG 可以伪造任何消息的签名。自 1984 年以来,相继提出了许多实用的基于身份的签名方案,但一个满意的基于身份的加密方案直到 2001 年才被找到。这个方案是由 Boneh 和 Franklin 利用超奇异椭圆曲线上的双线性配对(Weil 对或 Tate 对)设计的。

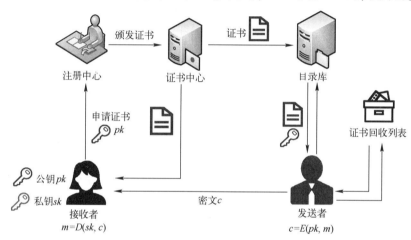

图 11.1 PKI 示意图

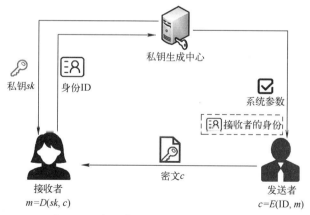

图 11.2 基于身份的公钥密码体制示意图

(3) 基于自证明的公钥密码体制。

1991 年,Girault 提出了自证明公钥(self-certified public keys)的概念。在基于自证明的公钥密码体制中,用户的公钥是从 CA 对该用户的私钥与身份的签名中推导出来,也就是说,CA 和用户合作产生公钥,但 CA 并不知道用户的私钥。用户的公钥不必有单独认证的证书,公钥的认证同接下来的一些密码协议(如密钥交换协议、签名、加密等)一起完成。比如,认证签名者的公钥与验证此人的签名在一个验证方程式中完成,如果通过了这个验证,则公钥和签名将被同时验证。在计算量和通信成本方面,自证明公钥方法具有以下优点:

① 由于不需要证书,降低了存储空间和通信成本。

② 由于不需要公钥验证,减少了计算量。

③ 与基于证书的公钥密码体制相比,由于不需要维护公钥证书目录,基于自证明的公钥密码体制更加高效。与基于身份的公钥密码体制相比,由于 CA 并不知道用户的私钥,基于自证明的公钥密码体制更加安全。

对于公钥密码体制,Girault 定义了以下三个信任标准:

信任标准 1:CA 知道(或者可以轻松得到)用户的私钥,因而可以冒充用户,且不被发现。

信任标准 2:CA 不知道(或者不能轻松得到)用户的私钥,但仍然可以产生一个假的证书冒充用户,且不被发现。

信任标准 3:CA 不知道(或者不能轻松得到)用户的私钥,如果 CA 产生一个假的证书冒充用户,则它将被发现。

从上述可以看出,基于证书的公钥密码体制达到了信任标准 3,这是因为同一用户两个合法的证书就意味着 CA 的欺骗,基于身份的公钥密码体制只能达到信任标准 1,而基于自证明的公钥密码体制达到了信任标准 3 且不需要公钥证书。

2003 年,Al-Riyami 和 Paterson 提出的无证书公钥密码体制(certificateless public key cryptography)的概念,在本质上与基于自证明的公钥密码体制是相同的。用户自己选择一个秘密值 x,然后向部分私钥生成中心申请一个部分私钥 psk。为了加密一个消息,发送者需要使用秘密值 x 对应的公钥 pk 和部分私钥 psk 对应的身份 ID,为了解密一个密文,接收者需要同时使用秘密值 x 和部分私钥 psk,如图 11.3 所示。2003 年后,无证书公钥密码体制成为了密码学中的一个热门研究课题,其知名度已经远远超过了基于自证明的公钥密码体制。因此,本书在接下来的内容中也使用无证书公钥密码体制的名称而不使用基于自证明的公钥密码体制。

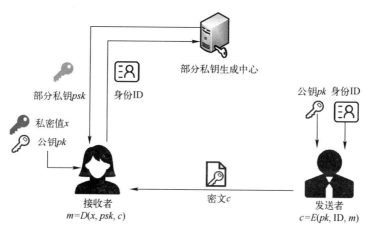

图 11.3 无证书公钥密码体制示意图

11.2 基于身份的加密体制

本节介绍 Boneh 和 Franklin 在 2001 年提出的基于身份的加密方案。在介绍该方案之前,首先回顾该方案使用的重要工具——双线性配对。

11.2.1 双线性配对

首先描述抽象意义的双线性配对。设 k 为安全参数,p 为 k 比特长的素数。令 G_1 为由 P 生成的循环加法群,阶为 p,G_T 为具有相同阶 p 的循环乘法群,a、b 是 $\mathbb{Z}_p^*$ 中的元素。0 表示 G_1 中的单位元,1 表示 G_T 中的单位元。假设 G_1 和 G_T 这两个群中的离散对数问题都是困难问题。双线性配对是指满足下列性质的一个映射 $\hat{e}: G_1 \times G_1 \to G_T$:

(1) 双线性(bilinearity):对于任意的 $P, Q \in G_1$ 和 $a, b \in \mathbb{Z}_p^*$,$\hat{e}(aP, bQ) = \hat{e}(P, Q)^{ab}$ 成立。

(2) 非退化性(non-degeneracy):存在 $P, Q \in G_1$,使得 $\hat{e}(P, Q) \neq 1$。当然,有
$$\hat{e}(0, Q) - \hat{e}(Q, 0) = 1$$

(3) 可计算性(computability):对所有的 $P, Q \in G_1$,存在有效的算法计算 $\hat{e}(P, Q)$。

双线性映射可以通过有限域上的超椭圆曲线上的 Tate 对或 Weil 对来构造。下面介绍一些本书要用到的数学问题。

定义 11.1 给定一个阶为 p 的循环加法群 G_1 和一个生成元 P,G_1 中的计算

Diffie-Hellman 问题(computational Diffie-Hellman problem, CDHP)是给定 (P,aP,bP), 计算 $abP\in G_1$。其中, $a,b\in\mathbb{Z}_p^*$ 是未知的整数。

定义 11.2 给定一个阶为 p 的循环加法群 G_1 和一个生成元 P, G_1 中的判定 Diffie-Hellman 问题(decisional Diffie-Hellman problem, DDHP)是给定 (P,aP,bP,cP), 判断 $c\equiv ab \bmod p$ 是否成立。其中, $a,b,c\in\mathbb{Z}_p^*$ 是未知的整数。如果 (P,aP,bP,cP) 满足这个条件,则称它为一个"Diffie-Hellman 元组",有时候采用记号 $cP=\mathrm{DH}_P(aP,bP)$。

定义 11.3 给定一个阶为 p 的循环加法群 G_1 和一个生成元 P, G_1 中的间隙 Diffie-Hellman 问题(gap Diffie-Hellman problem, GDHP)是在 DDH 预言机的帮助下,求解一个给定元组 (P,aP,bP) 的 CDHP。DDH 预言机可以判断 (P,aP,bP,cP) 是否满足 $c\equiv ab \bmod p$。

定义 11.4 给定两个阶都为 p 的循环加法群 G_1 和循环乘法群 G_T、一个双线性映射 $\hat{e}:G_1\times G_1\to G_T$ 和一个群 G_1 的生成元 P,双线性 Diffie-Hellman 问题(bilinear Diffie-Hellman problem, BDHP)是给定 (P,aP,bP,cP),计算 $\hat{e}(P,P)^{abc}\in G_T$。其中, $a,b,c\in\mathbb{Z}_p^*$ 是未知的整数。

定义 11.5 给定两个阶都为 p 的循环加法群 G_1 和循环乘法群 G_T、一个双线性映射 $\hat{e}:G_1\times G_1\to G_T$ 和一个群 G_1 的生成元 P,判定双线性 Diffie-Hellman 问题(decisional bilinear Diffie-Hellman problem, DBDHP)是给定 (P,aP,bP,cP) 和 $z\in G_T$,判断

$$z=\hat{e}(P,P)^{abc}$$

是否成立。其中, $a,b,c\in\mathbb{Z}_p^*$ 是未知的整数。

定义 11.6 给定两个阶都为 p 的循环加法群 G_1 和循环乘法群 G_T、一个双线性映射 $\hat{e}:G_1\times G_1\to G_T$ 和一个群 G_1 的生成元 P,间隙双线性 Diffie-Hellman 问题(gap bilinear Diffie-Hellman problem, GBDHP)是在 DBDH 预言机的帮助下,求解一个给定元组 (P,aP,bP,cP) 的 BDHP。DBDH 预言机可以判断一个元组 (P,aP,bP,cP,z) 是否满足

$$z=\hat{e}(P,P)^{abc}$$

上述问题通常被视为困难问题,但它们的困难程度却是不一样的。显然,判定问题不比计算问题更难,即如果能够求解 CDHP, DDHP 就容易解决了;同样如果能够求解 BDHP, DBDHP 就容易解决了。值得注意的是, DDHP 在 G_1 中是困难的,但在双线性映射 $(G_1,G_T,\hat{e})$ 下却是容易的,可以通过检查等式

$$\hat{e}(aP,bP)=\hat{e}(P,cP)$$

是否成立来判断 $c\equiv ab \bmod p$ 是否成立。

11.2.2 形式化模型

一个基于身份的加密体制通常由以下四个算法组成：

（1）系统建立(setup)。

这个算法由 PKG 完成。该算法输入参数 1^k，输出主密钥 s 和系统参数 params。PKG 保密 s，公开 params。其中，k 是一个安全参数。

（2）密钥提取(extract)。

这个算法生成用户的密钥，由 PKG 完成。该算法输入一个用户的身份 ID_U，PKG 计算用户私钥 S_U 并通过安全的方式发送给这个用户。

（3）加密。

该算法输入系统参数 params、一个接收者的身份 ID_U 和一个消息 m，输出一个密文 c。

（4）解密。

该算法输入系统参数 params、一个接收者的身份 ID_U 与私钥 S_U 和一个密文 c，输出明文 m 或者错误符号"⊥"（表示解密失败）。

这些算法必须满足基于身份的加密体制的一致性要求，即如果 $c = E(\text{params}, \text{ID}_U, m)$，则 $m = D(\text{params}, \text{ID}_U, S_U, c)$。为了简便，本书中省略了系统参数 params，即记为 $c = E(\text{ID}_U, m)$ 和 $m = D(\text{ID}_U, S_U, c)$。

在基于身份的加密体制中，发送者可以在接收者还没有私钥的情况下加密一个消息给接收者，接收者可以在收到密文之后，才向 PKG 申请私钥进行解密，这是基于身份的密码体制的一个重要特征。这种特征特别适合电子邮件应用。

可以利用第 10 章中定义的选择明文攻击和适应性选择密文攻击，来定义基于身份的加密体制的选择明文攻击游戏和适应性选择密文攻击游戏。但标准的选择明文安全性和适应性选择密文安全性对于基于身份的密码体制还不够，主要原因在于当一个敌手攻击一个公钥 ID 时，这个敌手可能已经拥有了其他用户 $\text{ID}_1, \text{ID}_2, \cdots, \text{ID}_n$ 的私钥。在基于证书的密码体制中，可以通过验证公钥证书的合法性来判断公钥的合法性。通常情况下，敌手不可能拥有其他用户的私钥。基于身份的密码体制取消了公钥证书，敌手可以通过正常途径得到其他用户的私钥。为了使基于身份的密码体制在这种攻击下是安全的，必须允许敌手获得他选择的身份的私钥。当然，被攻击的身份除外；否则敌手可以直接利用私钥解密，安全性定义就失去了意义。Boneh 和 Franklin 称这种询问为私钥提取询问或者密钥提取询问。此外，在基于身份的密码体制中，敌手自己选择一个被挑战的身份，而在基于证书的密码体制中，敌手挑战的是一个随机的公钥。下面根据基于身份的加密体制的特点，给出基于身份的加密体制的适应性选择密文攻击游戏。

游戏 11.1 基于身份的加密体制的适应性选择密文攻击游戏由下面五个阶段组成,这是一个挑战者 $\mathcal{C}$ 和敌手 $\mathcal{A}$ 之间的游戏。

初始阶段: $\mathcal{C}$ 运行系统建立算法,并将产生的系统参数 params 发送给 $\mathcal{A}$。$\mathcal{C}$ 保密主密钥 s。

阶段 1: $\mathcal{A}$ 执行多项式有界的密钥提取询问和解密询问。在一个密钥提取询问中, $\mathcal{A}$ 选择一个身份 ID_U,$\mathcal{C}$ 运行密钥提取算法并将 ID_U 对应的私钥发送给 $\mathcal{A}$。在一个解密询问中, $\mathcal{A}$ 提交一个身份 ID_U 和一个密文 c。 $\mathcal{C}$ 首先通过运行密钥提取算法得到私钥 S_U,其次利用私钥 S_U 运行解密算法并将产生的结果发送给 $\mathcal{A}$。

挑战阶段: $\mathcal{A}$ 决定阶段 1 什么时候停止并进入挑战阶段。$\mathcal{A}$ 生成两个相同长度的明文 m_0, m_1 和希望挑战的身份 ID^*。ID^* 不能是已经执行过密钥提取询问的身份。$\mathcal{C}$ 随机选择 $\gamma \in \{0,1\}$,计算 $c^* = E(ID^*, m_\gamma)$ 并将结果 c^* 发送给 $\mathcal{A}$。

阶段 2: $\mathcal{A}$ 可以像阶段 1 那样执行多项式有界的适应性询问,但是不能对 ID^* 执行密钥提取询问,也不能对密文 c^* 执行 ID^* 的解密询问。

猜测阶段: $\mathcal{A}$ 输出一个比特 γ'。如果 $\gamma' = \gamma$,则 $\mathcal{A}$ 赢得了这个游戏。

$\mathcal{A}$ 的优势被定义为 $\mathrm{Adv}(\mathcal{A}) = |\Pr[\gamma' = \gamma] - 1/2|$,其中, $\Pr[\gamma' = \gamma]$ 表示 $\gamma' = \gamma$ 的概率。

图 11.4 总结了游戏 11.1 的全部过程。如果没有任何多项式有界的敌手以一个不可忽略的优势赢得游戏 11.1,则称一个基于身份的加密体制在适应性选择密文和身份攻击下具有不可区分性(IND-IBE-CCA2)。下面给出正式的定义。

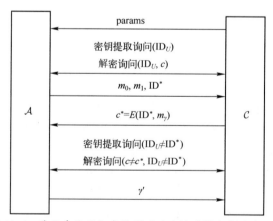

图 11.4 基于身份的加密体制的适应性选择密文攻击游戏

定义 11.7 如果没有任何多项式有界的敌手在 t 时间内,在经过 q_k 次密钥提取询问和 q_d 次解密询问后,以至少 ε 的优势赢得游戏 11.1,则称这个基于身份的加密体制是 (ε,t,q_k,q_d)-IND-IBE-CCA2 安全的。

11.2.3 BF 方案

下面描述 Boneh 和 Franklin 提出的基于身份的加密方案(记为 BF 方案)。他们首先给出了一个称为 BasicIdent 的基于身份的加密方案,这个方案不能抵抗适应性选择密文攻击。其次利用 Fujisaki-Okamoto 转换给出了一个适应性选择密文安全的 FullIdent 方案。下面描述 BasicIdent 方案的具体细节。

(1) 系统建立。

设 G_1 为由 P 生成的循环加法群,阶为 p,G_T 为具有相同阶 p 的循环乘法群,$\hat{e}:G_1\times G_1\to G_T$ 为一个双线性映射。定义两个安全的 Hash 函数 $H_1:\{0,1\}^*\to G_1$ 和 $H_2:G_T\to\{0,1\}^n$,其中,n 表示消息的比特长度。PKG 随机选择一个主密钥 $s\in\mathbb{Z}_p^*$,计算 $P_{pub}=sP$。PKG 公开系统参数
$$\{G_1,G_T,n,p,\hat{e},P,P_{pub},H_1,H_2\}$$
保密主密钥 s。在安全性分析中,H_1 和 H_2 将被看成是随机预言机。

(2) 密钥提取。

给定一个用户 U 的身份 ID_U,PKG 计算该用户的私钥 $S_U=sQ_U$,其中,$Q_U=H_1(\mathrm{ID}_U)$ 是该用户的公钥。

(3) 加密。

为了发送一个消息 m 给接收者 ID_U,发送者执行以下步骤:

① 随机选取 $r\in\mathbb{Z}_p^*$。

② 计算 $V=rP$ 和 $W=m\oplus H_2(\hat{e}(P_{pub},Q_U)^r)$。

③ 发送密文 $c=(V,W)$ 给接收者。

(4) 解密。

当收到密文 c 时,接收者计算 $m=W\oplus H_2(\hat{e}(V,S_U))$ 恢复出消息。

下面简单地分析 BasicIdent 方案的正确性和安全性。当
$$\hat{e}(V,S_U)=\hat{e}(rP,sQ_U)=\hat{e}(P_{pub},Q_U)^r$$
BasicIdent 加密方案是正确的,但该方案不能抵抗适应性选择密文攻击。当敌手在收到挑战密文 $c^*=(V^*,W^*)$ 时,他需要猜测加密的消息是 m_0 还是 m_1。这个敌手可以首先任意选择一个相同长度的消息 m',计算一个新的密文 $c'=(V^*,m'\oplus W^*)$,其次将这个新的密文进行解密询问,得到消息 $m'\oplus m_\gamma$,最后计算 $m'\oplus m'\oplus m_\gamma$ 就可以得到实际加密的消息 m_γ。实际上,BasicIdent 方案只能达到

选择明文安全性。下面给出详细的证明。

定理 11.1 在随机预言模型中,若存在一个敌手 $\mathcal{A}$ 能够在 t 时间内,以 ε 的优势赢得游戏 11.1(他最多能进行 q_{H_1} 次 H_1 询问、q_{H_2} 次 H_2 询问和 q_k 次密钥提取询问),则存在一个算法 $\mathcal{B}$,能够在 $O(t)$ 时间内,以

$$\varepsilon' \geqslant \frac{2\varepsilon}{e(1+q_k)q_{H_2}}$$

的优势解决 BDHP,其中,$e \approx 2.71$ 是自然对数的基数。

证明:为了证明这个定理,首先描述一个相关的非基于身份的公钥加密方案(记为 BasicPub)。BasicPub 由下面三个算法组成:

(1) 密钥生成。

设 G_1 为由 P 生成的循环加法群,阶为 p,G_T 为具有相同阶 p 的循环乘法群,$\hat{e}:G_1 \times G_1 \to G_T$ 为一个双线性映射。定义一个安全的 Hash 函数 $H_2: G_T \to \{0,1\}^n$,其中,n 表示消息的比特长度。随机选择 $s \in \mathbb{Z}_p^*$,计算 $P_{\text{pub}} = sP$。随机选择 $Q_U \in G_1^*$,计算私钥 $S_U = sQ_U$。公钥为

$$\{G_1, G_T, n, p, \hat{e}, P, P_{\text{pub}}, Q_U, H_2\}$$

(2) 加密。

为了加密一个消息 m,发送者执行以下步骤:

① 随机选取 $r \in \mathbb{Z}_p^*$。
② 计算 $V = rP$ 和 $W = m \oplus H_2(\hat{e}(P_{\text{pub}}, Q_U)^r)$。
③ 发送密文 $c = (V, W)$ 给接收者。

(3) 解密。

当收到密文 c 时,接收者计算 $m = W \oplus H_2(\hat{e}(V, S_U))$ 恢复出消息。

下面分两步证明定理 11.1。第一步证明针对 BasicIdent 方案的选择明文和身份攻击可以转换成 BasicPub 方案的选择明文攻击。这一步主要显示密钥提取询问不会帮助敌手。第二步证明在 BDHP 假设下,BasicPub 方案是 IND-CPA 安全的。本定理的证明结果可以从下面的引理 11.1 和引理 11.2 得到。

引理 11.1 在随机预言模型中,若存在一个选择明文和身份攻击敌手 $\mathcal{A}$ 能够在 t 时间内,以 ε 的优势攻破 BasicIdent 方案(他最多能进行 q_{H_1} 次 H_1 询问和 q_k 次密钥提取询问),则存在一个选择明文攻击敌手 $\mathcal{B}$,能够在 $O(t)$ 时间内,以

$$\varepsilon' \geqslant \frac{\varepsilon}{e(1+q_k)}$$

的优势攻破 BasicPub 方案,其中,$e≈2.71$ 是自然对数的基数。

证明:下面显示如何构造一个选择明文攻击敌手 $\mathcal{B}$,利用 $\mathcal{A}$ 来攻破 BasicPub 方案。

初始阶段:给定公钥
$$\{G_1, G_T, n, p, \hat{e}, P, P_{pub}, Q_U, H_2\}$$

$\mathcal{B}$ 发送
$$params = \{G_1, G_T, n, p, \hat{e}, P, P_{pub}, H_1, H_2\}$$

给 $\mathcal{A}$。其中,H_1 是随机预言机,由 $\mathcal{B}$ 控制。

阶段1:$\mathcal{B}$ 维护一张 L_1 列表 (ID_i, Q_i, b_i, c_i),用于跟踪 $\mathcal{A}$ 对预言机 H_1 的询问。下面解释 $\mathcal{B}$ 如何回答 H_1 询问和密钥提取询问。

H_1 询问:当 $\mathcal{A}$ 询问 $H_1(ID_i)$ 时,$\mathcal{B}$ 首先检查列表 L_1 中是否已经存在 (ID_i, Q_i, b_i, c_i)。如果存在,则 $\mathcal{B}$ 返回 $H_1(ID_i) = Q_i$;否则 $\mathcal{B}$ 生成一个随机硬币 $coin \in \{0,1\}$,其中,$Pr[coin = 0] = \delta$(下面将介绍 δ 的值),$\mathcal{B}$ 也随机选取 $b \in \mathbb{Z}_p^*$。如果 $coin = 0$,则设置 $Q_i = bP$;如果 $coin = 1$,则设置 $Q_i = bQ_U$。$\mathcal{B}$ 将 $(ID_i, Q_i, b, coin)$ 插入到列表 L_1 中并返回 $H_1(ID_i) = Q_i$。

密钥提取询问:当 $\mathcal{A}$ 询问 ID_i 的私钥时,$\mathcal{B}$ 首先运行 H_1 询问以便获得 $H_1(ID_i) = Q_i$ 并且列表存在 $(ID_i, Q_i, b_i, coin_i)$。如果 $coin_i = 1$,则 $\mathcal{B}$ 失败并且终止游戏;如果 $coin_i = 0$,则 $Q_i = b_iP$,$\mathcal{B}$ 可以计算私钥 $S_i = b_iP_{pub}$。$\mathcal{B}$ 将 S_i 返回给 $\mathcal{A}$。

挑战阶段:$\mathcal{A}$ 决定阶段1什么时候停止并进入挑战阶段。$\mathcal{A}$ 生成两个相同长度的明文 m_0, m_1 和希望挑战的身份 ID^*。ID^* 不能是已经执行过密钥提取询问的身份。$\mathcal{B}$ 将 m_0 和 m_1 发送给自己的挑战者 $\mathcal{C}$。$\mathcal{C}$ 随机选择 $\gamma \in \{0,1\}$,利用 BasicPub 方案加密 m_γ 并将结果 $c^* = (V^*, W^*)$ 发送给 $\mathcal{B}$。$\mathcal{B}$ 运行 H_1 询问以便获得 $H_1(ID^*) = Q^*$ 并且列表存在 $(ID^*, Q^*, b, coin)$。如果 $coin = 0$,则 $\mathcal{B}$ 失败并且终止游戏;如果 $coin = 1$,则 $Q^* = bQ_U$,$\mathcal{B}$ 可以计算
$$c' = (b^{-1}V^*, W^*)$$

并将 c' 返回给 $\mathcal{A}$。值得注意的是,这里的 c' 就是利用 BasicIdent 方案在身份 ID^* 下加密 m_γ 的结果。下面对此进行解释。既然 $H_1(ID^*) = Q^*$,那么私钥就应该是 $S^* = sQ^* = sbQ_U$,
$$\hat{e}(b^{-1}V^*, S^*) = \hat{e}(b^{-1}V^*, sbQ_U) = \hat{e}(V^*, sQ_U) = \hat{e}(V^*, S_U)$$

也就是说,在 BasicIdent 方案中用 S^* 解密 c' 等同于在 BasicPub 方案中用 S_U 解密 c^*。

阶段2:$\mathcal{A}$ 可以像阶段1那样执行多项式有界的适应性询问,但是不能对

ID^* 执行密钥提取询问。$\mathcal{B}$ 像在阶段 1 那样回答这些询问。

猜测阶段：$\mathcal{A}$ 输出一个比特 γ'，$\mathcal{B}$ 也输出相同的 γ'。

如果 $\mathcal{B}$ 在模拟过程中不失败，则 $\mathcal{A}$ 观察到的跟真实攻击观察到的是一样的。如果 $\mathcal{B}$ 不失败，则

$$\left|\Pr[\gamma'=\gamma]-\frac{1}{2}\right|\geqslant\varepsilon$$

下面分析 $\mathcal{B}$ 失败的概率。假设 $\mathcal{A}$ 在阶段 1 和阶段 2 中最多进行 q_k 次密钥提取询问，$\mathcal{B}$ 不会失败的概率是 δ^{q_k}。在挑战阶段，$\mathcal{B}$ 不会失败的概率是 $1-\delta$。因此，在整个模拟过程中，$\mathcal{B}$ 不会失败的概率是 $\delta^{q_k}(1-\delta)$，这个值在

$$\delta_{\text{opt}}=1-\frac{1}{q_k+1}$$

的情况下可以取最大值。利用 δ_{opt}，可以得到 $\mathcal{B}$ 不会失败的概率至少为

$$\frac{1}{\mathrm{e}(1+q_k)}$$

也就是说，$\mathcal{B}$ 的优势至少为

$$\varepsilon'\geqslant\frac{\varepsilon}{\mathrm{e}(1+q_k)}$$

引理 11.2 在随机预言模型中，若存在一个选择明文攻击敌手 $\mathcal{A}$ 能够在 t 时间内，以 ε 的优势攻破 BasicPub 方案（他最多能进行 q_{H_2} 次 H_2 询问），则存在一个算法 $\mathcal{C}$，能够在 $O(t)$ 时间内，以

$$\varepsilon'\geqslant\frac{2\varepsilon}{q_{H_2}}$$

的优势解决 BDHP。

证明：$\mathcal{C}$ 接收一个随机的 BDHP 实例 (P,aP,bP,cP)，它的目标是找到 $T=\hat{e}(P,P)^{abc}$。$\mathcal{C}$ 把 $\mathcal{A}$ 作为子程序并扮演游戏 11.1 中 $\mathcal{A}$ 的挑战者。

初始阶段：$\mathcal{C}$ 设置 $P_{\text{pub}}=aP$ 和 $Q_U=bP$，将 BasicPub 方案的公钥

$$\{G_1,G_T,n,p,\hat{e},P,P_{\text{pub}},Q_U,H_2\}$$

发送给 $\mathcal{A}$。其中，H_2 是随机预言机，由 $\mathcal{C}$ 控制。私钥为 $S_U=abP$（注意 $\mathcal{C}$ 并不知道这个值）。

H_2 询问：$\mathcal{C}$ 维护一张 L_2 列表 (X_i,h_i)，用于跟踪 $\mathcal{A}$ 对预言机 H_2 的询问。当 $\mathcal{A}$ 询问 $H_2(X_i)$ 时，$\mathcal{C}$ 首先检查列表 L_2 中是否已经存在 (X_i,h_i)。如果存在，则 $\mathcal{C}$ 返回 $H_2(X_i)=h_i$；否则 $\mathcal{C}$ 随机选取 $h_i\in\{0,1\}^n$，将 (X_i,h_i) 插入列表 L_2 并返回 h_i 给 $\mathcal{A}$。

挑战阶段：$\mathcal{A}$ 生成两个相同长度的明文 m_0 和 m_1 进行挑战。$\mathcal{C}$ 随机选取

$W^* \in \{0,1\}^n$ 并将 $c^* = (cP, W^*)$ 发送给 $\mathcal{A}$。根据解密算法,如果要解密 c^*,则需要计算
$$W^* \oplus H_2(\hat{e}(cP, S_U)) = W^* \oplus H_2(\hat{e}(cP, abP)) = W^* \oplus H_2(T)$$

猜测阶段:$\mathcal{A}$ 输出一个比特 γ',$\mathcal{C}$ 从列表 L_2 中随机选取元组 (X_i, h_i) 并输出 X_i 为 BDHP 的解。

下面分析 $\mathcal{C}$ 的优势。设事件 E 为 $\mathcal{A}$ 在某个时候询问了 $H_2(T)$。在真实攻击中发生事件 E 的概率与在模拟过程中发生事件 E 的概率是相同的。在真实攻击中,如果 $\mathcal{A}$ 没有询问 $H_2(T)$,则 $\mathcal{A}$ 的观察与解密 c^* 是独立的,即 $\mathcal{A}$ 在整个模拟过程中得到的训练不会对解密 c^* 起到任何有意义的帮助,与不接受训练是一样的。因此
$$\Pr[\gamma' = \gamma | \neg E] = \frac{1}{2}$$

又根据本引理假设 $\mathcal{A}$ 能够在 t 时间内,以 ε 的优势攻破 BasicPub 方案,即
$$\left| \Pr[\gamma' = \gamma] - \frac{1}{2} \right| \geq \varepsilon$$

所以有
$$\Pr[E] \geq 2\varepsilon$$

下面解释这个结论。一方面
$$\begin{aligned}
\Pr[\gamma' = \gamma] &= \Pr[\gamma' = \gamma | \neg E]\Pr[\neg E] + \Pr[\gamma' = \gamma | E]\Pr[E] \\
&\leq \Pr[\gamma' = \gamma | \neg E]\Pr[\neg E] + \Pr[E] \\
&= \frac{1}{2}\Pr[\neg E] + \Pr[E] = \frac{1}{2}(1 - \Pr[E]) + \Pr[E] \\
&= \frac{1}{2} + \frac{1}{2}\Pr[E]
\end{aligned}$$

也就是说
$$\Pr[\gamma' = \gamma] - \frac{1}{2} \leq \frac{1}{2}\Pr[E]$$

另一方面
$$\begin{aligned}
\Pr[\gamma' = \gamma] &\geq \Pr[\gamma' = \gamma | \neg E]\Pr[\neg E] \\
&= \frac{1}{2}\Pr[\neg E] = \frac{1}{2}(1 - \Pr[E]) \\
&= \frac{1}{2} - \frac{1}{2}\Pr[E]
\end{aligned}$$

也就是说

$$\Pr[\gamma' = \gamma] - \frac{1}{2} \geq -\frac{1}{2}\Pr[E]$$

所以有

$$\varepsilon \leq \left|\Pr[\gamma' = \gamma] - \frac{1}{2}\right| \leq \frac{1}{2}\Pr[E]$$

也就是说,在真实的攻击中

$$\Pr[E] \geq 2\varepsilon$$

从上面的分析可以看出,$\mathcal{A}$ 在某个时候询问了 $H_2(T)$ 的概率为 2ε,也就是说,在列表 L_2 中包含 (T, h_i) 的概率为 2ε。另外,$\mathcal{A}$ 最多能进行 q_{H_2} 次 H_2 询问,所以列表 L_2 中最多有 q_{H_2} 条记录。$\mathcal{C}$ 能够正确输出 BDHP 的解的概率至少为

$$\varepsilon' \geq \frac{2\varepsilon}{q_{H_2}}$$

Boneh 和 Franklin 利用 Fujisaki-Okamoto 转换给出了一个适应性选择密文安全的 FullIdent 方案。FullIdent 方案由下面四个算法组成:

(1) 系统建立。

该算法与 BasicIdent 方案中的系统建立算法相似,只是还需要另外两个 Hash 函数 $H_3: \{0,1\}^n \times \{0,1\}^n \to \mathbb{Z}_p$ 和 $H_4: \{0,1\}^n \to \{0,1\}^n$。

(2) 密钥提取。

该算法与 BasicIdent 方案中的密钥提取算法相同。

(3) 加密。

为了发送一个消息 m 给接收者 ID_U,发送者执行以下步骤:

① 随机选取 $\alpha \in \{0,1\}^n$。

② 计算 $r = H_3(\alpha, m)$。

③ 计算 $V = rP, W = \alpha \oplus H_2(\hat{e}(P_{\mathrm{pub}}, Q_U)^r)$ 和 $T = m \oplus H_4(\alpha)$。

④ 发送密文 $c = (V, W, T)$ 给接收者。

(4) 解密。

当收到密文 c 时,接收者执行以下步骤:

① 计算 $\alpha = W \oplus H_2(\hat{e}(V, S_U))$。

② 计算 $m = T \oplus H_4(\alpha)$。

③ 设置 $r = H_3(\alpha, m)$ 并检查等式

$$V = rP$$

是否成立。如果成立,则接受该密文并返回消息 m;否则输出错误符号"⊥"。

11.3 基于身份的签名体制

11.3.1 形式化模型

一个基于身份的签名体制一般由以下四个算法组成:

(1) 系统建立。

这个算法由 PKG 完成。该算法输入参数 1^k,输出主密钥 s 和系统参数 params。PKG 保密 s,公开 params。其中,k 是一个安全参数。

(2) 密钥提取。

这个算法生成用户的密钥,由 PKG 完成。该算法输入一个用户的身份 ID_U,PKG 计算用户私钥 S_U 并通过安全的方式发送给这个用户。

(3) 签名。

该算法输入系统参数 params、一个签名者的身份 ID_U 与私钥 S_U 和一个消息 m,输出一个签名 σ。

(4) 验证。

该算法输入系统参数 params、一个签名者的身份 ID_U、一个消息 m 和一个签名 σ,输出"真"(表示签名 σ 对于消息 m 和身份 ID_U 是合法的)或者"伪"(表示签名 σ 对于消息 m 和身份 ID_U 是不合法的)。

这些算法必须满足基于身份的签名体制的一致性要求,即如果 $\sigma = \text{Sig}(ID_U, S_U, m)$,则"真" $= \text{Ver}(ID_U, m, \sigma)$ 一定成立。

从第 10 章可知,对于一个非基于身份的签名体制来说,标准的安全概念是在适应性选择消息攻击下具有存在不可伪造性。对于基于身份的签名体制来说,还需要允许敌手进行密钥提取询问和选择攻击身份,即在适应性选择消息和身份攻击下具有存在不可伪造性。下面给出基于身份的签名体制的不可伪造性的安全定义。

游戏 11.2 基于身份的签名体制的适应性选择消息攻击游戏由下面三个阶段组成,这是一个挑战者 $\mathcal{C}$ 和敌手 $\mathcal{F}$ 之间的游戏。

初始阶段:$\mathcal{C}$ 运行系统建立算法,并将产生的系统参数 params 发送给 $\mathcal{F}$。$\mathcal{C}$ 保密主密钥 s。

攻击阶段:$\mathcal{F}$ 执行多项式有界的密钥提取询问和签名询问。在一个密钥提取询问中,$\mathcal{F}$ 选择一个身份 ID_U,$\mathcal{C}$ 运行密钥提取算法并将 ID_U 对应的私钥发送

给 $\mathcal{F}$。在一个签名询问中,$\mathcal{F}$ 提交一个身份 ID_U 和一个消息 m,$\mathcal{C}$ 首先通过运行密钥提取算法得到私钥 S_U,其次利用私钥 S_U 运行签名算法并将产生的结果发送给 $\mathcal{F}$。

伪造:$\mathcal{F}$ 输出(ID^*,m^*,σ^*)。当下列三个条件成立时,$\mathcal{F}$ 赢得这个游戏。

(1) σ^* 对于 m^* 和 ID^* 是一个合法的签名。

(2) ID^* 没有执行过密钥提取询问。

(3) (ID^*,m^*) 没有执行过签名询问。

$\mathcal{F}$ 的优势被定义为他赢得游戏的概率。

图 11.5 总结了游戏 11.2 的整个过程。如果没有任何多项式有界的敌手以一个不可忽略的优势赢得游戏 11.2,则称一个基于身份的签名体制在适应性选择消息和身份攻击下具有存在不可伪造性(EUF-IBS-CMA)。下面给出正式的定义。

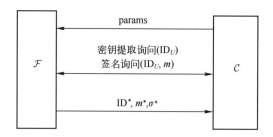

图 11.5　基于身份的签名体制的适应性选择消息攻击游戏

定义 11.8　如果没有任何多项式有界的敌手在 t 时间内,在经过 q_k 次密钥提取询问和 q_s 次签名询问后,以至少 ε 的优势赢得游戏 11.2,则称这个基于身份的签名体制是 (ε,t,q_k,q_s)-EUF-IBS-CMA 安全的。

11.3.2　Hess 方案

2002 年,Hess 提出了一个基于身份的签名方案。该方案由下面四个算法组成:

(1) 系统建立。

设 G_1 为由 P 生成的循环加法群,阶为 p,G_T 为具有相同阶 p 的循环乘法群,$\hat{e}:G_1\times G_1\to G_T$ 为一个双线性映射。定义两个安全的 Hash 函数 $H_1:\{0,1\}^*\to G_1$ 和 $H_2:\{0,1\}^*\times G_T\to \mathbb{Z}_p^*$。PKG 随机选择一个主密钥 $s\in\mathbb{Z}_p^*$,计算 $P_{pub}=sP$。PKG 公开系统参数

$$\{G_1, G_T, p, \hat{e}, P, P_{pub}, H_1, H_2\}$$

保密主密钥 s。

（2）密钥提取。

给定一个用户 U 的身份 ID_U，PKG 计算该用户的私钥 $S_U = sQ_U$，其中，$Q_U = H_1(\mathrm{ID}_U)$ 是该用户的公钥。

（3）签名。

为了签一个消息 m，签名者执行以下步骤：

① 随机选取 $r \in \mathbb{Z}_p^*$ 和 $P_1 \in G_1^*$。

② 计算 $T = \hat{e}(P_1, P)^r$。

③ 计算 $h = H_2(m, T)$。

④ 计算 $W = rP_1 + hS_U$。

⑤ 消息 m 的签名是 $\sigma = (h, W)$。

（4）验证。

为了验证签名 σ 是否是消息 m 和身份 ID_U 的合法签名，验证者先计算

$$T = \hat{e}(W, P)\hat{e}(Q_U, -P_{pub})^h$$

然后判断等式

$$h = H_2(m, T)$$

是否成立。如果成立，则输出"真"；否则输出"伪"。

Hess 方案的正确性也是非常容易证明的。既然

$$W = rP_1 + hS_U$$

则

$$\begin{aligned}
\hat{e}(W, P)\hat{e}(Q_U, -P_{pub})^h &= \hat{e}(rP_1 + hS_U, P)\hat{e}(Q_U, -P_{pub})^h \\
&= \hat{e}(rP_1, P)\hat{e}(hS_U, P)\hat{e}(Q_U, -P_{pub})^h \\
&= \hat{e}(P_1, P)^r \hat{e}(Q_U, P_{pub})^h \hat{e}(Q_U, -P_{pub})^h \\
&= \hat{e}(P_1, P)^r = T
\end{aligned}$$

因此，等式

$$h = H_2(m, T)$$

成立。

在随机预言模型和 CDHP 的假设下，Hess 方案被证明在适应性选择消息和身份攻击下具有存在不可伪造性。

11.3.3 CC 方案

2003 年,Cha 和 Cheon 提出了一个基于身份的签名方案(记为 CC 方案)。该方案由下面四个算法组成:

(1) 系统建立。

设 G_1 为由 P 生成的循环加法群,阶为 p,G_T 为具有相同阶 p 的循环乘法群,$\hat{e}:G_1 \times G_1 \to G_T$ 为一个双线性映射。定义两个安全的 Hash 函数 $H_1:\{0,1\}^* \to G_1$ 和 $H_2:\{0,1\}^* \times G_1 \to \mathbb{Z}_p^*$。PKG 随机选择一个主密钥 $s \in \mathbb{Z}_p^*$,计算 $P_{pub}=sP$。PKG 公开系统参数

$$\{G_1,G_T,p,\hat{e},P,P_{pub},H_1,H_2\}$$

保密主密钥 s。

(2) 密钥提取。

给定一个用户 U 的身份 ID_U,PKG 计算该用户的私钥 $S_U=sQ_U$,其中,$Q_U=H_1(ID_U)$ 是该用户的公钥。

(3) 签名。

为了签一个消息 m,签名者执行以下步骤:

① 随机选取 $r \in \mathbb{Z}_p^*$。
② 计算 $V=rQ_U$,$h=H_2(m,V)$ 和 $W=(r+h)S_U$。
③ 消息 m 的签名是 $\sigma=(V,W)$。

(4) 验证。

为了验证签名 σ 是否是消息 m 和身份 ID_U 的合法签名,验证者计算 $h=H_2(m,V)$ 并检查等式

$$\hat{e}(P,W)=\hat{e}(P_{pub},V+hQ_U)$$

是否成立。如果成立,则 σ 就是消息 m 的合法签名,输出"真";否则 σ 不是消息 m 的合法签名,输出"伪"。

CC 方案的正确性是非常容易证明的。既然

$$W=(r+h)S_U$$

则

$$\hat{e}(P,W)=\hat{e}(P,(r+h)S_U)=\hat{e}(P_{pub},rQ_U+hQ_U)=\hat{e}(P_{pub},V+hQ_U)$$

在随机预言模型和 CDHP 的假设下,CC 方案被证明在适应性选择消息和身份攻击下具有存在不可伪造性。

11.4 基于身份的密钥协商协议

本节介绍两个重要的基于身份的密钥协商协议:一个是 Smart 协议,另一个是 Shim 协议。

11.4.1 Smart 协议

2002 年,Smart 提出了一个基于身份的密钥协商协议,由三个算法组成:系统建立、密钥提取、密钥协商。

(1) 系统建立。

设 G_1 为由 P 生成的循环加法群,阶为 p,G_T 为具有相同阶 p 的循环乘法群,$\hat{e}:G_1 \times G_1 \to G_T$ 为一个双线性映射。定义一个安全的 Hash 函数 $H_1:\{0,1\}^* \to G_1$ 和密钥导出函数 H_2。PKG 随机选择一个主密钥 $s \in \mathbb{Z}_p^*$,计算 $P_{pub}=sP$。PKG 公开系统参数

$$\{G_1, G_T, p, \hat{e}, P, P_{pub}, H_1, H_2\}$$

保密主密钥 s。

(2) 密钥提取。

给定一个用户 U 的身份 ID_U,PKG 计算该用户的私钥 $S_U=sQ_U$,其中,$Q_U=H_1(ID_U)$ 是该用户的公钥。假设 Alice 的身份为 ID_A,私钥为 S_A,Bob 的身份为 ID_B,私钥为 S_B。

(3) 密钥协商。

如果用户 Alice 和 Bob 想协商出一个会话密钥,则执行以下步骤:

① Alice 随机选取 $a \in \mathbb{Z}_p^*$,计算 $T_A=aP$ 并将 T_A 发送给 Bob。
② Bob 随机选取 $b \in \mathbb{Z}_p^*$,计算 $T_B=bP$ 并将 T_B 发送给 Alice。
③ Alice 计算

$$k_A = \hat{e}(aQ_B, P_{pub})\hat{e}(S_A, T_B)$$

④ Bob 计算

$$k_B = \hat{e}(bQ_A, P_{pub})\hat{e}(S_B, T_A)$$

这样 Alice 和 Bob 就建立了一个共享的会话密钥

$$k = H_2(k_A) = H_2(k_B)$$

下式显示了 Smart 协议是正确的:

$$k_A = \hat{e}(aQ_B, P_{pub})\hat{e}(S_A, T_B) = \hat{e}(Q_B, aP_{pub})\hat{e}(S_A, T_B)$$
$$= \hat{e}(Q_B, asP)\hat{e}(sQ_A, bP) = \hat{e}(S_B, T_A)\hat{e}(bQ_A, P_{pub})$$
$$= k_B$$

11.4.2 Shim 协议

2003 年，Shim 提出了另外一个基于身份的密钥协商协议，由三个算法组成：系统建立、密钥提取、密钥协商。

（1）系统建立。

设 G_1 为由 P 生成的循环加法群，阶为 p，G_T 为具有相同阶 p 的循环乘法群，$\hat{e}: G_1 \times G_1 \to G_T$ 为一个双线性映射。定义一个安全的 Hash 函数 $H_1: \{0,1\}^* \to G_1$ 和密钥导出函数 H_2。PKG 随机选择一个主密钥 $s \in \mathbb{Z}_p^*$，计算 $P_{pub} = sP$。PKG 公开系统参数

$$\{G_1, G_T, p, \hat{e}, P, P_{pub}, H_1, H_2\}$$

保密主密钥 s。

（2）密钥提取。

给定一个用户 U 的身份 ID_U，PKG 计算该用户的私钥 $S_U = sQ_U$，其中，$Q_U = H_1(ID_U)$ 是该用户的公钥。假设 Alice 的身份为 ID_A，私钥为 S_A，Bob 的身份为 ID_B，私钥为 S_B。

（3）密钥协商。

如果用户 Alice 和 Bob 想协商出一个会话密钥，则执行以下步骤：

① Alice 随机选取 $a \in \mathbb{Z}_p^*$，计算 $T_A = aP$ 并将 T_A 发送给 Bob。

② Bob 随机选取 $b \in \mathbb{Z}_p^*$，计算 $T_B = bP$ 并将 T_B 发送给 Alice。

③ Alice 计算

$$k_A = \hat{e}(aP_{pub} + S_A, T_B + Q_B)$$

④ Bob 计算

$$k_B = \hat{e}(T_A + Q_A, bP_{pub} + S_B)$$

这样 Alice 和 Bob 就建立了一个共享的会话密钥

$$k = H_2(k_A \| ID_A \| ID_B) = H_2(k_B \| ID_A \| ID_B)$$

下式显示 Shim 协议是正确的。一方面

$$k_A = \hat{e}(aP_{pub} + S_A, T_B + Q_B) = \hat{e}(P, P)^{abs}\hat{e}(Q_A, P)^{bs}\hat{e}(P, Q_B)^{as}\hat{e}(Q_A, Q_B)^s$$

另一方面

$$k_B = \hat{e}(T_A+Q_A, bP_{pub}+S_B) = \hat{e}(P,P)^{abs}\hat{e}(Q_A,P)^{bs}\hat{e}(P,Q_B)^{as}\hat{e}(Q_A,Q_B)^s$$

所以 $k_A = k_B$。

11.5 基于身份的签密体制

2003 年,Libert 和 Quisquater 提出了一个基于身份的签密方案,由四个算法组成:系统建立、密钥提取、签密和解签密。

(1) 系统建立。

设 G_1 为由 P 生成的循环加法群,阶为 p,G_T 为具有相同阶 p 的循环乘法群,$\hat{e}:G_1\times G_1\to G_T$ 为一个双线性映射。明文空间为 $\{0,1\}^n$,E 和 D 分别表示一个对称密码体制(如 AES)的加密和解密算法。定义三个安全的 Hash 函数 $H_1:\{0,1\}^*\to G_1$,$H_2:G_T\to\{0,1\}^n$ 和 $H_3:\{0,1\}^*\times G_T\to \mathbb{Z}_p^*$。PKG 随机选择一个主密钥 $s\in\mathbb{Z}_p^*$,计算 $P_{pub}=sP$。PKG 公开系统参数

$$\{G_1,G_T,n,p,\hat{e},P,P_{pub},H_1,H_2,H_3,E,D\}$$

保密主密钥 s。

(2) 密钥提取。

给定一个用户 U 的身份 ID_U,PKG 计算该用户的私钥 $S_U=sQ_U$,其中,$Q_U=H_1(ID_U)$ 是该用户的公钥。假设发送者 A 的身份为 ID_A,私钥为 S_A,接收者 B 的身份为 ID_B,私钥为 S_B。

(3) 签密。

对于消息 m,发送者 A 执行以下步骤:

① 随机选择 $x\in\mathbb{Z}_p^*$。

② 计算 $k_1=\hat{e}(P,P_{pub})^x$ 和 $k_2=H_2(\hat{e}(P_{pub},Q_B)^x)$。

③ 计算 $c=E_{k_2}(m)$,$r=H_3(c,k_1)$ 和 $S=xP_{pub}-rS_A$。

④ 对消息 m 的签密密文为 (c,r,S)。

(4) 解签密。

当收到签密密文 (c,r,S) 时,接收者 B 执行以下步骤:

① 计算 $k_1=\hat{e}(P,S)\hat{e}(P_{pub},Q_A)^r$。

② 计算 $k_2=H_2(\hat{e}(S,Q_B)\hat{e}(Q_A,Q_B)^r)$。

③ 计算 $m=D_{k_2}(c)$。

④ 当且仅当 $r=H_3(c,k_1)$ 成立时接受该密文。

Libert 和 Quisquater 给出了方案在随机预言模型下的安全性证明。对于保

密性，在 DBDHP 是困难的假设下，该方案对适应性选择密文攻击是安全的；对于不可伪造性，在 CDHP 是困难的假设下，该方案在适应性选择消息攻击下能够抵抗存在性伪造。

习题十一

1. 为什么在基于身份的公钥密码体制中，公钥不需要认证？

2. 在密钥协商协议中，前向安全性是指泄露了长期私钥后不会影响以前建立的会话密钥的安全。请问 Smart 的基于身份的密钥协商协议是否满足前向安全性？如果不满足，请给出具体攻击方法。

3. 在签密体制中，过去恢复性是指发送者可以利用自己的私钥恢复出他过去所签密的消息。请问 Libert 和 Quisquater 的基于身份的签密方案是否具有过去恢复性？如果有，请给出具体方法。

第 12 章 无证书密码体制

12.1 无证书加密体制

本节给出了无证书加密体制的形式化模型,包括通用体制的算法组成和安全概念,然后给出了 Al-Riyami 和 Paterson 在 2003 年利用双线性配对设计的加密体制,这是最具影响的无证书加密体制。

12.1.1 形式化模型

一个无证书加密体制通常由以下七个算法组成:

(1) 系统建立。

这个算法由 KGC(key generating centre)完成。该算法输入参数 1^k,输出主密钥 s 和系统参数 params。KGC 保密 s,公开 params。其中,k 是一个安全参数。

(2) 部分私钥提取(partial private key extract)。

这个算法生成用户的部分私钥,由 KGC 完成。该算法输入一个用户的身份 ID_U,KGC 计算该用户的部分私钥 D_U 并通过安全的方式发送给这个用户。

(3) 设置秘密值(set secret value)。

该算法输入系统参数 params 和一个用户的身份 ID_U,输出该用户的秘密值 x_U。

(4) 设置私钥(set private key)。

该算法输入系统参数 params 和一个用户的部分私钥 D_U 与秘密值 x_U,输出一个完全私钥 S_U。

(5) 设置公钥(set public key)。

该算法输入系统参数 params 和一个用户的秘密值 x_U,输出该用户的公钥 PK_U。

(6) 加密。

该算法输入系统参数 params、一个接收者的身份 ID_U 与公钥 PK_U 和一个消息 m,输出一个密文 c 或错误符号"⊥"(表示加密失败)。如果 PK_U 没有正确的形式,则加密会失败。

(7) 解密。

该算法输入系统参数 params、一个接收者的身份 ID_U 与私钥 S_U 和一个密文 c，输出明文 m 或错误符号"$\perp$"（表示解密失败）。

这些算法必须满足无证书加密体制的一致性要求，即如果 $c=E(\text{params}, ID_U, PK_U, m)$，则 $m=D(\text{params}, ID_U, S_U, c)$。为了简便，在本书中省略了系统参数 params，即记为 $c=E(ID_U, PK_U, m)$ 和 $m=D(ID_U, S_U, c)$。

设置私钥和设置公钥在设置秘密值之后运行，都由用户自己来完成。从上面的算法可以看出，用户的私钥 S_U 实际上是由两部分组成：一部分是 KGC 生成的 D_U，另一部分是用户自己生成的 x_U。这样的方法使得 KGC 不知道用户的完全私钥 S_U，解决了基于身份的密码体制中的密钥托管问题。此外，既然私钥包含 KGC 生成的部分私钥 D_U，也就消除了基于 PKI 密码体制中的公钥证书了。

为了定义无证书加密体制的适应性选择密文安全性，需要对基于身份的加密体制的适应性选择密文安全性进行扩展。跟基于身份的加密体制一样的是要允许敌手询问他选择的身份的部分私钥和完全私钥，但无证书加密体制没有公钥证书，要允许敌手替换用户的公钥。为了反映这两种情况，无证书加密体制将敌手分为两种：类型 I 敌手和类型 II 敌手。类型 I 敌手不知道主密钥 s，但是他可以任意替换用户的公钥。类型 II 敌手知道主密钥 s，但是他不能替换用户的公钥。根据敌手的不同，机密性游戏也分为两种，下面分别进行描述。

游戏 12.1 无证书加密体制在类型 I 敌手情况下的适应性选择密文攻击游戏由下面五个阶段组成，这是一个挑战者 $\mathcal{C}$ 和类型 I 敌手 $\mathcal{A}_I$ 之间的游戏。

初始阶段：$\mathcal{C}$ 运行系统建立算法，并将产生的系统参数 params 发送给 $\mathcal{A}_I$。$\mathcal{C}$ 保密主密钥 s。

阶段 1：$\mathcal{A}_I$ 执行多项式有界的下列询问：

(1) 部分私钥提取询问：$\mathcal{A}_I$ 选择一个身份 ID_U，$\mathcal{C}$ 运行部分私钥提取算法并将 ID_U 对应的部分私钥 D_U 发送给 $\mathcal{A}_I$。

(2) 私钥提取询问：$\mathcal{A}_I$ 选择一个身份 ID_U，如果 ID_U 的公钥还没有被替换，则 $\mathcal{C}$ 运行设置私钥算法并将 ID_U 对应的完全私钥 S_U 发送给 $\mathcal{A}_I$（可能会先运行设置秘密值算法）。如果 ID_U 的公钥已经被替换，则让 $\mathcal{C}$ 回答这样的询问是不合理的。

(3) 公钥询问：$\mathcal{A}_I$ 选择一个身份 ID_U，$\mathcal{C}$ 运行设置公钥算法并将 ID_U 对应的公钥 PK_U 发送给 $\mathcal{A}_I$。

(4) 替换公钥：$\mathcal{A}_I$ 可以用自己选择的公钥 PK'_U 替换 ID_U 原来的公钥 PK_U。

(5) 解密询问：$\mathcal{A}_I$ 提交一个身份 ID_U 和一个密文 c。如果 $\mathcal{A}_I$ 还没有替换 ID_U 的公钥，则 $\mathcal{C}$ 首先通过运行设置私钥算法得到私钥 S_U，其次利用私钥 S_U 运行解密算法并将产生的结果发送给$\mathcal{A}_1$。如果$\mathcal{A}_1$已经替换了ID_U的公钥,则$\mathcal{C}$不知道公钥对应的秘密值。在这种情况下,如果要求敌手$\mathcal{A}_1$提供公钥对应的秘密值x_U,则称这种解密询问为弱解密询问,否则称为强解密询问。

挑战阶段:$\mathcal{A}_1$决定阶段1什么时候停止并进入挑战阶段。$\mathcal{A}_1$生成两个相同长度的明文m_0,m_1和希望挑战的身份ID^*。ID^*不能是已经执行过私钥提取询问的身份,也不能是既执行过替换公钥又执行过部分私钥提取询问的身份。$\mathcal{C}$随机选择$\gamma \in \{0,1\}$,计算$c^* = E(ID^*, PK^*, m_\gamma)$并将结果$c^*$发送给$\mathcal{A}_1$。如果加密失败,则$\mathcal{A}_1$在这个游戏中失败。

阶段2:$\mathcal{A}_1$可以像阶段1那样执行多项式有界的适应性询问,但是不能对ID^*执行私钥提取询问。如果ID^*的公钥在挑战阶段之前已经被替换,则不能进行部分私钥提取询问。$\mathcal{A}_1$也不能对密文c^*执行(ID^*, PK^*)的解密询问。

猜测阶段:$\mathcal{A}_1$输出一个比特γ'。如果$\gamma' = \gamma$,则$\mathcal{A}_1$赢得了这个游戏。

$\mathcal{A}_1$的优势被定义为$Adv(\mathcal{A}_1) = |\Pr[\gamma' = \gamma] - 1/2|$,其中,$\Pr[\gamma' = \gamma]$表示$\gamma' = \gamma$的概率。

图12.1简单地总结了游戏12.1的全部过程。如果没有任何多项式有界的敌手以一个不可忽略的优势赢得以上游戏,则称一个无证书加密体制在适应性选择密文和身份攻击下具有不可区分性(IND-CLE-CCA2-I)。下面给出正式的定义。

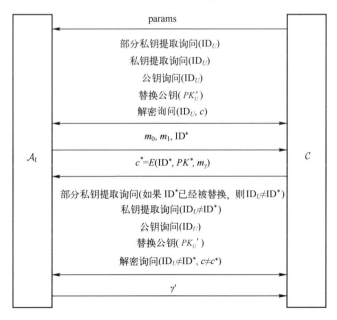

图12.1 无证书加密体制的类型I适应性选择密文攻击游戏

定义 12.1 如果没有任何多项式有界的敌手在 t 时间内,在经过 q_p 次部分私钥提取询问、q_k 次私钥提取询问、q_{pk} 次公钥询问、q_{rk} 次替换公钥询问和 q_d 次解密询问后,以至少 ε 的优势赢得游戏 12.1,则称这个无证书加密体制是 $(\varepsilon, t, q_p, q_k, q_{pk}, q_{rk}, q_d)$-IND-CLE-CCA2-Ⅰ 安全的。

游戏 12.2 无证书加密体制在类型Ⅱ敌手情况下的适应性选择密文攻击游戏由下面五个阶段组成,这是一个挑战者 $\mathcal{C}$ 和类型Ⅱ敌手 $\mathcal{A}_\text{Ⅱ}$ 之间的游戏。

初始阶段:$\mathcal{C}$ 运行系统建立算法,并将产生的系统参数 params 和主密钥 s 发送给 $\mathcal{A}_\text{Ⅱ}$。

阶段 1:$\mathcal{A}_\text{Ⅱ}$ 执行多项式有界的下列询问:

(1) 私钥提取询问:$\mathcal{A}_\text{Ⅱ}$ 选择一个身份 ID_U,$\mathcal{C}$ 运行设置私钥算法并将 ID_U 对应的完全私钥 S_U 发送给 $\mathcal{A}_\text{Ⅱ}$(可能会先运行设置秘密值算法)。

(2) 公钥询问:$\mathcal{A}_\text{Ⅱ}$ 选择一个身份 ID_U,$\mathcal{C}$ 运行设置公钥算法并将 ID_U 对应的公钥 PK_U 发送给 $\mathcal{A}_\text{Ⅱ}$。

(3) 解密询问:$\mathcal{A}_\text{Ⅱ}$ 提交一个身份 ID_U 和一个密文 c。$\mathcal{C}$ 首先通过运行设置私钥算法得到私钥 S_U,其次利用私钥 S_U 运行解密算法并将产生的结果发送给 $\mathcal{A}_\text{Ⅱ}$。

挑战阶段:$\mathcal{A}_\text{Ⅱ}$ 决定阶段 1 什么时候停止并进入挑战阶段。$\mathcal{A}_\text{Ⅱ}$ 生成两个相同长度的明文 m_0, m_1 和希望挑战的身份 ID^*。ID^* 不能是已经执行过私钥提取询问的身份。$\mathcal{C}$ 随机选择 $\gamma \in \{0, 1\}$,计算 $c^* = E(\text{ID}^*, PK^*, m_\gamma)$ 并将结果 c^* 发送给 $\mathcal{A}_\text{Ⅱ}$。

阶段 2:$\mathcal{A}_\text{Ⅱ}$ 可以像阶段 1 那样执行多项式有界的适应性询问,但是不能对 ID^* 执行私钥提取询问,也不能对密文 c^* 执行 (ID^*, PK^*) 的解密询问。

猜测阶段:$\mathcal{A}_\text{Ⅱ}$ 输出一个比特 γ'。如果 $\gamma' = \gamma$,则 $\mathcal{A}_\text{Ⅱ}$ 赢得了这个游戏。

$\mathcal{A}_\text{Ⅱ}$ 的优势被定义为 $\text{Adv}(\mathcal{A}_\text{Ⅱ}) = |\Pr[\gamma' = \gamma] - 1/2|$,其中,$\Pr[\gamma' = \gamma]$ 表示 $\gamma' = \gamma$ 的概率。

图 12.2 总结了游戏 12.2 的整个过程。如果没有任何多项式有界的敌手以一个不可忽略的优势赢得游戏 12.2,则称一个无证书加密体制在适应性选择密文和身份攻击下具有不可区分性(IND-CLE-CCA2-Ⅱ)。下面给出正式的定义。

定义 12.2 如果没有任何多项式有界的敌手在 t 时间内,在经过 q_k 次私钥提取询问、q_{pk} 次公钥询问和 q_d 次解密询问后,以至少 ε 的优势赢得游戏 12.2,则称这个无证书加密体制是 $(\varepsilon, t, q_k, q_{pk}, q_d)$-IND-CLE-CCA2-Ⅱ 安全的。

定义 12.3 如果一个无证书加密体制既满足 IND-CLE-CCA2-Ⅰ 安全性又满足 IND-CLE-CCA2-Ⅱ 安全性,则称这个体制是 IND-CLE-CCA2 安全的。

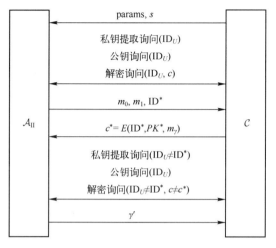

图12.2 无证书加密体制的类型Ⅱ适应性选择密文攻击游戏

12.1.2 AP方案

2003年,Al-Riyami和Paterson提出了两个无证书加密方案(记为AP方案)。他们首先给出了一个称为BasicCL-PKE的无证书加密方案,这个方案达不到适应性选择密文安全性,然后其次利用Fujisaki-Okamoto转换给出了一个适应性选择密文安全的FullCL-PKE无证书加密方案。下面描述BasicCL-PKE方案。

(1) 系统建立。

设G_1为由P生成的循环加法群,阶为p,G_T为具有相同阶p的循环乘法群,$\hat{e}:G_1 \times G_1 \to G_T$为一个双线性映射。定义两个安全的Hash函数$H_1:\{0,1\}^* \to G_1^*$和$H_2:G_T \to \{0,1\}^n$,其中,$n$表示消息的比特长度。KGC随机选择一个主密钥$s \in \mathbb{Z}_p^*$,计算$P_{pub}=sP$。KGC公开系统参数

$$\{G_1, G_T, n, p, \hat{e}, P, P_{pub}, H_1, H_2\}$$

保密主密钥s。

(2) 部分私钥提取。

给定一个用户U的身份ID_U,KGC计算该用户的部分私钥$D_U=sQ_U$,其中$Q_U=H_1(ID_U)$。

(3) 设置秘密值。

给定一个用户的身份ID_U,用户随机选择$x_U \in \mathbb{Z}_p^*$作为自己的秘密值。

(4) 设置私钥。

给定一个用户的部分私钥 D_U 和秘密值 x_U，用户将部分私钥 D_U 转化成完全私钥 $S_U = x_U D_U = x_U s Q_U$。

(5) 设置公钥。

给定一个用户的秘密值 x_U，用户计算自己的公钥 $PK_U = (X_U, Y_U)$，其中 $X_U = x_U P$ 和 $Y_U = x_U P_{pub} = x_U s P$。

(6) 加密。

为了发送一个消息 m 给接收者 U，发送者执行以下步骤：

① 检查等式

$$\hat{e}(X_U, P_{pub}) = \hat{e}(Y_U, P)$$

是否成立。如果不成立，则说明公钥不正确，输出错误符号"⊥"；否则执行下面的第②步。

② 随机选取 $r \in \mathbb{Z}_p^*$。

③ 计算 $V = rP$ 和 $W = m \oplus H_2(\hat{e}(Y_U, Q_U)^r)$。

④ 消息 m 的密文是 $c = (V, W)$。

(7) 解密。

当收到密文 c 时，接收者计算 $m = W \oplus H_2(\hat{e}(V, S_U))$ 恢复出消息。

下面的等式显示了 BasicCL-PKE 方案的正确性。

$$\hat{e}(V, S_U) = \hat{e}(rP, x_U s Q_U) = \hat{e}(x_U s P, Q_U)^r = \hat{e}(Y_U, Q_U)^r$$

BasicCL-PKE 方案并不能取得适应性选择密文安全性。当敌手在收到挑战密文 $c^* = (V^*, W^*)$ 时，他需要猜测加密的消息是 m_0 还是 m_1。这个敌手可以首先任意选择一个相同长度的消息 m'，计算一个新的密文 $c' = (V^*, m' \oplus W^*)$。其次将这个新的密文进行解密询问，得到消息 $m' \oplus m_\gamma$。最后计算 $m' \oplus m' \oplus m_\gamma$，得到实际加密的消息 m_γ。

Al-Riyami 和 Paterson 利用 Fujisaki-Okamoto 转换给出了一个适应性选择密文安全的 FullCL-PKE 方案。FullCL-PKE 方案的部分私钥提取、设置秘密值、设置私钥和设置公钥算法都与 BasicCL-PKE 方案相应的算法相同，其余算法被描述如下：

(1) 系统建立。

该算法与 BasicCL-PKE 方案的系统建立算法相似，只是还需要另外两个 Hash 函数 $H_3: \{0,1\}^n \times (0,1)^n \to \mathbb{Z}_p^*$ 和 $H_4: \{0,1\}^n \to \{0,1\}^n$。

(2) 加密。

为了发送一个消息 m 给接收者 U，发送者执行以下步骤：

① 检查等式

$$\hat{e}(X_U, P_{pub}) = \hat{e}(Y_U, P)$$

是否成立。如果不成立,则说明公钥不正确,输出错误符号"⊥";否则执行下面的第②步。

② 随机选取 $\alpha \in \{0,1\}^n$。
③ 计算 $r = H_3(\alpha, m)$。
④ 计算 $V = rP$,$W = \alpha \oplus H_2(\hat{e}(Y_U, Q_U)^r)$ 和 $T = m \oplus H_4(\alpha)$。
⑤ 消息 m 的密文是 $c = (V, W, T)$。

(3) 解密。

当收到密文 c 时,接收者执行以下步骤:

① 计算 $\alpha = W \oplus H_2(\hat{e}(V, S_U))$。
② 计算 $m = T \oplus H_4(\alpha)$。
③ 设置 $r = H_3(\alpha, m)$。
④ 检查等式

$$V = rP$$

是否成立。如果不成立,则输出错误符号"⊥";否则输出消息 m。

12.2 无证书签名体制

本节给出了无证书签名体制的形式化模型,包括通用体制的算法组成和安全概念,然后给出了 Zhang, Wong, Xu 和 Feng 提出的无证书签名方案(记为 ZWXF 方案)。

12.2.1 形式化模型

一个无证书签名体制通常由以下七个算法组成:

(1) 系统建立。

这个算法由 KGC 完成。该算法输入参数 1^k,输出主密钥 s 和系统参数 params。KGC 保密 s,公开 params。其中,k 是一个安全参数。

(2) 部分私钥提取。

这个算法生成用户的部分私钥,由 KGC 完成。该算法输入一个用户的身份 ID_U,KGC 计算该用户的部分私钥 D_U 并通过安全的方式发送给这个用户。

(3) 设置秘密值。

该算法输入系统参数 params 和一个用户的身份 ID_U,输出该用户的秘密

值 x_U。

(4) 设置私钥。

该算法输入系统参数 params 和一个用户的部分私钥 D_U 与秘密值 x_U，输出一个完全私钥 S_U。

(5) 设置公钥。

该算法输入系统参数 params 和一个用户的秘密值 x_U，输出该用户的公钥 PK_U。

(6) 签名。

该算法输入系统参数 params、一个签名者的身份 ID_U 与公钥 PK_U、一个签名者的私钥 S_U 和一个消息 m，输出一个签名 σ。

(7) 验证。

该算法输入系统参数 params、一个签名者的身份 ID_U 与公钥 PK_U、一个消息 m 和一个签名 σ，输出"真"(表示签名 σ 对于消息 m 和 (ID_U, PK_U) 是合法的)或者"伪"(表示签名 σ 对于消息 m 和 (ID_U, PK_U) 是不合法的)。

这些算法必须满足无证书签名体制的一致性要求，即如果 $\sigma = \text{Sig}(ID_U, PK_U, S_U, m)$，则"真"$= \text{Ver}(ID_U, PK_U, m, \sigma)$。为了简便，这里同样省略了系统参数 params。

对于无证书签名体制的不可伪造性，同样考虑类型 I 和类型 II 两种敌手跟挑战者 $\mathcal{C}$ 之间的交互游戏。下面给出无证书签名体制的安全定义。

游戏 12.3 无证书签名体制在类型 I 敌手情况下的适应性选择消息攻击游戏由下面三个阶段组成，这是一个挑战者 $\mathcal{C}$ 和类型 I 敌手 $\mathcal{F}_I$ 之间的游戏。

初始阶段：$\mathcal{C}$ 运行系统建立算法，并将产生的系统参数 params 发送给 $\mathcal{F}_I$。$\mathcal{C}$ 保密主密钥 s。

攻击阶段：$\mathcal{F}_I$ 执行多项式有界的下列询问：

(1) 部分私钥提取询问：$\mathcal{F}_I$ 选择一个身份 ID_U，$\mathcal{C}$ 运行部分私钥提取算法并将 ID_U 对应的部分私钥 D_U 发送给 $\mathcal{F}_I$。

(2) 私钥提取询问：$\mathcal{F}_I$ 选择一个身份 ID_U，如果 ID_U 的公钥还没有被替换，则 $\mathcal{C}$ 运行设置私钥算法并将 ID_U 对应的完全私钥 S_U 发送给 $\mathcal{F}_I$(可能会先运行设置秘密值算法)。如果 ID_U 的公钥已经被替换，则让 $\mathcal{C}$ 回答这样的询问是不合理的。

(3) 公钥询问：$\mathcal{F}_I$ 选择一个身份 ID_U，$\mathcal{C}$ 运行设置公钥算法并将 ID_U 对应的公钥 PK_U 发送给 $\mathcal{F}_I$。

(4) 替换公钥：$\mathcal{F}_I$ 可以用自己选择的公钥 PK'_U 替换 ID_U 原来的公钥 PK_U。

(5) 签名询问:$\mathcal{F}_I$提交一个身份ID_U和一个消息m。如果$\mathcal{F}_I$还没有替换ID_U的公钥,则$\mathcal{C}$首先通过运行设置私钥算法得到私钥S_U,其次利用私钥S_U运行签名算法并将产生的结果发送给$\mathcal{F}_I$。如果$\mathcal{F}_I$已经替换了ID_U的公钥,则$\mathcal{C}$不知道公钥对应的秘密值。在这种情况下,如果要求敌手$\mathcal{F}_I$提供公钥对应的秘密值x_U,则称这种签名询问为弱签名询问;否则称为强签名询问。

伪造:$\mathcal{F}_I$输出(ID^*,PK^*,m^*,σ^*)。当下列三个条件成立时,$\mathcal{F}_I$赢得这个游戏。

(1) σ^*对于m^*和(ID^*,PK^*)是一个合法的签名,即"真" = $Ver(ID^*, PK^*, m^*, \sigma^*)$。

(2) ID^*不是已经执行过私钥提取询问的身份,也不是既执行过替换公钥又执行过部分私钥提取询问的身份。

(3) (ID^*,PK^*,m^*)没有执行过签名询问。

$\mathcal{F}_I$的优势被定义为他赢得游戏的概率。

图12.3总结了游戏12.3的整个过程。如果没有任何多项式有界的敌手以一个不可忽略的优势赢得游戏12.3,则称一个无证书签名体制在适应性选择消息和身份攻击下具有存在不可伪造性(EUF-CLS-CMA-I)。下面给出正式的定义。

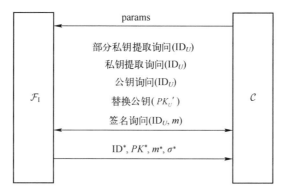

图12.3 无证书签名体制的类型I适应性选择消息攻击游戏

定义12.4 如果没有任何多项式有界的敌手在t时间内,在经过q_p次部分私钥提取询问、q_k次私钥提取询问、q_{pk}次公钥询问、q_{rk}次替换公钥询问和q_s次签名询问后,以至少ε的优势赢得游戏12.3,则称这个无证书签名体制是$(\varepsilon,t,q_p,q_k,q_{pk},q_{rk},q_s)$-EUF-CLS-CMA-I 安全的。

游戏12.4 无证书签名体制在类型II敌手情况下的适应性选择消息攻击游戏由下面三个阶段组成,这是一个挑战者$\mathcal{C}$和类型II敌手$\mathcal{F}_{II}$之间的游戏。

初始阶段：$\mathcal{C}$ 运行系统建立算法，并将产生的系统参数 params 和主密钥 s 发送给 $\mathcal{F}_{\mathrm{II}}$。

攻击阶段：$\mathcal{F}_{\mathrm{II}}$ 执行多项式有界的下列询问。

(1) 私钥提取询问：$\mathcal{F}_{\mathrm{II}}$ 选择一个身份 ID_U，$\mathcal{C}$ 运行设置私钥算法并将 ID_U 对应的完全私钥 S_U 发送给 $\mathcal{F}_{\mathrm{II}}$（可能会先运行设置秘密值算法）。

(2) 公钥询问：$\mathcal{F}_{\mathrm{II}}$ 选择一个身份 ID_U，$\mathcal{C}$ 运行设置公钥算法并将 ID_U 对应的公钥 PK_U 发送给 $\mathcal{F}_{\mathrm{II}}$。

(3) 签名询问：$\mathcal{F}_{\mathrm{II}}$ 提交一个身份 ID_U 和一个消息 m。$\mathcal{C}$ 首先通过运行设置私钥算法得到私钥 S_U，其次利用私钥 S_U 运行签名算法并将产生的结果发送给 $\mathcal{F}_{\mathrm{II}}$。

伪造：$\mathcal{F}_{\mathrm{II}}$ 输出 $(\mathrm{ID}^*, PK^*, m^*, \sigma^*)$。当下列三个条件成立时，$\mathcal{F}_{\mathrm{II}}$ 赢得这个游戏。

(1) σ^* 对于 m^* 和 (ID^*, PK^*) 是一个合法的签名，即"真" = $\mathrm{Ver}(\mathrm{ID}^*, PK^*, m^*, \sigma^*)$。

(2) ID^* 不是已经执行过私钥提取询问的身份。

(3) $(\mathrm{ID}^*, PK^*, m^*)$ 没有执行过签名询问。

$\mathcal{F}_{\mathrm{II}}$ 的优势被定义为他赢得游戏的概率。

图 12.4 简单地总结了游戏 12.4 的整个过程。如果没有任何多项式有界的敌手以一个不可忽略的优势赢得以上游戏，则称一个无证书签名体制在适应性选择消息和身份攻击下具有存在不可伪造性（EUF-CLS-CMA-II）。下面给出正式的定义。

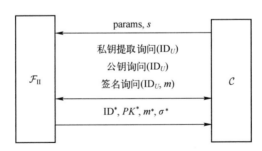

图 12.4 无证书签名体制的类型 II 适应性选择消息攻击游戏

定义 12.5 如果没有任何多项式有界的敌手在 t 时间内，在经过 q_k 次私钥提取询问、q_{pk} 次公钥询问和 q_s 次签名询问后，以至少 ε 的优势赢得游戏 12.4，则称这个无证书签名体制是 $(\varepsilon, t, q_k, q_{pk}, q_s)$-EUF-CLE-CMA-II 安全的。

定义 12.6 如果一个无证书签名体制既满足 EUF-CLS-CMA-I 安全性又满足 EUF-CLS-CMA-II 安全性,则称这个体制是 EUF-CLS-CMA 安全的。

12.2.2 ZWXF 方案

2006 年,Zhang,Wong,Xu 和 Feng 提出了一个无证书签名方案。该方案由下列七个算法组成:

(1) 系统建立。

设 G_1 为由 P 生成的循环加法群,阶为 p,G_T 为具有相同阶 p 的循环乘法群,$\hat{e}:G_1 \times G_1 \to G_T$ 为一个双线性映射。定义三个安全的 Hash 函数 H_1, H_2, H_3,都是从 $\{0,1\}^*$ 映射到 G_1^*。KGC 随机选择一个主密钥 $s \in \mathbb{Z}_p^*$,计算 $P_{pub}=sP$。KGC 公开系统参数

$$\{G_1, G_T, p, \hat{e}, P, P_{pub}, H_1, H_2, H_3\}$$

保密主密钥 s。

(2) 部分私钥提取。

给定一个用户 U 的身份 ID_U,KGC 计算该用户的部分私钥 $D_U=sQ_U$,其中 $Q_U=H_1(\mathrm{ID}_U)$。

(3) 设置秘密值。

给定一个用户的身份 ID_U,用户随机选择 $x_U \in \mathbb{Z}_p^*$ 作为自己的秘密值。

(4) 设置私钥。

给定一个用户的部分私钥 D_U 和秘密值 x_U,用户设置完全私钥 $S_U=(D_U, x_U)$。

(5) 设置公钥。

给定一个用户的秘密值 x_U,用户计算自己的公钥 $PK_U=x_U P$。

(6) 签名。

为了签一个消息 m,签名者执行以下步骤:

① 随机选取 $r \in \mathbb{Z}_p^*$。

② 计算 $V=rP$ 和 $W=D_U+rH_2(m,\mathrm{ID}_U,PK_U,V)+x_U H_3(m,\mathrm{ID}_U,PK_U)$。

③ 消息 m 的签名是 $\sigma=(V,W)$。

(7) 验证。

为了验证签名 σ 是否是消息 m 和身份 ID_U 与公钥 PK_U 的合法签名,验证者检查等式

$$\hat{e}(W,P)=\hat{e}(Q_U,P_{pub})\hat{e}(H_2(m,\mathrm{ID}_U,PK_U,V),V)\hat{e}(H_3(m,\mathrm{ID}_U,PK_U),PK_U)$$

是否成立。如果成立,则 σ 就是消息 m 和身份 ID_U 与公钥 PK_U 的合法签名,输出

"真";否则输出"伪"。

12.3 无证书密钥协商协议

2003年,Al-Riyami和Paterson给出了一个两方无证书密钥协商协议。这个协议由以下算法组成:

(1) 系统建立。

设G_1为由P生成的循环加法群,阶为p,G_T为具有相同阶p的循环乘法群,$\hat{e}:G_1 \times G_1 \to G_T$为一个双线性映射。定义一个安全的Hash函数$H_1:\{0,1\}^* \to G_1^*$和密钥导出函数$H_2$。KGC随机选择一个主密钥$s \in \mathbb{Z}_p^*$,计算$P_{pub}=sP$。KGC公开系统参数

$$\{G_1, G_T, p, \hat{e}, P, P_{pub}, H_1, H_2\}$$

保密主密钥s。

(2) 部分私钥提取。

给定一个用户U的身份ID_U,KGC计算该用户的部分私钥$D_U=sQ_U$,其中$Q_U=H_1(ID_U)$。

(3) 设置秘密值。

给定一个用户的身份ID_U,用户随机选择$x_U \in \mathbb{Z}_p^*$作为自己的秘密值。

(4) 设置私钥。

给定一个用户的部分私钥D_U和秘密值x_U,用户将部分私钥D_U转化成完全私钥$S_U=x_UD_U=x_UsQ_U$。

(5) 设置公钥。

给定一个用户的秘密值x_U,用户计算自己的公钥$PK_U=(X_U,Y_U)$,其中$X_U=x_UP$和$Y_U=x_UP_{pub}=x_UsP$。

(6) 密钥协商。

如果身份为ID_A的Alice和身份为ID_B的Bob想协商出一个会话密钥,则执行以下步骤:

① Alice随机选取$a \in \mathbb{Z}_p^*$,计算$T_A=aP$并将(T_A,X_A,Y_A)发送给Bob。
② Bob随机选取$b \in \mathbb{Z}_p^*$,计算$T_B=bP$并将(T_B,X_B,Y_B)发送给Alice。
③ Alice检查等式

$$\hat{e}(X_B,P_{pub})=\hat{e}(Y_B,P)$$

是否成立。如果不成立,则说明Bob的公钥不正确,输出错误符号"⊥";否则

计算
$$k_A = \hat{e}(aQ_B, Y_B)\hat{e}(S_A, T_B)$$

④ Bob 检查等式
$$\hat{e}(X_A, P_{pub}) = \hat{e}(Y_A, P)$$

是否成立。如果不成立,则说明 Alice 的公钥不正确,输出错误符号"⊥";否则计算
$$k_B = \hat{e}(bQ_A, Y_A)\hat{e}(S_B, T_A)$$

⑤ Alice 计算会话密钥
$$k = H_2(k_A \| aT_B)$$

⑥ Bob 计算会话密钥
$$k = H_2(k_B \| bT_A)$$

下式显示 AP 协议是正确的。一方面
$$\begin{aligned} k_A &= \hat{e}(aQ_B, Y_B)\hat{e}(S_A, T_B) \\ &= \hat{e}(aQ_B, x_B sP)\hat{e}(x_A sQ_A, bP) \\ &= \hat{e}(x_B sQ_B, aP)\hat{e}(bQ_A, x_A sP) \\ &= \hat{e}(S_B, T_A)\hat{e}(bQ_A, Y_A) \\ &= k_B \end{aligned}$$

另一方面
$$aT_B = bT_A = abP$$

所以
$$k = H_2(k_A \| aT_B) = H_2(k_B \| bT_A)$$

12.4 无证书签密体制

2008 年,Barbosa 和 Farshim 利用 ZWXF 无证书签名方案构造了一个无证书签密方案。该方案由以下算法组成:

(1) 系统建立。

设 G_1 为由 P 生成的循环加法群,阶为 p,G_T 为具有相同阶 p 的循环乘法群,$\hat{e}: G_1 \times G_1 \to G_T$ 为一个双线性映射。定义四个安全的 Hash 函数 H_1, H_2, H_3, H_4,其中 H_1, H_3, H_4 都是从 $\{0,1\}^*$ 映射到 G_1^*,H_2 从 $\{0,1\}^*$ 映射到 $\{0,1\}^n$,其中,n 表示消息的比特长度。KGC 随机选择一个主密钥 $s \in \mathbb{Z}_p^*$,计算 $P_{pub} = sP$。KGC 公

开系统参数
$$\{G_1, G_T, p, \hat{e}, n, P, P_{pub}, H_1, H_2, H_3, H_4\}$$
保密主密钥 s。

(2) 部分私钥提取。

给定一个用户 U 的身份 ID_U，KGC 计算该用户的部分私钥 $D_U = sQ_U$，其中 $Q_U = H_1(\mathrm{ID}_U)$。

(3) 设置秘密值。

给定一个用户的身份 ID_U，用户随机选择 $x_U \in \mathbb{Z}_p^*$ 作为自己的秘密值。

(4) 设置私钥。

给定一个用户的部分私钥 D_U 和秘密值 x_U，用户设置完全私钥 $S_U = (D_U, x_U)$。

(5) 设置公钥。

给定一个用户的秘密值 x_U，用户计算自己的公钥 $PK_U = x_U P$。

(6) 签密。

设发送者 A 的身份为 ID_A，接收者 B 的身份为 ID_B。当发送者 A 希望通过签密方式发送消息 m 给接收者 B 时，他执行以下步骤：

① 随机选取 $r \in \mathbb{Z}_p^*$。

② 计算 $V = rP$ 和 $T = \hat{e}(P_{pub}, Q_B)^r$。

③ 计算 $h = H_2(V, T, rPK_B, \mathrm{ID}_B, PK_B)$。

④ 计算 $c = m \oplus h$。

⑤ 计算 $W = D_A + rH_3(V, c, \mathrm{ID}_A, PK_A) + x_A H_4(V, c, \mathrm{ID}_A, PK_A)$。

⑥ 消息 m 的签密密文是 $\sigma = (V, c, W)$。

(7) 解签密。

当收到密文 σ 时，接收者 B 执行以下步骤：

① 检查等式
$$\hat{e}(W, P) = \hat{e}(Q_A, P_{pub}) \hat{e}(H_3(V, c, \mathrm{ID}_A, PK_A), V) \hat{e}(H_4(V, c, \mathrm{ID}_A, PK_A), PK_A)$$
是否成立。如果不成立，则输出"伪"；否则继续执行下面的步骤②。

② 计算 $T = \hat{e}(V, D_B)$。

③ 计算 $h = H_2(V, T, x_B V, \mathrm{ID}_B, PK_B)$。

④ 恢复消息 $m = c \oplus h$。

习题十二

1. 无证书密码体制与基于身份的密码体制的区别是什么?
2. 无证书密码体制与基于证书的密码体制的区别是什么?
3. 在随机预言模型下,试给出 ZWXF 无证书签名方案的签名询问回答过程。
4. 在签密方案中,公开验证性是指不需要任何私钥就能验证一个密文的合法性,前向安全性是指知道发送者的私钥也不能解签密一个密文。请问 Barbosa 和 Farshim 的无证书签密方案是否满足公开验证性和前向安全性并说明理由。

附录1 习题参考答案

习题一

1. 如果敌手只是采取窃听的方法,则这种攻击称为被动攻击。如果敌手采取删除、修改、插入、重放等方法向系统注入消息,则这种攻击称为主动攻击。

2. 在对称密码体制中,加密密钥和解密密钥相同或者从一个密钥很容易推导出另一个密钥。密钥需要保密。在非对称密码体制中,加密密钥和解密密钥不同,且从一个密钥难以推导出另一个密钥。加密密钥可以公开,解密密钥需要保密。

3. 无条件安全性是指一个具有无限计算资源的敌手都不能破译一个密码算法。一次一密算法在唯密文攻击下能够实现无条件安全性。

习题二

1. 3。

2. 1。

3. 密文为 JGZG。

4. 密文为 DBTYR。

5. 明文为 UNIVERSITYOFELECTRONICSCIENCEANDTECHNOLOGYOFCHINA。

注解:加密算法为 $c \equiv (6+11m) \mod n$。

6. 仿射密码不能抵抗差分密码分析。设敌手知道两个明文的差 m_1-m_2,但不知道 m_1 和 m_2,给定 m_1 和 m_2 的密文 $c_1 \equiv (k_1+m_1k_2) \mod n$ 和 $c_2 \equiv (k_1+m_2k_2) \mod n$,敌手可以计算

$$k_2 \equiv \frac{c_1-c_2}{m_1-m_2} \mod n$$

知道 k_2 后,破译仿射密码的难度就降低了。如果再知道一对明密文,就很容易求出 k_1。

习题三

1. (1) a_1, a_2, a_3 和 a_4 的自信息量分别为

$$I(a_1) = -\log_2 \frac{1}{2} = 1 \text{ 比特}$$

$$I(a_2) = -\log_2 \frac{1}{4} = 2 \text{ 比特}$$

$$I(a_3) = -\log_2 \frac{1}{8} = 3 \text{ 比特}$$

$$I(a_4) = -\log_2 \frac{1}{8} = 3 \text{ 比特}$$

（2）既然消息为 01201020213，包含 4 个 0、3 个 1、3 个 2 和 1 个 3，则该消息的自信息量为

$$4 \times 1 + 3 \times 2 + 3 \times 3 + 1 \times 3 = 22 \text{ 比特}$$

（3）平均每个符号携带的信息量是 $22/11 = 2$ 比特。

2. （1） $x_1 = 0$ 的概率 $\Pr(x_1)$ 为

$$\Pr(x_1) = \Pr(x_1 y_1) + \Pr(x_1 y_2) = \frac{1}{4} + \frac{1}{4} = \frac{1}{2}$$

$x_2 = 1$ 的概率 $\Pr(x_2)$ 为

$$\Pr(x_2) = \Pr(x_2 y_1) + \Pr(x_2 y_2) = \frac{1}{4} + \frac{1}{4} = \frac{1}{2}$$

（2） $y_1 = 0$ 的概率 $\Pr(y_1)$ 为

$$\Pr(y_1) = \Pr(x_1 y_1) + \Pr(x_2 y_1) = \frac{1}{4} + \frac{1}{4} = \frac{1}{2}$$

$y_2 = 1$ 的概率 $\Pr(y_2)$ 为

$$\Pr(y_2) = \Pr(x_1 y_2) + \Pr(x_2 y_2) = \frac{1}{4} + \frac{1}{4} = \frac{1}{2}$$

（3） $H(X) = -\sum_{i=1}^{2} \Pr(x_i) \log_2 \Pr(x_i) = -\left(\frac{1}{2} \log_2 \frac{1}{2} + \frac{1}{2} \log_2 \frac{1}{2}\right) = 1$ 比特/符号。

$$H(Y) = -\sum_{i=1}^{2} \Pr(y_i) \log_2 \Pr(y_i) = -\left(\frac{1}{2} \log_2 \frac{1}{2} + \frac{1}{2} \log_2 \frac{1}{2}\right) = 1 \text{ 比特/符号}$$

（4） $Z = X + Y \pmod 2$ 的概率分布为

$$\begin{bmatrix} Z \\ \Pr(Z) \end{bmatrix} = \begin{Bmatrix} z_1 = 0, & z_2 = 1 \\ \frac{1}{2}, & \frac{1}{2} \end{Bmatrix}$$

$$H(Z) = -\sum_{i=1}^{2} \Pr(z_i) \log_2 \Pr(z_i) = -\left(\frac{1}{2}\log_2\frac{1}{2} + \frac{1}{2}\log_2\frac{1}{2}\right) = 1 \text{ 比特/符号}。$$

(5) 联合熵 $H(XY) = -\sum_{i=1}^{2}\sum_{j=1}^{2} \Pr(x_i y_i) \log_2 \Pr(x_i y_i) = -\left(2 \times \frac{1}{4}\log_2\frac{1}{4} + 2 \times \frac{1}{4}\log_2\frac{1}{4}\right) = 2$ 比特/符号。

(6) 条件熵 $H(Y/X) = H(XY) - H(X) = 2 - 1 = 1$ 比特/符号。
条件熵 $H(X/Y) = H(XY) - H(Y) = 2 - 1 = 1$ 比特/符号。

(7) 平均互信息量 $I(X;Y) = H(X) + H(Y) - H(XY) = 1 + 1 - 2 = 0$ 比特。

3. 唯一解距离为

$$ud \approx \frac{\log_2 4 \times 10^{26}}{0.73 \times \log_2 26} \approx 25.08$$

习题四

1. 输出序列为 <u>1001101001000010101110110001111100110</u>…，周期为31。
2. 输出序列全部为0。
3. $2^n - 1$。
4. 反馈函数为

$$f(a_1, a_2, a_3, a_4, a_5, a_6, a_7, a_8) \equiv (a_1 + a_2) \bmod 2$$

注解：密钥序列为1101010101111111。根据

$$[0\ 1\ 1\ 1\ 1\ 1\ 1] = [c_8\ c_7\ c_6\ c_5\ c_4\ c_3\ c_2\ c_1]\begin{bmatrix} 1 & 1 & 0 & 1 & 0 & 1 & 0 & 1 \\ 1 & 0 & 1 & 0 & 1 & 0 & 1 & 0 \\ 0 & 1 & 0 & 1 & 0 & 1 & 0 & 1 \\ 1 & 0 & 1 & 0 & 1 & 0 & 1 & 1 \\ 0 & 1 & 0 & 1 & 0 & 1 & 1 & 1 \\ 1 & 0 & 1 & 0 & 1 & 1 & 1 & 1 \\ 0 & 1 & 0 & 1 & 1 & 1 & 1 & 1 \\ 1 & 0 & 1 & 1 & 1 & 1 & 1 & 1 \end{bmatrix}$$

有

$$[c_8 \ c_7 \ c_6 \ c_5 \ c_4 \ c_3 \ c_2 \ c_1] = [0 \ 1 \ 1 \ 1 \ 1 \ 1 \ 1 \ 1] \begin{bmatrix} 1 & 1 & 0 & 1 & 0 & 1 & 0 & 1 \\ 1 & 0 & 1 & 0 & 1 & 0 & 1 & 0 \\ 0 & 1 & 0 & 1 & 0 & 1 & 0 & 1 \\ 1 & 0 & 1 & 0 & 1 & 0 & 1 & 1 \\ 0 & 1 & 0 & 1 & 0 & 1 & 1 & 1 \\ 1 & 0 & 1 & 0 & 1 & 1 & 1 & 1 \\ 0 & 1 & 0 & 1 & 1 & 1 & 1 & 1 \\ 1 & 0 & 1 & 1 & 1 & 1 & 1 & 1 \end{bmatrix}^{-1}$$

由于

$$\begin{bmatrix} 1 & 1 & 0 & 1 & 0 & 1 & 0 & 1 \\ 1 & 0 & 1 & 0 & 1 & 0 & 1 & 0 \\ 0 & 1 & 0 & 1 & 0 & 1 & 0 & 1 \\ 1 & 0 & 1 & 0 & 1 & 0 & 1 & 1 \\ 0 & 1 & 0 & 1 & 0 & 1 & 1 & 1 \\ 1 & 0 & 1 & 0 & 1 & 1 & 1 & 1 \\ 0 & 1 & 0 & 1 & 1 & 1 & 1 & 1 \\ 1 & 0 & 1 & 1 & 1 & 1 & 1 & 1 \end{bmatrix}^{-1} = \begin{bmatrix} 1 & 0 & 1 & 0 & 0 & 0 & 0 & 0 \\ 0 & 1 & 1 & 0 & 0 & 0 & 0 & 1 \\ 1 & 1 & 0 & 0 & 0 & 0 & 1 & 0 \\ 0 & 0 & 0 & 0 & 0 & 1 & 0 & 1 \\ 0 & 0 & 0 & 0 & 1 & 0 & 1 & 0 \\ 0 & 0 & 0 & 1 & 0 & 1 & 0 & 0 \\ 0 & 0 & 1 & 0 & 1 & 0 & 0 & 0 \\ 0 & 1 & 0 & 1 & 0 & 0 & 0 & 0 \end{bmatrix}$$

有

$$[c_8 \ c_7 \ c_6 \ c_5 \ c_4 \ c_3 \ c_2 \ c_1] = [1 \ 1 \ 0 \ 0 \ 0 \ 0 \ 0 \ 0]$$

习题五

1. 由于 $S_1(x) = 1011, S_1(y) = 1110$,有 $S_1(x) \oplus S_1(y) = 0101$。此外,
$$x \oplus y = 110011 \oplus 000000 = 110011$$
有 $S_1(110011) = 1011$。所以有
$$S_1(x) \oplus S_1(y) \neq S_1(x \oplus y)$$

2. 根据 DES 算法,如果明文和密钥都是全 0,则初始置换后也是全 0,即
$$L_1 = 0000 \ 0000 \ 0000 \ 0000 \ 0000 \ 0000 \ 0000 \ 0000$$
由于第 1 轮的子密钥也是全 0,扩展置换后与子密钥异或后的结果也是全 0。当进行到 S 盒代替时,输出的 32 位是

    1110   1111   1010   0111   0010   1100   0100   1101

经过 P 盒置换后的输出是

    1101   1000   1101   1000   1101   1011   1011   1100

与 L_0 进行异或后也是

$$R_1 = 1101\ 1000\ 1101\ 1000\ 1101\ 1011\ 1011\ 1100$$

所以第 1 轮的输出为

$$L_1R_1 = 0000\ 0000\ 0000\ 0000\ 0000\ 0000\ 0000\ 0000\ 1101\ 1000\ 1101\ 1000$$
$$1101\ 1011\ 1011\ 1100$$

3. 456471B0129468A682BA7B262E7B7C9B。

4. 列混合操作之后的输出状态为

$$\begin{pmatrix} 25 & 25 & 25 & 25 \\ 25 & 25 & 25 & 25 \\ 25 & 25 & 25 & 25 \\ 25 & 25 & 25 & 25 \end{pmatrix}$$

5. 在应用 ECB、CBC 和 OFB 模式时,不能正确解密的明文块数目分别为 1 块、2 块和 1 块。

6. S_1 盒的输出结果为 0010。

习题六

1. Hash 函数将任意长的消息映射到一个固定长的输出,其目的是为需要认证的消息产生一个"数字指纹"。

Hash 函数的基本要求为:

(1) 函数的输入可以是任意长。

(2) 函数的输出是固定长。

(3) 对任意给定的 x,计算 $h(x)$ 比较容易。

Hash 函数的安全性要求为:

(1) 单向性:对任意给定的 Hash 值 z,找到满足 $h(x)=z$ 的 x 在计算上是不可行的。

(2) 抗弱碰撞性:已知 x,找到 $y(y \neq x)$ 满足 $h(y)=h(x)$ 在计算上是不可行的。

(3) 抗强碰撞性:找到任意两个不同的输入 x,y,使 $h(y)=h(x)$ 在计算上是不可行的。

2. 由于 H_1 是一个抗强碰撞性的 Hash 函数,对任意两个不同的输入 x_1,y_1,有

$$H_1(x_1) \neq H_1(y_1)$$

同理,对于两个不同的输入 x_2,y_2,有

$$H_1(x_2) \neq H_1(y_2)$$

因此,有

$$H_1(x_1)\|H_1(x_2) \neq H_1(y_1)\|H_1(y_2)$$

同样根据 H_1 是一个抗强碰撞性的 Hash 函数，对于不同的输入 $H_1(x_1)\|H_1(x_2)$ 和 $H_1(y_1)\|H_1(y_2)$，其输出值应该不同，即

$$H_1(H_1(x_1)\|H_1(x_2)) \neq H_1(H_1(y_1)\|H_1(y_2))$$

因此，H_2 也是一个抗强碰撞性的 Hash 函数。

3. MD5 和 SHA-1 都遵循了 Merkle 的迭代型 Hash 函数结构，消息分组长度都是 512 位，压缩函数都是由 4 轮组成，主要运算都是模 2^{32} 加法。但 MD5 和 SHA-1 输出的 Hash 值长度不同，MD5 为 128 位，SHA-1 为 160 位。也就是说，SHA-1 抗穷搜索攻击的强度要高于 MD5。另外，MD5 使用了 4 个寄存器，压缩函数每轮是 16 步，每步使用的常量不同，而 SHA-1 使用了 5 个寄存器，压缩函数每轮是 20 步，一轮中每步使用的常量相同。

4. $W_{16} = \text{CLS}_1(W_0 \oplus W_2 \oplus W_8 \oplus W_{13})$，$W_{17} = \text{CLS}_1(W_1 \oplus W_3 \oplus W_9 \oplus W_{14})$，$W_{18} = \text{CLS}_1(W_2 \oplus W_4 \oplus W_{10} \oplus W_{15})$，$W_{19} = \text{CLS}_1(W_3 \oplus W_5 \oplus W_{11} \oplus W_{16})$。

5. 设一个消息 $m = m_1 m_2$，其 Hash 值为

$$h = (m_1^e \bmod n) \oplus m_2$$

设另一个消息 $w = w_1 w_2$，其中

$$w_2 = (w_1^e \bmod n) \oplus (m_1^e \bmod n) \oplus m_2$$

则 w 的 Hash 值为

$h = (w_1^e \bmod n) \oplus w_2 = (w_1^e \bmod n) \oplus (w_1^e \bmod n) \oplus (m_1^e \bmod n) \oplus m_2 = (m_1^e \bmod n) \oplus m_2$

m 和 w 就是该 Hash 函数的一个碰撞。

习题七

1. 公钥密码相对于对称密码来说速度慢得多，通常采用对称密码来加密实际消息，尤其是长消息。但对称密码需要发送者和接收者之间共享一个对称密钥，这就需要公钥密码来分配。

2. RSA 和 Rabin 的安全性依据是大整数分解问题，ElGamal 的安全性依据是离散对数问题，椭圆曲线公钥密码体制的安全性依据是椭圆曲线上的离散对数问题。

3. 由于 $p = 3, q = 11, n = pq = 3 \times 11 = 33, \phi(n) = (p-1)(q-1) = 2 \times 10 = 20$。又由于 $e = 7$，

$$d \equiv e^{-1} \bmod 20 = 3 \bmod 20$$

对于消息 $m = 5$，加密为

$$c_1 \equiv 5^7 \bmod 33 \equiv 14$$

解密为
$$m \equiv 14^3 \bmod 33 \equiv 5$$

4.（1）由于选择整数 $k=2$，消息 $m=30$ 的密文为
$$c_1 \equiv g^k \bmod p = 7^2 \bmod 71 \equiv 49, \quad c_2 \equiv m y_B^k \bmod p = 30 \times 3^2 \bmod 71 \equiv 57$$
密文 $c=(c_1, c_2)=(49,57)$。

（2）根据 $c_1 \equiv g^k \bmod p = 7^k \bmod 71 \equiv 59$ 可以知道 $k=3$，所以
$$c_2 \equiv m y_B^k \bmod p = 30 \times 3^3 \bmod 71 \equiv 29$$

5. 由于 $p=127, q=131$，计算 $n=127 \times 131 = 16637$，则公钥为 $n=16637$，私钥为 $(p,q)=(127,131)$。若明文 $m=4410$，计算密文
$$c \equiv 4410^2 \bmod 16637 \equiv 16084$$

6.（1）接收者的公钥 $Q=4P=(10,2)$。

（2）当发送消息为 $P_m=(7,9)$，随机数 $k=2$ 时，密文为
$$C_1 = 2P = (5,2), \quad C_2 = (7,9) + 2 \times 4P = 6P + 8P = P = (2,7)$$
密文 $c=(C_1, C_2)=((5,2),(2,7))$。

（3）解密为
$$C_2 - xC_1 = P - 4 \times 2P = -7P = 6P = (7,9)$$

习题八

1. 由于 $p=7, q=17$，则
$$n = pq = 7 \times 17 = 119$$
$$\phi(n) = (p-1)(q-1) = 6 \times 16 = 96$$
又根据公钥 $e=5$，私钥 $d \equiv e^{-1} \bmod 96 = 77 \bmod 96$。为了生成 Hash 值为 19 的消息的签名，计算签名
$$s \equiv 19^{77} \bmod 119 \equiv 66$$
签名验证为
$$s^e \bmod n = 66^5 \bmod 119 \equiv 19$$
说明该消息签名是有效的。

2. 根据消息 m 的 Hash 值为 152，随机整数 $k=5$，计算
$$r \equiv 2^5 \bmod 19 = 13 \bmod 19, \quad s \equiv (152 - 9 \times 13) 5^{-1} \bmod 18 = 7 \bmod 18$$
签名结果为 $(13,7)$。签名验证为
$$y^r r^s \equiv 18^{13} 13^7 \equiv 9 \bmod 19$$
$$g^{h(m)} \equiv 2^{152} \equiv 9 \bmod 19$$
也就是说

$$y^r r^s \equiv g^{h(m)} \bmod p$$

签名为有效签名。

3. 如果一个签名者在对两个不同的消息签名时使用了相同的随机整数 k，则

$$s_1 \equiv k^{-1}(h(m_1)+xr) \bmod q, s_2 \equiv k^{-1}(h(m_2)+xr) \bmod q$$

将两式相减，得

$$s_1 - s_2 \equiv k^{-1}(h(m_1)-h(m_2)) \bmod q$$

进而得

$$k \equiv \frac{h(m_1)-h(m_2)}{s_1-s_2} \bmod q$$

在得到随机数 k 后，可以很容易地根据 $s_1 \equiv k^{-1}(h(m_1)+xr) \bmod q$ 求出私钥

$$x \equiv \frac{s_1 k - h(m_1)}{r} \bmod q$$

4. 根据消息 m 的 Hash 值为 5，随机整数 $k=2$，计算

$$r \equiv (16^2 \bmod 53) \bmod 13 = 5 \bmod 13, \quad s \equiv 2^{-1}(5+3\times 5) \bmod 13 = 10 \bmod 13$$

签名结果为 $(5,10)$。验证签名时，计算

$$w \equiv 10^{-1} \bmod 13 = 4 \bmod 13, \quad u_1 \equiv 5\times 4 \bmod 13 = 7 \bmod 13$$

$$u_2 \equiv 5\times 4 \bmod 13 = 7 \bmod 13, \quad v \equiv (16^7 \, 15^7 \bmod 53) \bmod 13 = 5 \bmod 13$$

发现

$$v = r$$

所以签名是有效的。

5. 盲签名可用于需要提供匿名性的密码协议中，如电子投票和电子现金。群签名可以用于隐藏组织结构。例如，一个公司的职员可以利用群签名方案代表公司进行签名，验证者只需要利用公司的群公钥进行签名的合法性验证。当发生争议时，群管理员可以识别出实际的签名者。群签名也可以应用于电子投票、电子投标和电子现金等。代理签名允许原始签名者把他的签名权力委托给代理签名者，然后代理签名者就可以代表原始签名者进行签名。代理签名可用于需要委托权力的密码协议中，如电子现金、移动代理和移动通信等。

习题九

1. 根据 $p=97, g=5, A$ 和 B 分别选取随机数 $a=36$ 和 $b=58$。A 计算

$$y_A \equiv 5^{36} \bmod 97 \equiv 50$$

并将 y_A 发送给 B。B 计算

$$y_B \equiv 5^{58} \bmod 97 \equiv 44$$

并将 y_B 发送给 A。然后,A 计算

$$k \equiv 44^{36} \bmod 97 \equiv 75$$

B 计算

$$k \equiv 50^{58} \bmod 97 \equiv 75$$

这样 A 和 B 就获得了共享密钥 $k=75$。

2. 由于 $n=199543$,$b=523$,$v=146152$,

$v^{456}101360^b \equiv 146152^{456}101360^{523} \bmod 199543 = 103966 \bmod 199543$

$v^{257}36056^b \equiv 146152^{257}36056^{523} \bmod 199543 = 103966 \bmod 199543$

$u=104582$。

3. 5 个份额计算如下:

$$y_1=f(1)=13+10+2\equiv 8 \bmod 17$$
$$y_2=f(2)=13+20+8\equiv 7 \bmod 17$$
$$y_3=f(3)=13+30+18\equiv 10 \bmod 17$$
$$y_4=f(4)=13+40+32\equiv 0 \bmod 17$$
$$y_5=f(5)=13+50+50\equiv 11 \bmod 17$$

任意取出 3 个份额就可以恢复秘密信息 $s=13$。例如,取出 $(1,8)$,$(2,7)$,$(5,11)$,秘密信息 s 可以通过下式计算

$$s \equiv 8 \times \frac{(-2)(-5)}{(1-2)(1-5)}+7 \times \frac{(-1)(-5)}{(2-1)(2-5)}+11 \times \frac{(-1)(-2)}{(5-1)(5-2)} \bmod 17 = 13 \bmod 17$$

习题十

1. 完美安全性是指一个具有无限计算能力的敌手不能从给定的密文中获取明文的任何有用信息。语义安全性只允许敌手具有多项式有界的计算能力,要求这样的敌手不能从给定的密文中获取明文的任何有用信息。完美安全性和语义安全性的区别在于敌手的能力不同。

2. 敌手攻击数字签名体制的四个主要目标是:完全攻破、通用性伪造、选择性伪造和存在性伪造。

3. 具有同态性质的加密算法一定不能达到 CCA2 安全性,其原因是 CCA2 安全性允许敌手进行解密询问。敌手可以首先选择一个明文 m,构造出一个密文 c,其次利用同态性质与目标密文 c^* 相加或相乘构造出一个新的密文 c^{**},最后利用解密询问得到新密文的明文信息 m^{**}。目标密文 c^* 对应的明文 $m^* = m^{**}-m$(加法同态)或者 $m^* = m^{**}/m$(乘法同态)。

4. 随机预言模型的作用是让挑战者在不知道私钥的情况下能够回答解密

或者签名询问，其原理是控制 Hash 函数的值来实现。

习题十一

1. 在基于身份的公钥密码体制中，公钥认证以一种隐含的方式取得。原因在于私钥由一个称为私钥生成中心的可信第三方生成。只有合法的用户才能得到正确的私钥。

2. Smart 的基于身份的密钥协商协议不满足前向安全性。如果知道了长期私钥 S_A 和 S_B，则可以通过下式计算出以前的会话密钥

$$k = H_2(\hat{e}(S_B, T_A)\hat{e}(S_A, T_B))$$

3. Libert 和 Quisquater 的基于身份的签密方案具有过去恢复性。给定密文 (c, r, S)，首先计算

$$k_1 = \hat{e}(P, S)\hat{e}(P_{pub}, Q_A)^r \text{ 和 } k_2 = H_2(\hat{e}(S, Q_B)\hat{e}(S_A, Q_B)^r)$$

其次计算 $m = D_{k_2}(c)$，最后检查等式

$$r = H_3(c, k_1)$$

是否成立即可。

习题十二

1. 在基于身份的密码体制中，用户私钥由一个称为私钥生成中心的可信方生成。也就是说，这个可信方知道所有用户的私钥，存在密钥托管问题。在无证书密码体制中，用户的私钥有两部分：一部分由一个称为密钥生成中心的可信方生成，另一部分由用户自己生成。也就是说，密钥生成中心只知道用户的部分私钥，不知道完全私钥，没有密钥托管问题。

2. 在基于证书的密码体制中，用户的私钥和公钥都是由用户自己生成。为了抵抗公钥替换攻击，需要一个数字证书来绑定用户的身份和公钥信息。在无证书密码体制中，用户的私钥有两部分：一部分由一个称为密钥生成中心的可信方生成，另一部分由用户自己生成。用户公钥不需要数字证书进行认证，其原因是密钥生成中心要给用户生成一部分私钥，具有隐含认证的作用。

3. 为了回答一个消息 m 的签名询问，首先随机选择 $t, w \in \mathbb{Z}_p^*$，设置 $V = tP_{pub}$ 并定义 $H_2(m, \mathrm{ID}_U, PK_U, V)$ 的值为

$$t^{-1}(wP - Q_U)$$

如果上述值已经存在了，则可以重新选择 t 和 w。其次查看 H_3 列表得到 $H_3(m, \mathrm{ID}_U, PK_U) = sP$。如果 H_3 列表没有这样的询问记录，则可以随机选择 $s \in \mathbb{Z}_p^*$ 并定义 $H_3(m, \mathrm{ID}_U, PK_U)$ 的值为 sP。最后设置

$$W = wP_{pub} + sPK_U$$

并回答 m 的签名是 $\sigma = (V, W)$。这个签名满足验证等式

$$\begin{aligned}
\hat{e}(W, P) &= \hat{e}(wP_{pub} + sPK_U, P) \\
&= \hat{e}(wP_{pub}, P)\hat{e}(sPK_U, P) \\
&= \hat{e}(wP, P_{pub})\hat{e}(sP, PK_U) \\
&= \hat{e}(Q_U + tH_2(m, \text{ID}_U, PK_U, V), P_{pub})\hat{e}(sP, PK_U) \\
&= \hat{e}(Q_U, P_{pub})\hat{e}(tH_2(m, \text{ID}_U, PK_U, V), P_{pub})\hat{e}(H_3(m, \text{ID}_U, PK_U), PK_U) \\
&= \hat{e}(Q_U, P_{pub})\hat{e}(H_2(m, \text{ID}_U, PK_U, V), tP_{pub})\hat{e}(H_3(m, \text{ID}_U, PK_U), PK_U) \\
&= \hat{e}(Q_U, P_{pub})\hat{e}(H_2(m, \text{ID}_U, PK_U, V), V)\hat{e}(H_3(m, \text{ID}_U, PK_U), PK_U)
\end{aligned}$$

4. Barbosa 和 Farshim 的无证书签密方案满足公开验证性，因为任何人都可以通过

$$\hat{e}(W, P) = \hat{e}(Q_A, P_{pub})\hat{e}(H_3(V, c, \text{ID}_A, PK_A), V)\hat{e}(H_4(V, c, \text{ID}_A, PK_A), PK_A)$$

验证密文 $\sigma = (V, c, W)$ 的合法性。此外，该方案也满足前向安全性，因为即使拥有发送者的私钥，也不能计算出 $T = \hat{e}(V, D_B)$ 和 $h = H_2(V, T, x_B V, \text{ID}_B, PK_B)$，所以不能解签密一个密文。

附录2　模拟试卷及参考答案

试　卷　一

一、填空题(本大题共20空,每空1分,共20分)

1. 密码学的两个分支是_____和密码分析学。其中前者是对信息进行编码以保护信息的一门学问,后者是研究分析破译密码的学问。

2. 常用的五种分组密码工作模式是电码本模式、_____、密码分组链接模式、_____和计数器模式。

3. DES 分组密码算法使用64位长的密钥,实际有效密钥为_____位,另外_____位为奇偶校验位。

4. AES 是一个分组密码算法,它以_____位的分组进行加密,其密钥长度是可变的,可以指定为_____位、_____位和_____位。

5. Hash 函数 MD5 对消息按_____位分组为单位进行处理,输出_____位的 Hash 值。Hash 函数 SHA-1 对消息按_____位分组为单位进行处理,输出_____位的 Hash 值。

6. 给定一个阶为 p 的循环加法群 G_1 和一个生成元 P,G_1 中的计算 Diffie-Hellman 问题(computational Diffie-Hellman problem)是给定 (P, aP, bP),计算_____。其中,$a, b \in \mathbb{Z}_p^*$ 是未知的整数。

7. 一个数字签名体制可以取得认证性、完整性和_____。

8. 在基于身份的密码体制中,私钥生成中心知道所有用户的私钥,因此存在_____托管问题。

9. 按照加密算法和解密算法所使用的密钥是否相同,可以将密码体制分为对称密码体制和_____。

10. 在公钥密码体制中,为了解密一个密文,通常需要接收者的_____;为了验证一个签名,通常需要签名者的_____。

11. 公钥密码体制的概念是为了解决传统密码体制中最困难的两个问题而提出的,这两个问题是_____和数字签名。

二、单项选择题(本大题共10小题,每小题2分,共20分)

1. 下列属于公钥密码体制的是_____。
   A. Rabin　　　　B. SHA-1　　　　C. MD5　　　　D. AES

2. 下列属于对称密码体制的是_____。

A. Rabin　　　B. RSA　　　C. ElGamal　　　D. AES

3. 零知识证明属于_____。
   A. 数字签名技术　　　　B. 加密技术
   C. 身份证明技术　　　　D. 密钥托管技术

4. 下列不属于 Hash 函数的应用的是_____。
   A. 文件校验　　B. 数据加密　　C. 数字签名　　D. 安全口令存储

5. 在 Hash 函数中,给定 x,寻找 $y(y \neq x)$ 满足 $h(y) = h(x)$ 在计算上是不可行的,这一性质称为_____。
   A. 抗强碰撞性　B. 单向性　　C. 抗弱碰撞性　　D. 杂凑性

6. MD5 使用了_____个逻辑函数。
   A. 1　　　　B. 2　　　　C. 3　　　　D. 4

7. 下列密码体制中既没有密钥托管问题,又不需要公钥证书的是_____。
   A. 基于 PKI 的密码体制　　　B. RSA
   C. 无证书密码体制　　　　　D. 基于身份的密码体制

8. 下面哪种攻击最弱_____。
   A. 选择密文攻击　　　　　B. 适应性选择密文攻击
   C. 唯密文攻击　　　　　　D. 选择明文攻击

9. 下列属于流密码体制的是_____。
   A. RC4　　　B. RSA　　　C. ElGamal　　　D. DES

10. 下列不属于 AES 的基本变换的是_____。
    A. 字节代替　　B. 行移位　　C. 轮密钥加　　D. Feistel

三、问答题(本大题共 6 小题,每小题 5 分,共 30 分)

1. 设英文字母 $A, B, C, \cdots, Z$ 分别编码为 $0, 1, 2, \cdots, 25$。假设使用了

$$c \equiv (m+k) \bmod 26 \ (c \text{ 为密文}, m \text{ 为明文}, k \text{ 为密钥})$$

加密算法加密一段明文后得到如下密文
　　　　GROIKYKTZGSKYYGMKZUHUHHEKTIXEVZOUTSKZNUJ
试恢复出该明文。

2. 简述基于公钥基础设施的密码体制、基于身份的密码体制与无证书密码体制的特点和区别。

3. 2004 年,Zhang,Safavi-Naini 和 Susilo 提出了一个短签名方案。该方案由密钥生成、签名和验证三个算法组成。

(1) 密钥生成。

设 G_1 为由 P 生成的循环加法群,阶为 p,G_T 为具有相同阶 p 的循环乘法群,$\hat{e}:G_1 \times G_1 \rightarrow G_T$ 为一个双线性映射。定义一个安全的 Hash 函数 $H_1:\{0,1\}^* \rightarrow \mathbb{Z}_p^*$。签名者随机选择 $x \in \mathbb{Z}_p^*$ 并计算 $Y=xP$。签名者的公钥和私钥分别为 Y 和 x。

(2) 签名。

对于消息 m,签名者计算

$$W = \frac{1}{H_1(m)+x}P$$

则 m 的签名为 $\sigma = W$。

试给出上述签名方案的验证算法并解释其一致性。

4. ElGamal 加密方案是一种基于离散对数问题的公钥密码体制,由密钥生成、加密和解密三个算法组成。

(1) 密钥生成。

① 选取大素数 p,且要求 $p-1$ 有大素数因子。$g \in \mathbb{Z}_p^*$ 是一个生成元。

② 随机选取整数 x,$1 \leq x \leq p-2$,计算 $y \equiv g^x \bmod p$。

③ 公钥为 y,私钥为 x。

(2) 加密。

对于明文 $m \in \mathbb{Z}_p^*$,首先随机选取一个整数 k,$1 \leq k \leq p-2$,其次计算

$$c_1 \equiv g^k \bmod p, \quad c_2 \equiv my^k \bmod p$$

则密文 $c=(c_1,c_2)$。

试回答:

(1) 给出 ElGamal 方案的解密算法。

(2) 什么是选择明文攻击?什么是适应性选择密文攻击?

(3) 证明 ElGamal 加密体制在适应性选择密文攻击下是不安全的。

(4) 利用 Fujisaki-Okamoto 转换将该方案改造成在适应性选择密文攻击下安全的方案。

5. 2005 年,Barreto 等提出了一个基于身份的签名方案。这个签名方案由系统建立、密钥提取、签名和验证四个算法组成。

(1) 系统建立。

设 G_1 为由 P 生成的循环加法群,阶为 $p>2^k$ (k 为安全参数),G_T 为具有相同阶 p 的循环乘法群,$\hat{e}:G_1 \times G_1 \rightarrow G_T$ 为一个双线性映射。定义两个安全的 Hash 函数 $H_1:\{0,1\}^* \rightarrow \mathbb{Z}_p^*$ 和 $H_2:\{0,1\}^* \times G_T \rightarrow \mathbb{Z}_p^*$。私钥生成中心(PKG)随机选择一个主密钥 $s \in \mathbb{Z}_p^*$,计算 $P_{pub}=sP$。设 $g=\hat{e}(P,P)$,PKG 公开系统参数 $\{G_1,G_T,p,\hat{e},P,P_{pub},g,H_1,H_2\}$,保密主密钥 s。

(2) 密钥提取。

给定一个用户 U 的身份 ID_U,PKG 计算该用户的私钥

$$S_U = \frac{1}{H_1(\mathrm{ID}_U)+s}P$$

(3) 签名。

对于一个消息 m,签名者执行以下步骤:

① 随机选取 $r \in \mathbb{Z}_p^*$。

② 计算 $x = g^r$。

③ 计算 $h = H_2(m,x)$ 和 $V = (r+h)S_U$。

④ 消息 m 的签名是 $\sigma = (h,V)$。

在随机预言模型下,该体制被证明在适应性选择消息攻击下具有存在不可伪造性。在证明该体制的安全性时,挑战者需要在不知道私钥的情况下回答敌手的签名询问。试说明挑战者是如何做到的并给出具体的签名模拟过程。

6. 2000 年,Joux 利用双线性对设计了一个一轮三方密钥协商协议。设 G_1 为由 P 生成的循环加法群,阶为 p,G_T 为具有相同阶 p 的循环乘法群,$\hat{e}: G_1 \times G_1 \to G_T$ 为一个双线性映射。假设 Alice,Bob 和 Carol 希望通过 Joux 协议协商出一个会话密钥,他们执行以下步骤:

(1) Alice 随机选择 $a \in \mathbb{Z}_p^*$,计算 $T_A = aP$ 并将 T_A 发送给 Bob 和 Carol。

(2) Bob 随机选择 $b \in \mathbb{Z}_p^*$,计算 $T_B = bP$ 并将 T_B 发送给 Alice 和 Carol。

(3) Carol 随机选择 $c \in \mathbb{Z}_p^*$,计算 $T_C = cP$ 并将 T_C 发送给 Alice 和 Bob。

试回答:

(1) Alice 在收到 T_B 和 T_C 时,计算_____。

(2) Bob 在收到 T_A 和 T_C 时,计算_____。

(3) Carol 在收到 T_A 和 T_B 时,计算_____。

(4) 协商出来的会话密钥是_____。

四、计算题(本大题共 3 小题,每小题 10 分,共 30 分)

1. 设英文字母 $A,B,C,\cdots,Z$ 分别编码为 $0,1,2,\cdots,25$。已知加密变换为

$$c \equiv (3m+9) \bmod 26$$

其中,m 表示明文,c 表示密文。试对消息 CRYP 进行加密并对产生的密文进行解密。

2. 在 RSA 密码体制中,已知素数 $p=3, q=11$,公钥 $e=7$,试计算私钥 d 并给出对明文 $m=8$ 加密和解密的过程。

3. 在椭圆曲线上的 ElGamal 加密体制中,设椭圆曲线为 $E_{11}(1,6)$,生成元 $P=(2,7)$, $2P=(5,2)$, $3P=(8,3)$, $4P=(10,2)$, $5P=(3,6)$, $7P=(7,2)$, $8P=(3,5)$, $9P=(10,9)$, $10P=(8,8)$, $11P=(5,9)$, $12P=(2,4)$, $13P=O$。

试回答:

(1) 设接收者的私钥 $x=6$,试利用 P 和 $5P$ 两个点来计算接收者的公钥 Q。

(2) 发送者欲发送消息 $P_m=(5,2)$,选择随机数 $k=5$,求密文 c。

(3) 给出接收者从密文 c 恢复消息 P_m 的过程。

试 卷 二

一、填空题(本大题共 10 空,每空 1 分,共 10 分)

1. 密码分析是研究密码体制的破译问题,根据敌手获得的资源,可以将密码攻击分为唯密文攻击、已知明文攻击、_____和选择密文攻击。

2. 88 和 32 的最大公因子为_____。

3. DES 是一个分组密码算法,数据以_____位分组进行加密,总共执行_____轮的迭代变换。

4. AES 是一个分组密码算法,使用了 4 个基本变换:字节代替、行移位、_____和轮密钥加。

5. Hash 函数 SHA-1 使用了_____个基本逻辑函数,输出_____位的 Hash 值。

6. ElGamal 公钥密码体制基于的困难问题是_____。

7. 在 Hash 函数中,已知 x,找到 $y(y \neq x)$ 满足 $h(y)=h(x)$ 在计算上是不可行的,这一性质称为_____。

8. 如果一个具有无限计算资源的敌手都不能破译一个密码体制,则称该密码体制是_____。

二、单项选择题(本大题共 10 小题,每小题 2 分,共 20 分)

1. 9 的欧拉函数 $\phi(9)$ 为_____。
   A. 1 B. 9 C. 5 D. 6

2. 下列算法中,_____没有使用置换技术。
   A. DES B. AES C. 仿射密码 D. IDEA

3. 如果密钥序列的生成与密文无关,则称这样的流密码为_____。
   A. 同步流密码
   B. 自同步流密码
   C. 有限错误传播流密码
   D. 有记忆流密码

4. _____是流密码体制。
   A. RC4 B. RSA C. MD5 D. DSA

5. 关于基于身份的密码学,下面描述正确的是_____。

   A. 私钥生成中心为用户生成私钥

   B. 用户的公钥是一个随机数

   C. 私钥生成中心为用户生成部分私钥

   D. 用户需要联合私钥生成中心生成的部分私钥和自己的秘密值,才能生成完全私钥

6. 下列描述中,_____不是公钥密码的特点。

   A. 已知公钥,求解私钥在计算上是不可行的

   B. 已知公钥和密文,求解明文在计算上是不可行的

   C. RSA 是一个公钥密码算法

   D. 公钥密码只能作为加密使用

7. _____的困难性基于离散对数问题。

   A. RC4   B. RSA   C. ElGamal   D. Rabin

8. _____可以取得不可否认性。

   A. MD5   B. AES   C. DES   D. DSA

9. 下列描述中,_____不是盲签名的特点。

   A. 盲签名可以用于电子现金

   B. 签名者知道签名的消息

   C. 盲签名可以取得匿名性

   D. 盲签名可以取得认证性

10. 下列描述中,_____不是群签名的特点。

    A. 群签名可以用于隐藏组织结构

    B. 群签名可以取得无条件匿名性

    C. 群管理员可以识别出实际的签名者

    D. 群签名可以用于电子投票

三、问答题(本大题共 5 小题,每小题 8 分,共 40 分)

1. 设用公钥密码体制 RSA 来构造一个 Hash 函数。将消息 m 分成 2 组,即 $m = m_1 m_2$,固定一个 RSA 密钥 (e, n) 并定义如下一个 Hash 函数

$$h = (m_1^e \bmod n) \oplus m_2$$

其中,e 为 RSA 的公钥,n 为模数。试找出上述 Hash 函数的一个碰撞。

2. 设英文字母 A,B,C,…,Z 分别编码为 0,1,2,…,25。假设使用
$$c \equiv (k_2 m + k_1) \bmod 26 \ (c \text{ 为密文}, m \text{ 为明文}, k_1 \text{ 和 } k_2 \text{ 为密钥})$$

加密算法加密一段明文后得到如下密文

SZDFQRSPEGHXQDCTXSHGAJHZDBHYFCPNZFYENKCHRVFPFQRSPEGHXQDCTXSHGAJ

试回答：

（1）计算 k_1 和 k_2 的值。

（2）给出解密算法。

（3）恢复出该明文。

3. 在 DSA 签名算法中，p,q 和 g 是公开参数，用户私钥为 x，公钥为 $y=g^x \mod p$。对于消息 m，首先随机选取一个整数 $k, 0<k<q$，其次计算

$$r=(g^k \mod p) \mod q, \quad s=k^{-1}(h(m)+xr) \mod q$$

则 m 的签名为 (r,s)，其中，h 为 Hash 函数。

试回答：

（1）给出其签名的验证过程。

（2）如果一个签名者在对两个不同的消息签名时使用了相同的随机整数 k，试显示攻击者可以恢复出该签名者的私钥 x。

4. RSA 是由 Rivest, Shamir 和 Adleman 于 1977 年提出并于 1978 年发表的。它由下面三个算法组成：

（1）密钥生成。

① 选取两个保密的大素数 p 和 q。

② 计算 $n=pq, \phi(n)=(p-1)(q-1)$，其中，$\phi(n)$ 是 n 的欧拉函数值。

③ 随机选取整数 $e, 1<e<\phi(n)$，满足 $\gcd(e,\phi(n))=1$。

④ 计算 d，满足 $de \equiv 1 \mod \phi(n)$。

⑤ 公钥为 (e,n)，私钥为 d。

（2）加密。

给定一个消息 m 满足 $0 \leq m < n$，则加密算法为

$$c \equiv m^e \mod n$$

c 为密文，且 $0 \leq c < n$。

请回答下列问题：

（1）对于密文 $0 \leq c < n$，解密算法为_____。

（2）什么是选择明文攻击？什么是适应性选择密文攻击？

（3）RSA 加密体制在选择明文攻击和适应性选择密文攻击下是否是语义安全的并说明理由。

（4）RSA 算法是否满足同态性质？如果是，满足加法同态性质还是乘法同

态性质?

5. 在数据加密标准(DES)中,第一个 S 盒的变化关系如下所示。

输 出	0	1	2	3	4	5	6	7	8	9	10	11	12	13	14	15
0	14	4	13	1	2	15	11	8	3	10	6	12	5	9	0	7
1	0	15	7	4	14	2	13	1	10	6	12	11	9	5	3	8
2	4	1	14	8	13	6	2	11	15	12	9	7	3	10	5	0
3	15	12	8	2	4	9	1	7	5	11	3	14	10	0	6	13

试回答:

(1) 如果该 S 盒的输入为 010011,则输出是什么?

(2) S 盒提供了线性变换还是非线性变换?

四、计算题(本大题共 3 小题,每小题 10 分,共 30 分)

1. (k,n) Shamir 门限方案是指将一个秘密 s 分成 n 个秘密份额,然后秘密分配给 n 个用户,使得由 k 个或多于 k 个用户持有的秘密份额就可以恢复秘密 s。现在考虑一个 $(3,5)$ 门限方案,即 $k=3, n=5$。一个可信中心构造了一个多项式

$$f(x) \equiv s + a_1 x + a_2 x^2 \bmod 13$$

然后计算 $y_1 = f(1) \equiv 0 \bmod 13$, $y_3 = f(3) \equiv 7 \bmod 13$ 和 $y_5 = f(5) \equiv 5 \bmod 13$。试按照 Shamir 门限方案重构秘密值 s。

2. 在 RSA 密码体制中,已知素数 $p=7, q=13$。

(1) 参数 $e_1 = 5$ 和 $e_2 = 9$,哪个适合做公钥?请解释其原因。

(2) 根据(1)中的正确公钥,计算出私钥 d。

(3) 根据(1)和(2)中的公钥和私钥,加密明文 $m=2$ 并对产生的密文进行解密。

3. 在椭圆曲线上的 ElGamal 加密体制中,设椭圆曲线为 $E_{11}(1,6)$,生成元 $P=(2,7), 2P=(5,2), 3P=(8,3), 4P=(10,2), 6P=(7,9), 7P=(7,2), 9P=(10,9), 10P=(8,8), 11P=(5,9), 12P=(2,4), 13P=O$。

试回答:

(1) 设接收者的私钥 $x=5$,利用 $2P$ 和 $3P$ 计算出接收者的公钥 Q。

(2) 发送者欲发送消息 $P_m=(10,9)$,选择随机数 $k=4$,求密文 c。

(3) 给出接收者从密文 c 恢复消息 P_m 的过程。

参 考 答 案

试 卷 一

一、填空题

1. 密码编码学
2. 密码反馈模式、输出反馈模式
3. 56、8
4. 128、128、192、256
5. 512、128、512、160
6. abP
7. 不可否认性
8. 密钥
9. 非对称密码体制
10. 私钥、公钥
11. 密钥分配

二、单项选择题

1. A 2. D 3. C 4. B 5. C 6. D 7. C 8. C 9. A 10. D

三、问答题

1. 答:从密文 GROIKYKTZGSKYYGMKZUHUHHEKTIXEVZOUTSKZNUJ 得知 K 出现的次数最多,所以可以猜测 K 是消息 E 的密文。利用该假设,可以得到 $k=10-4=6$。使用该密钥,可以恢复明文

   ALICESENTAMESSAGETOBOBBYENCRYPTIONMETHOD

2. 答:在基于公钥基础设施的密码体制中,一个用户生成自己的公钥和私钥。为了抵抗公钥替换攻击,需要一个公钥证书来绑定公钥和用户身份。这个公钥证书由一个证书权威(CA)来签发。在基于身份的密码体制中,一个公钥可以直接从身份信息(如 e-mail 地址和 IP 地址)推导出来,私钥由一个可信的密钥生成中心(PKG)来生成。这个密钥生成中心利用自己的主密钥来生成所有用户的私钥,所以基于身份的密码体制存在密钥托管问题。在无证书密码体制中,密钥生成中心只生成一个部分私钥,用户再生成一个秘密值,完全私钥需要联合部分私钥和秘密值才能生成。无证书密码体制既不需要公钥证书,也不存在密钥托管问题。

3. 答:对于消息 m 的签名 W,验证者检查等式

$$\hat{e}(H_1(m)P+Y, W) = \hat{e}(P, P)$$

是否成立。如果成立,则 W 是 m 的有效签名;否则 W 不是 m 的有效签名。该方案的一致性证明如下。既然

$$W = \frac{1}{H_1(m)+x} P$$

则

$$\hat{e}(H_1(m)P+Y, \frac{1}{H_1(m)+x}P) = \hat{e}((H_1(m)+x)P, \frac{1}{H_1(m)+x}P) = \hat{e}(P, P)$$

4. 答:① 为了解密一个密文 $c = (c_1, c_2)$,计算

$$m \equiv \frac{c_2}{c_1^x} \bmod p$$

② 在选择明文攻击中,敌手被告知各种各样的密文。敌手可以访问一个黑盒,这个黑盒只能执行加密,不能进行解密。选择明文攻击模拟了一种非常弱的攻击模型。适应性选择密文攻击是一种非常强的攻击模型。除了目标密文外,敌手可以选择任何密文对解密盒进行询问。

③ ElGamal 加密体制在适应性选择密文攻击下是不安全的。假设敌手想解密

$$c = (c_1, c_2) = (g^k, my^k)$$

敌手首先生成一个相关的密文 $c' = (c_1, 2c_2)$ 并询问解密预言机,得到 c' 的明文 m'。其次计算

$$\frac{m'}{2} = \frac{2c_2 c_1^{-x}}{2} = \frac{2my^k g^{-xk}}{2} = \frac{2mg^{xk} g^{-xk}}{2} = \frac{2m}{2} = m$$

因此,敌手获得了密文 c 对应的明文 m。

④ 随机选取一个整数 $r, 1 \leq r \leq p-2$,计算 $c_1 \equiv g^{H(m\|r)} \bmod p$ 和 $c_2 \equiv (m\|r) y^{H(m\|r)} \bmod p$。

5. 答:在一个签名询问中,敌手提交一个消息 m 给挑战者。挑战者首先随机选择 $h \in \mathbb{Z}_p^*$ 和 $V \in G_1$,其次计算

$$x = \hat{e}(V, H_1(\mathrm{ID}_U)P + P_{\mathrm{pub}}) g^{-h}$$

最后,将 $H_2(m, x)$ 的 Hash 值设为 h。如果 $H_2(m, x)$ 的值已经存在,则挑战者将重新选择 h 和 V。挑战者返回签名结果 (h, V) 给敌手。

6. 答:(1) $\hat{e}(T_B, T_C)^a = \hat{e}(bP, cP)^a$

(2) $\hat{e}(T_A, T_C)^b = \hat{e}(aP, cP)^b$

(3) $\hat{e}(T_A, T_B)^c = \hat{e}(aP, bP)^c$

(4) $\hat{e}(P,P)^{abc}$

四、计算题

1. 解:明文消息 CRYP 对应的数字依次为:2,17,24,15。用已知加密变换对它们依次加密如下:

C　$c_1 \equiv (3 \times 2+9) \bmod 26 \equiv 15$,对应的字母为 P
R　$c_2 \equiv (3 \times 17+9) \bmod 26 \equiv 8$,对应的字母为 I
Y　$c_3 \equiv (3 \times 24+9) \bmod 26 \equiv 3$,对应的字母为 D
P　$c_4 \equiv (3 \times 15+9) \bmod 26 \equiv 2$,对应的字母为 C

密文为 PIDC。

既然加密变换为 $c \equiv (3m+9) \bmod 26$,解密变换应为 $m \equiv 3^{-1}(c-9) \bmod 26 = 9(c-9) \bmod 26$。对密文 PIDC 依次解密如下:

P　$m_1 \equiv 9(15-9) \bmod 26 \equiv 2$,对应的字母为 C
I　$m_2 \equiv 9(8-9) \bmod 26 \equiv 17$,对应的字母为 R
D　$m_3 \equiv 9(3-9) \bmod 26 \equiv 24$,对应的字母为 Y
C　$m_4 \equiv 9(2-9) \bmod 26 \equiv 15$,对应的字母为 P

明文为 CRYP。

2. 解:$n = pq = 3 \times 11 = 33$。$\phi(n) = (p-1)(q-1) = 2 \times 10 = 20$。当选择 $e=7$ 时,$d \equiv e^{-1} \bmod 20 \equiv 3 \bmod 20$,即私钥 $d=3$。当 $m=8$ 时,加密过程为

$$c \equiv 8^7 \bmod 33 = 2$$

密文为 2。解密过程为

$$m \equiv 2^3 \bmod 33 = 8$$

3. 解:(1)既然公钥 $Q=6P$,则可以计算 $6P=P+5P$。

$$\lambda \equiv \frac{6-7}{3-2} \bmod 11 = \frac{-1}{1} \bmod 11 \equiv 10$$

于是

$$x_3 \equiv (10^2-2-3) \bmod 11 \equiv 7$$
$$y_3 \equiv (10 \times (2-7)-7) \bmod 11 \equiv 9$$

所以公钥 $Q=6P=(7,9)$。

(2)为了加密消息 $P_m=(5,2)$,选择随机数 $k=5$,根据椭圆曲线上的 ElGamal 密码体制,密文计算为

$C_1=5P, C_2=P_m+5Q=(5,2)+5(7,9)=2P+5 \times 6P=32P=6P=(7,9)$

则密文 $c=(C_1, C_2)=((3,6),(7,9))$。

(3)为了解密一个密文 $c=(C_1, C_2)$,计算

$$C_2 - xC_1 = (7,9) - 6(3,6) = 6P - 6 \times 5P = 2P = (5,2)$$

试 卷 二

一、填空题

1. 选择明文攻击

2. 8

3. 64、16

4. 列混合

5. 4、160

6. 离散对数问题

7. 抗弱碰撞性

8. 无条件安全

二、单项选择题

1. D 2. C 3. A 4. A 5. A 6. D 7. C 8. D 9. B 10. B

三、问答题

1. 答:设一个消息 $m = m_1 m_2$,其 Hash 值为

$$h = (m_1^e \bmod n) \oplus m_2$$

设另一个消息 $w = w_1 w_2$,其中

$$w_2 = (w_1^e \bmod n) \oplus (m_1^e \bmod n) \oplus m_2$$

则 w 的 Hash 值为

$$h = (w_1^e \bmod n) \oplus w_2 = (w_1^e \bmod n) \oplus (w_1^e \bmod n) \oplus (m_1^e \bmod n) \oplus m_2 = (m_1^e \bmod n) \oplus m_2$$

m 和 w 就是该 Hash 函数的一个碰撞。

2. 答:密文中 F 和 G 出现的次数较多,有 5 个 F,4 个 G,可以首先猜测 F 是 E 的密文,G 是 T 的密文。根据仿射密码的加密算法得

$$5 \equiv (k_1 + 4k_2) \bmod 26$$
$$6 \equiv (k_1 + 19k_2) \bmod 26$$

这个同余式组有唯一解 $k_1 = 3, k_2 = 7$,从而得到了加密算法为

$$c \equiv (3 + m \times 7) \bmod 26$$

解密算法为

$$m \equiv (c-3)7^{-1} \equiv (c-3) \times 15 \bmod 26$$

利用所得解密算法解密上述密文得

RSAENCRYPTIONALGORITHMISAWIDELYUSEDPUBLICKEYENCRYPTIONALGORITHM

我们发现这句话是可以理解的语言,分析成功。

3. 答:(1)对于消息签名对$(m,(r,s))$,首先计算
$$w = s^{-1} \bmod q, \quad u_1 = h(m)w \bmod q$$
$$u_2 = rw \bmod q, \quad v = (g^{u_1} y^{u_2} \bmod p) \bmod q$$
其次验证
$$v = r$$
如果等式成立,则(r,s)是m的有效签名;否则签名无效。

(2) 如果一个签名者在对两个不同的消息签名时使用了相同的随机整数k,则
$$s_1 \equiv k^{-1}(h(m_1)+xr) \bmod q, s_2 \equiv k^{-1}(h(m_2)+xr) \bmod q$$
将两式相减,得
$$s_1 - s_2 \equiv k^{-1}(h(m_1)-h(m_2)) \bmod q$$
进而得
$$k \equiv \frac{h(m_1)-h(m_2)}{s_1-s_2} \bmod q$$
在得到随机数k后,可以很容易地根据$s_1 \equiv k^{-1}(h(m_1)+xr) \bmod q$求出私钥
$$x \equiv \frac{s_1 k - h(m_1)}{r} \bmod q$$

4. 答:(1) $m \equiv c^d \bmod n$

(2) 在选择明文攻击中,敌手被告知各种各样的密文。敌手可以访问一个黑盒,这个黑盒只能执行加密,不能进行解密。选择明文攻击模拟了一种非常弱的攻击模型。适应性选择密文攻击是一种非常强的攻击模型。除了目标密文外,敌手可以选择任何密文对解密盒进行询问。

(3) RSA加密体制在选择明文攻击下是不安全的。假设敌手知道用户只加密了m_1和m_2中的一个消息,还知道用户的公钥,即e和n。当敌手被告知一个密文c,要求判断c对应的明文m是m_1还是m_2时,敌手只需要计算
$$c' \equiv m_1^e \bmod n$$
如果$c'=c$,则敌手知道$m=m_1$;如果$c' \neq c$,则敌手知道$m=m_2$。RSA加密体制在适应性选择密文攻击下也是不安全的。假设敌手想解密
$$c = m^e \bmod n$$
敌手首先生成一个相关的密文$c'=2^e c$并询问解密盒,得到c'的明文m'。其次计算
$$\frac{m'}{2} = \frac{c'^d}{2} = \frac{(2^e c)^d}{2} = \frac{2^{ed} c^d}{2} = \frac{2m}{2} = m$$

因此,敌手获得了密文 c 对应的明文 m。

(4) RSA 算法满足同态性质。由于 RSA 算法满足

$$(m_0 m_1)^e \bmod n = (m_0^e \bmod n)(m_1^e \bmod n) \bmod n$$

所以 RSA 算法具有乘法同态性质。

5. 答:(1)对于每个 S 盒来说,在 6 比特输入中,第 1 个和第 6 个比特的十进制数决定行号,中间 4 个比特的十进制数决定列号。行号和列号决定后,查表得到交叉位置的十进制数,将该十进制数转换为二进制数就是 S 盒的输出。如果第一个 S 盒的输入为 010011,则行选为 01(第 1 行),列选为 1001(第 9 列)。行列交叉位置的数为 6,其二进制数为 0110,即该 S 盒的输出为 0110。

(2) S 盒提供了非线性变换。

四、计算题

1. 解:根据 Shamir 门限方案

$$s \equiv 0 \times \frac{-3 \times -5}{(1-3)(1-5)} + 7 \times \frac{-1 \times -5}{(3-1)(3-5)} + 5 \times \frac{-1 \times -3}{(5-1)(5-3)} \bmod 13$$

由于

$$0 \times \frac{-3 \times -5}{(1-3)(1-5)} \equiv 0 \bmod 13$$

$$7 \times \frac{-1 \times -5}{(3-1)(3-5)} \equiv 1 \bmod 13$$

$$5 \times \frac{-1 \times -3}{(5-1)(5-3)} \equiv 10 \bmod 13$$

所以 $s \equiv 11 \bmod 13$。

2. 解:(1) $n = pq = 13 \times 7 = 91$,$\phi(n) = (13-1)(7-1) = 12 \times 6 = 72$。当选择 $e_1 = 5$ 时,$\gcd(5,72) = 1$,可以作为公钥,但当 $e_2 = 9$ 时,$\gcd(9,72) = 9$,不能作为公钥。

(2) $d \equiv e_1^{-1} \bmod 72 \equiv 29 \bmod 72$,即私钥 $d = 29$。

(3) 当 m 的值为 2,加密为

$$c \equiv m^e \bmod n = 2^5 \bmod 91 = 32$$

消息 m 的密文为 $c = 32$。解密为

$$c^d \bmod n = 32^{29} \bmod 91 = 2$$

3. 解:(1)既然 $2P = (5,2)$,$3P = (8,3)$,

$$\lambda \equiv \frac{3-2}{8-5} \bmod 11 = \frac{1}{3} \bmod 11 \equiv 4$$

于是

$$x_3 \equiv (4^2-5-8) \mod 11 \equiv 3$$
$$y_3 \equiv (4\times(5-3)-2) \mod 11 \equiv 6$$

所以公钥 $Q=5P=(3,6)$。

(2) 为了加密消息 $P_m=(10,9)$,选择随机数 $k=4$,根据椭圆曲线上的 ElGamal 密码体制,密文计算为

$$C_1=4P, C_2=P_m+4Q=9P+4\times5P=29P=3P$$

则密文 $c=(C_1,C_2)=((10,2),(8,3))$。

(3) 为了解密一个密文 $c=(C_1,C_2)$,计算

$$C_2-xC_1=3P-5\times4P=9P=(10,9)$$

参 考 文 献

[1] 许春香,李发根,汪小芬,等. 现代密码学[M]. 2 版. 北京:清华大学出版社,2015.

[2] 李发根,廖永建. 数字签密原理与技术[M]. 北京:科学出版社,2014.

[3] 李发根,吴威峰. 基于配对的密码学[M]. 北京:科学出版社,2014.

[4] 李发根,丁旭阳. 应用密码学[M]. 西安:西安电子科技大学出版社,2020.

[5] 杨波. 现代密码学[M]. 3 版. 北京:清华大学出版社,2015.

[6] 徐茂智,游林. 信息安全与密码学[M]. 北京:清华大学出版社,2007.

[7] 张福泰. 密码学教程[M]. 武汉:武汉大学出版社,2006.

[8] 孙淑玲. 应用密码学[M]. 北京:清华大学出版社,2004.

[9] 陈鲁生,沈世镒. 现代密码学[M]. 2 版. 北京:科学出版社,2008.

[10] 张焕国,刘玉珍. 密码学引论[M]. 武汉:武汉大学出版社,2003.

[11] 何大可,彭代渊,唐小虎,等. 现代密码学[M]. 北京:人民邮电出版社,2009.

[12] Smart N. Cryptography:an introduction[M]. New York:McGraw-Hill Education,2003.

[13] Spillman R J. Classical and contemporary cryptology[M]. London:Pearson Education,2005.

[14] Paar C,Pelzl J. 深入浅出密码学——常用加密技术原理与应用[M]. 马小婷,译. 北京:清华大学出版社,2012.

[15] Kahate A. 密码学与网络安全[M]. 2 版. 金名,等译. 北京:清华大学出版社,2009.

[16] 结城浩. 图解密码技术[M]. 周自恒,译. 北京:人民邮电出版社,2016.

[17] 陈运. 信息论与编码[M]. 2 版. 北京:电子工业出版社,2007.

[18] 张文政,陈克非,赵伟. 密码学的基本理论与技术[M]. 北京:国防工业出版社,2015.

[19] Mao W. Modern cryptography:theory and practice[M]. Upper Saddle River:Prentice Hall PTR,2003.

[20] Vaudenay S. A classical introduction to cryptography[M]. New York:Springer Science+Business Media,2006.

[21] Hoffstein J,Pipher J,Silverman J H. An introduction to mathematical cryptography[M]. New York:Springer Science+Business Media,2008.

[22] Smart N P. Cryptography made simple[M]. Cham:Springer International Publishing Switzerland,2016.

[23] Delfs H,Knebl H. Introduction to cryptography:principles and applications[M]. 3rd ed. Berlin Heidelberg:Springer-Verlag,2015.

[24] Paar C,Pelzl J. Understanding cryptography[M]. Berlin Heidelberg:Springer,2010.